2026 HRDK 한국산업인력공단 시행

기출로 단번에 합격하는
지게차운전기능사

♣ 2025년~2020년 기출문제 복원·수록
♣ 출제 포인트를 빠짐없이 정리한 기출핵심정리
♣ 출제 예상 문제만 뽑은 적중모의고사

필기
최신출제기준
완벽반영

고일민·정인재 공저

찬솔

Contents
목 차

□ 지게차운전기능사 출제기준(필기) ·· iv

part 01 안전관리 ··· 7
chapter 01 기출핵심정리 ·· 8
chapter 02 기출문제(2025~2020년) ··· 22

part 02 작업 전 점검 ·· 45
chapter 01 기출핵심정리 ·· 46
chapter 02 기출문제(2025~2020년) ··· 54

part 03 화물 적재·하역·운반작업 ·· 67
chapter 01 기출핵심정리 ·· 68
chapter 02 기출문제(2025~2020년) ··· 72

part 04 운전시야확보 및 작업 후 점검 ·· 77
chapter 01 기출핵심정리 ·· 78
chapter 02 기출문제(2025~2020년) ··· 82

| part 05 | 도로교통법·건설기계관리법 및 응급대처 | 89 |

chapter 01 기출핵심정리 ·· 90
chapter 02 기출문제(2025~2020년) ·· 104

| part 06 | 장비구조1 (엔진구조·전기장치·전후진주행장치) | 129 |

chapter 01 기출핵심정리 ·· 130
chapter 02 기출문제(2025~2020년) ·· 147

| part 07 | 장비구조2 (유압장치·작업장치) | 181 |

chapter 01 기출핵심정리 ·· 182
chapter 02 기출문제(2025~2020년) ·· 197

| part 08 | 적중모의고사 | 239 |

chapter 01 적중모의고사 ·· 240
chapter 02 적중모의고사 정답 및 해설 ·· 253

Information
출제기준

[지게차운전기능사 출제기준(필기)]

▶ 직무내용 : 지게차를 사용하여 작업현장에서 화물을 적재·하역하거나 운반하는 직무
▶ 필기검정 : 객관식 60문항, 1시간
▶ 합격기준 : 60점(36문항) 이상/100점 만점(60문항)
▶ 시험방법 : CBT(컴퓨터 기반) 필기시험, 상시시험

주요항목	세부항목	세세항목
1. 안전관리	안전보호구 착용 및 안전장치 확인	안전보호구, 안전장치
	위험요소 확인	안전표시, 안전수칙, 위험요소
	안전운반 작업	장비사용설명서, 안전운반, 작업안전 및 기타 안전 사항
	장비 안전관리	장비안전관리, 일상 점검표, 작업요청서, 장비안전관리 교육, 기계·기구 및 공구에 관한 사항
2. 작업 전 점검	외관점검	타이어 공기압 및 손상 점검, 조향장치 및 제동장치 점검, 엔진 시동 전·후 점검
	누유·누수 확인	엔진 누유점검, 유압 실린더 누유점검, 제동장치 및 조향장치 누유점검, 냉각수 점검
	계기판 점검	게이지 및 경고등, 방향지시등, 전조등 점검
	마스트·체인 점검	체인 연결부위 점검, 마스트 및 베어링 점검
	엔진시동 상태 점검	축전지 점검, 예열장치 점검, 시동장치 점검, 연료계통 점검
3. 화물 적재 및 하역작업	화물의 무게중심 확인	화물의 종류 및 무게중심, 작업장치 상태 점검, 화물의 결착, 포크 삽입 확인
	화물 하역작업	화물 적재상태 확인, 마스트 각도 조절, 하역 작업
4. 화물운반작업	전·후진 주행	전·후진 주행 방법, 주행 시 포크의 위치
	화물 운반작업	유도자의 수신호, 출입구 확인
5. 운전시야확보	운전시야 확보	적재물 낙하 및 충돌사고 예방, 접촉사고 예방
	장비 및 주변상태 확인	운전 중 작업장치 성능확인, 이상 소음, 운전 중 장치별 누유·누수

주요항목	세부항목	세세항목
6. 작업 후 점검	안전주차	주기장 선정, 주차 제동장치 체결, 주차 시 안전조치
	연료 상태 점검	연료량 및 누유 점검
	외관점검	휠 볼트·너트 상태 점검, 그리스 주입 점검, 윤활유 및 냉각수 점검
	작업 및 관리일지 작성	작업일지, 장비관리일지
7. 건설기계관리법 및 도로교통법	도로교통법	도로통행방법에 관한 사항, 도로표지판(신호·교통표지), 도로교통법 관련 벌칙
	안전운전 준수	도로주행 시 안전운전
	건설기계관리법	건설기계 등록 및 검사, 면허·벌칙·사업
8. 응급대처	고장 시 응급처치	고장표시판 설치, 고장내용 점검, 고장유형별 응급조치
	교통사고 시 대처	교통사고 유형별 대처, 교통사고 응급조치 및 긴급구호
9. 장비구조	엔진구조	엔진본체 구조와 기능, 윤활장치 구조와 기능, 연료장치 구조와 기능, 흡배기장치 구조와 기능, 냉각장치 구조와 기능
	전기장치	시동장치 구조와 기능, 충전장치 구조와 기능, 등화장치 구조와 기능, 퓨즈 및 계기장치 구조와 기능
	전·후진 주행장치	조향장치의 구조와 기능, 변속장치의 구조와 기능, 동력전달장치 구조와 기능, 제동장치 구조와 기능, 주행장치 구조와 기능
	유압장치	유압펌프 구조와 기능, 유압 실린더 및 모터 구조와 기능, 컨트롤 밸브 구조와 기능, 유압탱크 구조와 기능, 유압유, 기타 부속장치
	작업장치	마스트 구조와 기능, 체인 구조와 기능, 포크 구조와 기능, 가이드 구조와 기능, 조작레버 구조와 기능, 기타 지게차의 구조와 기능

PART

01

안전관리

Chapter 01 기출핵심정리

01 안전보호구 착용 및 안전장치 확인

1. 안전보호구

- 안전 보호구 선택 시 유의 사항
  - 보호구 검정에 합격하고 성능기준에 적합하며, 성능이 보장될 것
  - 착용이 용이하고 착용감이 우수할 것
  - 크기 등이 사용자에게 편리할 것(사용과 관리의 편리성)
  - 작업 행동에 방해되지 않을 것

- 작업장에서 안전모·작업화·작업복을 착용하는 이유 : 작업자의 안전을 위해서이다.

- 안전모 : 물건의 낙하 하역작업에서 추락 시 상해를 방지하고, 머리부위에 감전 우려가 있는 작업 시 안전을 확보하기 위한 모자를 말한다. 안전모의 사용방법은 바르게 착용하고 턱끈은 확실하게 조일 것, 1회라도 충격을 받은 것은 폐기할 것, 모체에 흠집을 만들지 않을 것 등이다.

- 작업장에서 작업복 등을 착용하는 이유 : 재해로부터 사고를 예방하고 작업자의 몸을 안전하게 보호하기 위해서 작업복과 특수 보호구 등을 착용한다.

- 보안경을 사용하는 이유
  - 유해 약물의 침입을 예방하기 위해서
  - 유해 광선으로부터 눈을 보호하기 위해서
  - 분진이나 칩의 비산으로부터 눈 부상을 막기 위해서
- 보안경(보호안경)을 끼고 작업해야 하는 경우 : 용접 작업, 그라인더 작업, 클러치 탈·부착 작업 등

- 호흡보호구(마스크)의 종류
  - 방진마스크 : 분진, 흄, 미스트, 먼지 등 입자상 유해물질을 막기 위해 착용
  - 방독마스크 : 가스나 증기상 유해물질 방지를 위해 착용
  - 송기마스크(송풍 및 산소마스크) : 산소가 결핍되어 있거나 고농도의 유해물질 방지를 위해 착용
  - 차음(방음)보호구 : 소음이 심한 작업장에서 착용

2. 안전장치

- **헤드가드(Head guard)** : 지게차를 이용한 작업 중에 운전자 위쪽으로부터 화물의 낙하에 의한 운전자 위험방지를 위해 머리 위에 설치하는 덮개를 말하며, 화물이 낙하하더라도 안전하고 견고하여야 하고 운전조작 등 작업에 지장이 없는 구조로 설치하여야 한다.

- **백 레스트** : 포크의 화물 뒤쪽을 받쳐주는 부분이다. 즉 마스트를 뒤로 기울일 때 포크 위에 실린 짐이 마스트 후방(운전자 쪽)으로 쏟아지는 것을 방지하기 위해 설치하는 짐받이 틀을 말한다.

- **지게차의 안전벨트, 후진경보기**
  - 안전벨트 : 추락할 때 발생하는 충격을 신체의 각 부분으로 분산시켜 부상을 막고 안전을 도모하는 벨트
  - 후진경보기 : 후진 시 통행중인 근로자·물체와의 충돌을 방지하기 위한 경보장치

- **지게차의 구조 및 안전장치**

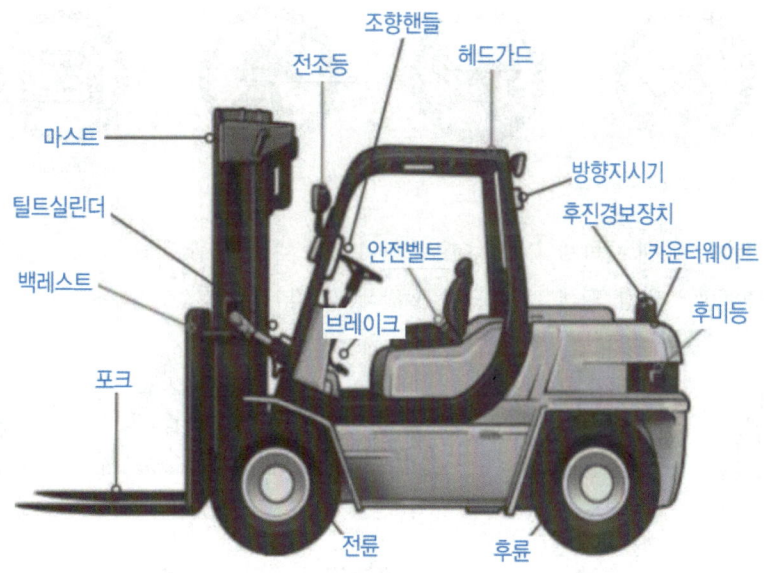

02 위험요소 확인

1. 안전표시

- 산업안전보건법령상 안전표지(안전보건표지)의 구성요소 : 색채, 모양(형태), 내용(의미·용도)에 따라 금지표지와 경고표지, 지시표지, 안내표지 등으로 구성된다.

- 안전보건표지
  - 금지표지(바탕 흰색, 기본모형 빨간색, 그림 검은색)

  - 경고표지(삼각형 : 바탕 노란색, 기본모형과 그림 검은색
    마름모형 : 바탕 흰색, 기본모형 빨간색, 그림 검은색)

- 지시표지(바탕 파란색, 그림 흰색)

안전복 착용　　귀마개 착용　　보안경 착용　　보안면 착용

방독마스크 착용　방진마스크 착용　안전모 착용　안전장갑 착용

- 안내표지(바탕 초록색, 그림 흰색 / 녹십자표지는 바탕 흰색, 기본모형·그림 초록색)

비상구 표지　　응급구호표지　　들것 표지　　녹십자표지

• **안전보건표지의 종류 중 경고표지** : 인화성물질 경고, 산화성물질 경고, 폭발성물질 경고, 급성독성물질 경고, 방사성물질 경고, 고압전기 경고, 낙하물 경고 등

• **안전보건표지의 종류 중 지시표지** : 방독마스크 착용, 방진마스크 착용, 보안경 착용, 안전모 착용, 귀마개 착용, 안전화 착용, 안전복 착용 등

• **교통안전표지판** : 도로교통법시행규칙에 따라 주의, 규제, 지시, 보조 표지로 분류된다.
  - 주의표지

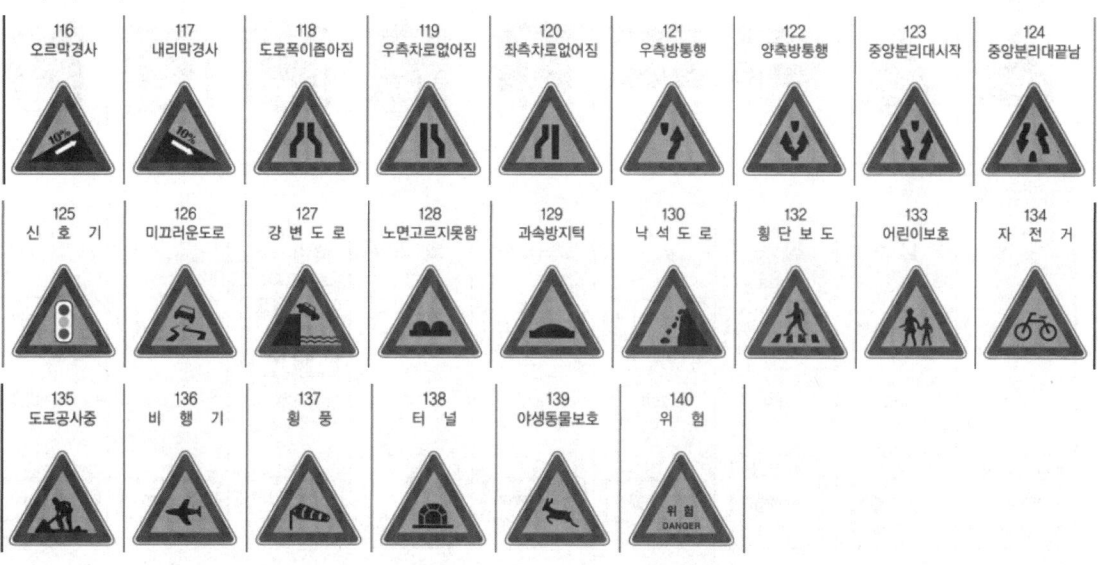

part 01 안전관리

- 규제표지

- 지시표지

- 보조표지

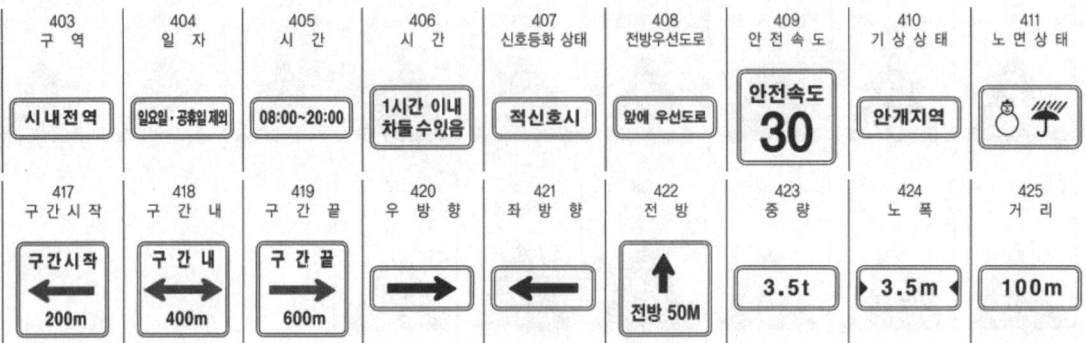

2. 안전수칙 및 위험요소

- **작업장 안전수칙(안전관리)**
  - 기름 묻은 걸레는 정해진 용기에 보관한다.
  - 쓰고 남은 기름은 별도로 모아 처리한다.
  - 연소하기 쉬운 물질은 주의를 요한다.
  - 콘센트나 스위치에 물을 뿌리지 않는다.
  - 무거운 물건을 무리하게 이동하지 않는다.
  - 흡연은 정해진 장소에서 한다.

- **작업장의 안전사항**
  - 위험한 작업장에는 안전수칙을 부착하여 사고를 예방한다.
  - 무거운 구조물은 인력으로 무리하게 이동하지 않는다.
  - 기름이 묻은 걸레는 자연발화의 위험이 있으므로, 별도 지정된 안전장소에 보관한 후 폐기한다.
  - 작업이 끝나면 사용 공구는 정위치에 정리·정돈한다.

- **기계 취급에 관한 안전수칙**
  - 기계운전 중 정전 시 메인 스위치(주 전원스위치)를 끈다.
  - 기계공장에서는 작업복과 안전화를 착용한다.
  - 기계운전 중에는 자리를 지킨다.
  - 회전부(기어·벨트·체인) 등은 위험하므로 반드시 커버를 씌워둔다.
  - 기계의 청소는 엔진을 정지한 후 실시한다.

- **수공구 사용 시의 안전수칙**
  - 해머작업 시 장갑(특히 면장갑)을 끼지 않아야 한다.
  - 공구 사용 전에 충분한 사용법을 숙지하고 익히도록 한다.
  - 줄작업 후 쇳가루는 솔로 털어낸다.
  - 스패너에 파이프를 끼우지 않고 사용해야 한다.

03 안전운반 작업

1. 안전운반

- **지게차 주차 및 정차 시 안전사항**
  - 포크의 선단이 지면에 닿도록 마스트를 전방으로 틸트하고, 포크를 바닥에 완전히 내려놓는다.
  - 키스위치는 OFF에 놓고 주차 브레이크를 당겨 놓는다.
  - 경사로나 통로, 비상구에는 주차하지 않는다.
  - 주·정차 시에는 운전석을 벗어날 수 있으므로, 키를 지참하거나 정해진 위치에 둔다.

- **지게차 주차 시 주의사항**
  - 주차 시 변속기(전·후진 레버)를 중립상태로 한다.
  - 포크의 끝, 선단이 지면에 닿도록 앞으로 틸트한다.
  - 포크를 지면에 내려놓는다.
  - 기관을 정지하고 주차레버를 체결한 후 하차한다.
  - 가급적 경사면에 주차하지 않도록 하며, 경사면에 주차 시에는 전·후진 레버를 중립으로 하고 바퀴에 고임대를 사용하여 주차한다.

- **지게차 시동 전·후 확인사항**
  - 기어변속 등 각 작용 레버가 정 위치(중립)에 있는지 확인한다.
  - 핸드 브레이크가 확실히 당겨져 있는지 확인한다.
  - 시동 후에는 저속 회전인지 확인한다.
  - 엔진의 회전음, 폭발음, 배기가스의 상태, 엔진의 이상유무 등 기계의 작동상황을 확인한다.

- **지게차 운전 및 작업 시 안전·유의사항**
  - 포크를 지면으로부터 20~30cm 높이로 한 후 주행한다.
  - 작업 시 규정 속도를 준수하고 정격하중 내에서 적재한다(적재하중을 초과 운행 금지, 중량제한 준수).
  - 적재물이 높아 전방 시야가 가릴 때는 후진하여 주행한다.
  - 포크 간격은 적재물에 맞추어 수시로 조정한다.
  - 화물로 인해 전면시야가 방해 받을 경우 후진 주행하거나 유도자를 배치하며, 후방시야 확보를 위해 뒤쪽에 사람을 탑승시켜서는 안 된다.

- **작업 종료 시나 주차, 운전위치 이탈 시 포크 등의 안착위치** : 포크, 버킷, 디퍼 등의 장치를 가장 낮은 위치 또는 지면에 내려 두어야 한다.

- **기계장비나 설비 등의 승·하차 시 안전사항** : 출입구에 승·하차용 손잡이와 발판을 설치하여 이용한다.

- **안전기준을 넘는 화물의 적재허가를 받은 경우** : 화물의 길이 또는 폭의 양 끝에 너비 30cm, 길이 50cm 이상의 빨간 헝겊으로 된 표시를 달아야 한다.

- **공동 작업으로 물건을 들어 이동 시 주의사항**
  - 이동 동선을 미리 협의하여 작업을 시작할 것
  - 힘의 균형을 유지하여 이동할 것
  - 불안전한 물건은 드는 방법에 주의하고, 보조를 맞추어 들도록 할 것
  - 손잡이가 없는 물건은 안정적으로 잡을 수 있도록 주의할 것
  - 상대에게 무리하게 힘을 가하지 않으며, 무거운 물건일수록 천천히 의사소통하며 이동할 것

2. 작업안전 및 기타 안전 사항

- **일반적인 작업장에서 지켜야 할 안전사항**
  - 주유 시 장비의 시동을 끈다.
  - 정비나 청소작업은 기계 정지 후 실시하고, 안전모를 착용한다.
  - 해머작업 시 면장갑을 끼거나 기름 묻은 손으로 작업하지 않는다.

- **작업 과정에서의 안전 관리**
  - 기름 묻은 걸레는 정해진 용기에 보관한다.
  - 쓰고 남은 기름은 별도로 모아 처리한다.
  - 흡연은 정해진 장소에서 한다.
  - 연소하기 쉬운 물질은 특히 주의를 요한다.

- **작업장에 대한 안전 관리**
  - 항상 청결하게 유지·관리한다.
  - 제품·자재·부재 등이 넘어지지 않도록 지탱하게 하는 등 안전 조치를 한다.
  - 분진이 심하게 흩날리는 작업장에 대하여 물을 뿌리는 등의 방지조치를 한다.
  - 전원 콘센트 및 스위치 등에 물을 뿌리지 않는다.
  - 오염우려가 있는 바닥이나 벽을 수시로 세척하고 소독하여야 한다.
  - 작업 장소의 채광·조명은 명암의 차이가 심하지 않고 눈부시지 않은 방법으로 한다.
  - 작업대 사이, 기계 사이의 통로는 안전을 위한 일정한 너비가 필요하다.
  - 근로자가 안전한 방법으로 창문을 여닫거나 청소할 수 있도록 하고, 열었을 때 작업하거나 통행하는 데에 방해가 되지 않도록 한다.
  - 작업장의 바닥, 도로 등에 낙하물 보호망을 설치하는 등 필요한 조치를 한다.

- **안전장치에 관한 사항**
  - 안전장치는 반드시 설치·활용하도록 한다.
  - 안전장치 점검은 작업 전에 실시한다.

- 안전장치가 불량할 때는 즉시 수리하거나 수정한 다음 작업한다.
- 안전장치는 작업 형편 또는 상황에 따라 일시 제거해서는 안 된다.

• 안전장치 선정 시 고려사항
- 안전장치를 제거하거나 그 기능을 상실시키지 않을 것
- 위험부분에서는 안전 방호장치가 설치되어 있을 것
- 강도나 기능 면에서 신뢰도가 클 것
- 작업하기에 불편하지 않는 구조일 것

• 산업현장에서 재해 발생을 줄이기 위한 방법
- 공구는 지정된 장소에 보관한다.
- 폐기물은 정해진 위치에 모아둔다.
- 통로나 창문 등에 물건을 세워 놓아서는 안 된다.
- 소화기 근처에 물건을 적재하면 안 된다(화재 발생 시 소화기를 꺼내기 쉽게 하기 위함).

04 장비 안전관리

1. 장비안전관리 및 장비안전관리 교육

• 스패너 작업 시 유의할 사항
- 스패너가 벗겨지거나 미끄러짐에 주의하며, 빠져도 몸의 균형을 잃지 않도록 한다.
- 스패너에 파이프나 연장대를 연결해 사용해서는 안 된다.
- 해머 등 다른 공구로 벌리지 않는다.
- 스패너 치수와 너트의 크기가 알맞은 것(치수에 맞는 것)을 사용해야 한다.
- 너트에 스패너를 정확히 물려서 힘을 준다.
- 스패너를 깊이 물리고, 몸 밖으로 밀지 말고 당겨서 풀거나 조인다(앞으로 당길 때 힘이 걸리도록 한다).
- 장시간 보관할 때에는 방청제를 바르고 건조한 곳에 보관한다.
- 녹이 생긴 볼트나 너트에는 윤활제를 사용한다.
  * 스패너와 너트 사이 쐐기를 넣어서 사용하는 것은 금지됨

• 스패너나 렌치 사용 시 안전수칙
- 렌치를 앞쪽으로 잡아당길 때 힘을 주며 작업한다.
- 파이프 렌치 사용 시 정지장치를 확인하고 사용하며, 한쪽 방향으로만 힘을 가하여 사용한다.
- 연장대나 연결대에 끼워서 사용해서는 안 된다.

- 너트에 맞는 것을 사용하고 규정보다 큰 공구를 사용하지 않는다.
- 망치나 해머 대용, 지렛대용으로 사용하지 않는다.

• **줄 작업의 적절한 방법**
- 양손을 사용하여 작업하여야 한다.
- 작업 시작 전 줄의 상태를 확인하고, 공작물을 정확히 바이스에 고정한다.
- 작업 중 발생하는 절삭 가루의 제거에는 솔을 사용한다.

• **연삭기 작업 시 안전수칙**
- 숫돌의 압지는 숫돌과 플랜지(flange) 사이에 끼우는 것으로, 숫돌을 고정시킬 때 사용한다(두께 0.5mm 이하의 압지 또는 얇은 고무와 같은 와셔를 끼움).
- 숫돌에 균열이 있는지 반드시 확인한다.
- 숫돌 커버는 규정된 치수의 것을 사용한다.
- 작업자에게 위험을 미칠 우려가 있는 경우에는 덮개를 설치하여야 한다.
- 숫돌의 측면을 사용하는 것을 목적으로 제작된 연삭기 이외에는 측면 사용이 금지된다.
- 숫돌과 받침대 사이의 간격은 3mm 이내로 유지하여야 한다.
- 지정된 속도 이내에서 사용하여야 한다.
- 보안경과 방진마스크 등을 착용하고 작업에 임해야 한다.

• **드릴 작업의 안전수칙**
- 작업 중 보안경을 착용한다.
- 장갑을 착용하고 작업할 경우 위험할 수 있으므로 안전관리상 금지된다.
- 일감을 견고하게 고정시켜, 손으로 잡고 구멍을 뚫지 않도록 주의한다(일감을 손으로 붙잡지 않음).
- 얇은 일감의 작업 시 일감 밑에 나무 등을 놓고 작업한다(보조 판 나무를 사용).
- 균열이 있는 드릴은 사용을 금한다.
- 드릴을 끼운 후에 척 렌치는 반드시 분리한다.
- 작업 중 칩 제거를 금하며, 제거 시 회전을 중지시킨 상태에서 솔이나 칩털이로 제거한다.
- 머리가 긴 사람은 묶어서 드릴에 말리지 않도록 주의한다.
- 작업이 끝나면 드릴을 척에서 빼놓는다.

• **해머작업 시 안전수칙**
- 면장갑을 끼거나 기름 묻은 손으로 작업하지 않는다.
- 타격을 하기 전에 주위 상황을 살피며, 자루 부분이 견고히 연결된 것을 확인한다.
- 타격범위에 장해물이 없도록 하며 타격면이 찌그러진 것은 사용하지 않는다.
- 대형해머 사용 시는 자기의 힘에 맞는 것으로 한다.
- 처음에는 작게, 차차 크게 휘둘러 작업한다(처음부터 힘을 가하지 않음).
- 담금질한 것은 함부로 무리하게 두들기지 않는다.
- 쐐기를 박아서 손잡이가 튼튼히 박힌 것을 사용한다.

- 강한 타격력이 요구될 때에는 연결대에 끼워서 작업하지 않는다.
- 작업에 맞는 해머를 사용하며, 해머 본래의 사용목적 이외의 용도로 사용하지 않는다.
- 공동으로 해머작업을 할 경우 호흡을 맞춘다.
- 녹이나 불꽃이 발생할 수 있는 경우 보안경을 착용한다.

- **벨트 취급 시 주의사항**
  - 벨트의 적당한 장력을 유지하도록 한다.
  - 벨트에 기름이 묻지 않도록 한다.
  - 벨트 교환 시 회전이 완전히 멈춘 상태에서 한다.
  - 벨트가 회전할 때는 손으로 잡거나 당기지 말아야 한다.

- **산업체에서 안전을 지킴으로서 얻을 수 있는 이점(산업안전의 중요성)**
  - 직장의 신뢰도를 높여준다.
  - 고유의 기술이 축적되어 품질이 향상된다.
  - 인력이나 기계의 손실이 줄어 기업의 투자 경비가 줄어든다.
  - 사내 안전수칙이 준수되어 질서유지가 실현된다.
  - 직장 상·하 동료 간 인간관계 개선효과가 기대된다.
  - 이직률이 감소한다.
  - 근로자의 건강과 생명을 지킬 수 있다.

2. 기계·기구 및 공구에 관한 사항

- **스패너의 올바른 사용법**
  - 몸 쪽으로 당기면서 볼트·너트를 풀거나 조인다.
  - 볼트나 너트의 치수에 맞는 것을 사용한다.
  - 공구핸들에 묻은 기름은 잘 닦아서 사용한다.

- **복스 렌치** : 오픈 렌치를 사용할 수 없는 오목한 볼트·너트를 조이고 풀 때 사용하는 렌치로, 볼트나 너트의 머리를 감쌀 수 있어 미끄러지지 않는다.

- **장갑을 착용하지 않고 해야 하는 작업** : 드릴작업, 연삭작업, 정밀기계작업, 해머작업

- **벨트를 풀리(pulley)에 걸 때 주의사항** : 반드시 정지 상태에서 걸고, 회전 중일 때는 벨트를 걸지 않도록 한다.

- **건설기계 조종사의 공구 사용법**
  - 볼트머리나 너트에 맞는 렌치를 선정하여 작업한다.
  - 조정 렌치는 고정 조가 있는 부분으로 힘이 가해지게 하여 사용한다.

- 스패너로 죄고 푸는 작업을 할 때는 항상 앞으로 당기면서 하며, 몸 쪽으로 당길 때 힘이 걸리도록 한다.

• **안전한 작업 방법(안전한 공구 취급 방법)**
  - 작업 용도에 맞는 공구를 사용한다.
  - 사용 전에 손잡이에 묻은 기름 등은 닦아내어야 한다.
  - 주유 작업은 반드시 기계를 멈추고 한다.
  - 숫돌바퀴의 교환 작업은 숙련공이 한다.
  - 쇠톱작업은 바깥쪽으로 밀 때 절삭이 되도록 한다.
  - 압축공기는 먼지를 털기 위하여 사람에게 사용해서는 안 된다.
  - 작업 중 공구를 던져서 정리하거나 타인에게 던져서는 안 된다.
  - 공구를 사용한 후 제자리에 정리하여 둔다.

• **공구 사용 시 주의사항**
  - 작업용도에 적합한 공구를 사용한다.
  - 손 또는 손잡이에 기름 등 이물질을 제거하고 작업하여야 한다.
  - 강한 충격을 가하지 않는다.
  - 주변 환경에 주의해서 작업한다.

• **에어공구(동력공구) 사용 시 주의사항**
  - 보호구 등 안전 보호 장비를 사용한다.
  - 규정된 공기압력을 유지·준수한다.
  - 압축공기 중 수분을 제거한다(수분은 공구의 작동오류나 고장을 유발).
  - 고속회전·작동하는 에어 그라인더 사용 시 안전 확보를 위해 회전수를 점검한다.

• **사용한 공구를 정리 보관하는 방법**
  - 공구는 종류별로 모아서 정해진 장소에 보관하며, 깔끔하게 정리하여 보관한다.
  - 사용한 공구는 면 걸레로 깨끗이 닦아 공구상자 또는 공구 보관함으로 지정된 곳에 보관한다.
  - 공구상자나 보관함에 보관하면 공간을 절약하고 공구를 분실하는 일도 줄일 수 있으며, 녹슬거나 파손되는 등의 문제도 예방할 수 있다.
  - 걸레로 깨끗이 닦아놓으면 다음 사용 때 더 효율적으로 사용할 수 있다.

3. 전기 안전작업

• **작업현장에서 전기기구 취급 시 주의사항**
  - 안전점검 사항을 확인하고 스위치를 넣는다.
  - 백열전등은 보호덮개를 씌우고 작업등으로 사용한다.
  - 동력기구 사용 시 정전되었다면 전원스위치를 끈다.
  - 퓨즈가 끊어졌다고 함부로 손을 대서는 안 된다.

- **감전사고 방지대책**
  - 전기기기 및 배선 등 모든 충전부는 노출시키지 않는다.
  - 작업자에게 보호구를 착용시키고 설비에 보호 접지를 실시한다.
  - 누전차단기를 설치하고, 작업자에게 사전 안전교육을 시킨다.
  - 물에 닿으면 설비 손상이나 기능 저하를 초래하고, 감전이나 전기 충격의 위험을 가중하므로 주의한다.

- **누전차단기의 주된 사용 목적** : 감전 방지(보호), 전기설비 및 전기기기 보호, 누전 화재 방지 등

- **감전 위험이 있는 곳의 수리점검 시 필요한 조치**
  - 스위치에 안전장치를 한다.
  - 통전 금지기간에 관한 사항이 있을 시 필요한 곳에 게시한다.
  - 기타 위험에 대한 방지장치를 한다.
    * 통전장치는 전기가 통하는 장치로, 감전의 위험이 있는 곳에는 적합하지 않음

- **고압전기 취급 시 장 적합한 장갑 재질** : 전기에 감전을 방지하기 위해 절연용 고무장갑을 착용한다.

- **전기회로 안전사항**
  - 모든 계기는 사용 시 최대 측정 범위를 초과하지 않도록 해야 한다.
  - 전기장치는 반드시 접지하여야 한다.
  - 퓨즈는 용량이 맞는 것을 사용한다.

- **접촉저항**
  - 접촉저항은 두 물체를 전기적으로 연결(접속)할 때 발생한다.
  - 접촉저항을 크게 하면 시스템 장애를 일으키고, 심하면 발열로 인한 화재가 발생하고 장비의 파손이나 인명사고를 유발한다.

4. 발화, 연소, 화재분류기준

- **자연발화가 일어나기 쉬운 조건**
  - 주위의 초기 온도가 높을 것(열의 축적이 쉬울 것)
  - 발열량이 클 것
  - 산소와 친화력이 좋을 것
  - 표면적이 넓을 것
  - 수분이 적당량 존재할 것
  - 열전도율이 적고 착화점이 낮을 것

- **연소의 3요소** : 산소 공급원, 가연성 물질(연료), 점화원(열)
  * 인화점×, 질소×

- **질소산화물(NOx)의 발생원인** : 높은 연소온도는 질소산화물의 발생 원인이 된다. 질소산화물은 주로 고온에서 화석연료를 연소할 때 공기 중의 질소와 산소가 반응하여 형성된다.

- **인화성 물질에 해당하지 않는 물질** : 산소는 자체적으로 인화성을 띠지 않으며, 조연성 물질(다른 가연성 물질을 연소시킬 수 있는 물질)에 해당한다. 아세틸렌과 프로판 가스, 가솔린 등은 모두 인화성 물질에 해당한다.

- **화재의 분류 기준** : A급 화재 - 일반(보통) 화재, B급 화재 - 유류가스 화재, C급 화재 - 전기 화재, D급 화재 - 금속 화재

- **유류 화재** : 유류 화재는 연소 후 아무 것도 남기지 않은 종류의 화재로써, 휘발유·경유·알코올 등 인화성 액체에 대한 화재를 말한다. 유류화재가 발생했을 경우 탄산가스 소화기를 사용하면 효과적이다. 탄산가스 자체가 질식 효과가 있어, 표면으로의 산소(공기)의 공급을 차단시켜 질식 상태로 만들어 소화한다.

- **전기 화재에 적합한 소화기** : 전기 화재에는 분말소화기나 이산화탄소 소화기, 할로겐화합물 소화기가 적합하다. 포말(거품)소화기는 A(일반)와 B(유류가스)형 화재에 효과적이지만, C형인 전기 화재에는 적합하지 않다. 전기 화재 발생 시 적합하지 않은 소화기에는 포말소화기, 액체 소화기, 마른모래, 팽창질석, 진주암 등이 있다

- **이산화탄소(CO_2) 소화기** : 유류(B급) 화재 및 전기(C급) 화재에 적합하나, 방사 시 소음이 크고 질식의 우려가 있으므로 실내 사용에는 특히 주의해야 한다.

- **분말소화기 사용 순서** : 바람을 등지고 화점부근으로 접근한다. → 안전핀 걸림 장치를 제거하고 안전핀을 뽑는다. → 노즐이 화점을 향하게 한다. → 손잡이를 움켜잡아 골고루 방사한다. → 소화가 완전히 되었는지 확인한다.

- **금속 화재** : D급화재로 분류되며, 피복에 의한 질식소화법이 가장 좋고 마른 모래(건조사)를 이용한 질식법도 효과적인 소화방법이다. 금속화재는 물을 사용할 경우 폭발위험이 있다.

Chapter 02 기출문제(2025~2020년)

01 안전 보호구 선택 시 유의 사항으로 틀린 것은?
① 보호구 성능기준에 적합하고 성능이 보장될 것
② 착용이 용이하고 사용자에게 편리할 것
③ 작업 행동에 방해되지 않을 것
④ 사용 목적에 구애받지 않을 것

> **01** 안전 보호구 선택 시 유의 사항 : 보호구 검정에 합격하고 성능기준에 적합하며 성능이 보장될 것, 착용이 용이하고 크기 등이 사용자에게 편리할 것, 작업 행동에 방해되지 않을 것

02 작업장에서 안전모를 착용하는 이유는?
① 작업자의 기강 확립과 합심을 위해
② 작업자의 사기 진작을 위해
③ 작업자의 안전을 위해
④ 작업자의 멋을 위해

> **02** 안전모, 작업화, 작업복을 착용하도록 하는 이유는 작업자의 안전을 위한 것이다.

03 작업장에서 작업화와 작업복을 착용하도록 하는 이유로 가장 적합한 것은?
① 근로자의 안전 확보를 위하여
② 작업장 내의 기강 유지를 위하여
③ 공장의 미관을 위하여
④ 작업자의 복장을 통일하기 위하여

> **03** 안전모와 작업화, 작업복을 착용하도록 하는 이유는 작업자의 안전을 위해서이다.

04 작업장에서 작업복을 착용하는 이유로 가장 적합한 것은?
① 재해로부터 작업자의 몸을 지키기 위해서
② 작업 능률을 올리기 위해서
③ 작업자의 복장 통일을 위해서
④ 작업장의 질서를 확립하고 직책·직급을 알리기 위해서

> **04** 재해로부터 작업자의 몸을 안전하게 보호하기 위해서 작업복과 특수 보호구 등을 착용한다.

정답 01 ④ 02 ③ 03 ① 04 ①

05 보안경을 사용하는 이유로 틀린 것은?
① 유해 약물의 침입을 예방하기 위해서
② 중량물의 낙하 시 얼굴을 보호하기 위해서
③ 유해 광선으로부터 눈을 보호하기 위해서
④ 분진이나 칩의 비산으로부터 부상을 막기 위해서

05 중량물의 낙하 시 피해를 예방하기 위해서는 안전모를 착용하여야 한다.

06 다음 중 보호안경을 끼고 작업해야 하는 상황과 가장 거리가 먼 것은?
① 산소용접 작업 상황
② 그라인더 작업 상황
③ 건설기계장비 일상점검 작업 상황
④ 클러치 탈·부착 작업 상황

06 보안경(보호안경)을 끼고 작업해야 하는 상황에는 용접 작업, 그라인더 작업, 클러치 탈·부착 작업 등이 있다.

07 다음 중 방진마스크를 착용해야 하는 작업장으로 적절한 것은?
① 산소가 결핍되어 있는 작업장
② 분진이 많은 작업장
③ 소음이 심한 작업장
④ 온도가 낮은 작업장

07 호흡보호구의 종류
• 방진마스크 : 분진, 흄, 미스트, 먼지 등 입자상 유해물질을 막기 위해 착용
• 방독마스크 : 가스나 증기상 유해물질 방지를 위해 착용
• 송기마스크(송풍·산소마스크) : 산소가 결핍되어 있거나 고농도의 유해물질 방지를 위해 착용
• 차음(방음)보호구 : 소음이 심한 작업장에서 착용

08 먼지가 많은 장소에서 착용하여야 하는 마스크로 가장 알맞은 것은?
① 가스 마스크
② 일반 마스크
③ 방진 마스크
④ 방독 마스크

08 방진마스크는 분진, 흄, 미스트, 먼지 등 입자상 유해물질을 막기 위해 착용한다.

정답 05 ② 06 ③ 07 ② 08 ③

09 지게차를 이용한 화물 운반 시 운전자 상부로부터 화물의 낙하로 인하여 운전자에게 위험을 초래하는 것을 방지하기 위한 안전장치는?

① 마스트 ② 백 레스트
③ 포크   ④ 헤드가드

09 헤드가드(Head guard) : 지게차를 이용한 작업 중에 운전자 위쪽으로부터 화물의 낙하에 의한 운전자 위험방지를 위해 머리 위에 설치하는 덮개를 말하며, 화물이 낙하하더라도 안전하고 견고하여야 하고 운전조작 등 작업에 지장이 없는 구조로 설치하여야 한다.

10 다음 그림에서 지게차의 축간 거리를 표시한 것은?

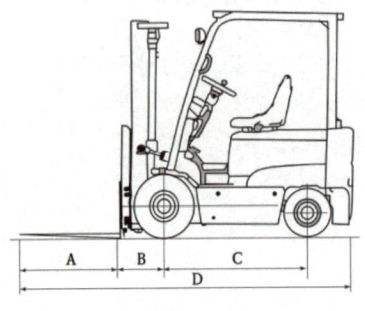

① A ② B
③ C ④ D

10 지게차의 축간 거리는 C로, 앞축의 센터(중심부)부터 뒤축의 센터까지의 수평거리를 말한다.

11 산업안전보건법령상 안전표지(안전보건표지)의 구성 요소가 아닌 것은?

① 재질 ② 색채
③ 모양 ④ 내용

11 안전보건표지는 색채와 모양(형태), 내용(의미·용도)에 따라 금지표지와 경고표지, 지시표지, 안내표지 등으로 구성된다.

12 작업장에서 그림과 같은 안내표지가 의미하는 것은?

① 화기금지   ② 탑승금지
③ 차량통행금지 ④ 사용금지

12 ④ 제시된 안전보건표지는 사용금지 표시이다.

①  ②  ③

정답 09 ④ 10 ③ 11 ① 12 ④

13 다음 그림과 같은 안전표지판의 의미는?

① 사용금지　　② 보행금지
③ 탑승금지　　④ 출입금지

13 ② 제시된 안전표지판은 보행금지 표지판이다.
① 사용금지　③ 탑승금지　④ 출입금지

14 안전보건표지의 종류와 형태에서 그림의 표지로 맞는 것은?

① 폭발성물질 경고　　② 위험장소 경고
③ 레이저광선 경고　　④ 고압전기 경고

14 ③ 제시된 그림은 레이저광선 경고표지이다.
①　　②　　④

15 다음 안전보건표지가 나타내는 것은?

① 몸 균형상실 경고　　② 매달린 물체 경고
③ 방화성 물질 경고　　④ 폭발성물질 경고

15 ② 제시된 안전보건표지는 '매달린 물체 경고' 표지판으로, 작업 현장에서 낙하 위험이 있는 물체가 위에서 떨어질 수 있음을 알리는 표지이다.
①　　③　　④

16 다음의 안전보건표지 종류와 형태로 맞는 것은?

① 보행 금지　　② 안전복 착용
③ 방독마스크 착용　　④ 몸균형 상실 경고

16 ② 그림의 안전보건표지는 안전복 착용 표지이다.
①　　③　　④

정답　13 ②　14 ③　15 ②　16 ②

17 안전보건표지의 종류와 형태에서 다음 그림의 안전 표지판이 뜻하는 것은?

① 인화성물질 경고 ② 보안경 착용
③ 보안면 착용 ④ 귀마개 착용

18 산업안전보건법령상 해당 안전표지판의 의미로 옳은 것은? (단, 표지판 배경은 녹색, 기호는 흰색이다.)

① 몸균형 상실 경고 표지
② 위험장소 경고 표지
③ 응급구호 표지
④ 비상구 표지

19 산업안전보건법령상 해당 안전표지판의 의미로 옳은 것은? (단, 배경은 녹색, 기호는 흰색이다.)

① 환경지역 표지 ② 녹십자 표지
③ 비상구 표지 ④ 응급구호 표지

20 다음 안전표지의 종류 중 경고표지로 사용되지 않는 것은?

① 인화성물질 및 산화성물질
② 방독마스크 및 방진마스크
③ 폭발성물질
④ 방사성물질

---

17 ② 제시된 그림은 보안경 착용의 안전 표지판이다.

①  ③  ④

18 녹색 바탕에 흰색 기호의 해당 표지는 비상구 표지이다.

19 녹색 바탕에 흰색 기호의 해당 표지는 응급구호 표지이다.

20 • 경고표지 : 인화성물질 경고, 산화성물질 경고, 폭발성물질 경고, 급성독성물질 경고, 방사성물질 경고, 고압전기 경고, 낙하물 경고 등
• 지시표지 : 방독마스크 착용, 방진마스크 착용, 보안경 착용, 안전모 착용, 귀마개 착용, 안전화 착용, 안전복 착용 등

정답 17 ② 18 ④ 19 ④ 20 ②

21 다음 중 경고표지로 사용되지 않는 것은?

① 낙하물 경고
② 급성독성물질 경고
③ 인화성물질 경고
④ 방진마스크 경고

21 방진마스크 착용에 관한 표지는 안전보건표지의 종류 중 지시표지에 해당한다. 지시표지에 해당하는 것으로는 보안경 착용, 보안면 착용, 방진마스크 착용, 방독마스크 착용, 안전모 착용, 안전복 착용 등이 있다.

22 산업안전보건법령상 안전보건표지 중 지시표지에 해당하는 것은?

① 안전모 착용
② 출입금지
③ 차량통행금지
④ 고압전기 경고

22 ②·③은 금지표지, ④는 경고표지에 해당한다. 안전보건표지의 종류 중 지시표지 : 방독마스크 착용, 방진마스크 착용, 보안경 착용, 안전모 착용, 귀마개 착용, 안전화 착용, 안전복 착용 등

23 다음 교통안전표지판이 의미하는 것은 무엇인가?

① 차중량제한 표지
② 최대적재량제한 표지
③ 차높이제한 표지
④ 차폭제한 표지

23 ① 제시된 교통안전표지는 규제표지의 하나로, '차중량제한' 표지에 해당한다.

③   ④
차높이제한   차폭제한

24 안전관리에 대한 설명으로 옳지 않은 것은?

① 연소하기 쉬운 물질은 특히 주의를 요한다.
② 기름 묻은 걸레는 정해진 용기에 보관한다.
③ 흡연 장소로 정해진 장소에서 흡연한다.
④ 쓰고 남은 기름은 하수구에 버린다.

24 쓰고 남은 기름은 별도로 모아 처리한다.

정답 21 ④ 22 ① 23 ① 24 ④

25 작업장의 안전사항 중 틀린 것은?
① 위험한 작업장에는 안전수칙을 부착한다.
② 기름 묻은 걸레는 한쪽으로 쌓아 둔다.
③ 무거운 구조물은 인력으로 무리하게 이동하지 않는다.
④ 작업이 끝나면 사용 공구는 정위치에 정리·정돈한다.

25 기름이나 휘발성 세정액이 묻은 걸레는 자연발화의 위험이 있으므로, 별도 지정된 안전장소에 보관한 후 폐기한다.

26 기계 취급에 관한 안전수칙 중 가장 적절하지 않은 것은?
① 기계의 청소는 작동 중에 수시로 한다.
② 기계운전 중 정전 시 메인 스위치를 끈다.
③ 기계공장에서는 작업복과 안전화를 착용한다.
④ 기계운전 중에는 자리를 지킨다.

26 기계의 청소는 엔진을 정지한 후 실시한다.

27 수공구 취급 시 지켜야 될 안전수칙으로 옳은 것은?
① 해머작업 시 장갑을 끼고 한다.
② 사용 전에 사용법을 숙지한다.
③ 줄작업 후 쇳가루는 입으로 불어낸다.
④ 큰 회전력이 필요한 경우 스패너에 파이프를 끼워서 사용한다.

27 ② 공구 사용 전에 충분한 사용법을 숙지하고 익히도록 한다.
① 해머작업 시 장갑(특히 면장갑)을 끼지 않아야 한다.
③ 줄작업 후 쇳가루는 솔로 털어낸다.
④ 스패너에 파이프를 끼우지 않고 사용해야 한다.

28 지게차의 주차 및 정차 시 안전사항으로 틀린 것은?
① 마스트를 전방으로 틸트하고 포크를 지면에 내려놓는다.
② 키 스위치는 OFF에 놓고 주차 브레이크를 당겨 놓는다.
③ 주·정차 시 운전석을 벗어날 수 있으므로 장비에 키를 꽂아 놓는다.
④ 통로나 비상구에는 주차하지 않는다.

28 지게차 운전자가 주·정차 시에는 운전석을 벗어날 수 있으므로, 키를 운전자가 지참하여야 한다.

정답 25 ② 26 ① 27 ② 28 ③

29 자동변속기가 장착된 지게차 주차 시 주의할 점으로 틀린 것은?

① 자동변속기의 경우 P위치에 놓는다.
② 주 브레이크를 제동시켜 놓는다.
③ 주차 브레이크 레버를 체결해(당겨) 놓는다.
④ 포크를 바닥에 내려놓는다.

29 주 브레이크는 운행할 때 사용한다. 주차 시 주차 브레이크를 확실히 작동시켜 두고, 포크는 선단이 지면에 닿도록 마스트를 전방으로 틸트 하며 포크를 바닥에 내려놓는다.

30 지게차 주차 시 취급 주의사항으로 틀린 것은?

① 기관을 정지한 후 주차 브레이크를 체결한다.
② 경사면 주차 시 변속 레버를 후진 위치에 둔다.
③ 포크를 지면에 완전히 내려 둔다.
④ 포크의 끝 선단이 지면에 닿도록 마스트를 전방으로 경사시킨다.

30 지게차는 경사면에 주차하지 않으며, 경사면에 주차하는 경우에는 주차 브레이크를 완전하게 걸고 변속 레버를 중립으로 한 후, 포크 등을 바닥면에 내리고 엔진을 정지시킨다.

31 지게차 운전 시 안전 및 유의사항으로 틀린 것은?

① 후방시야 확보를 위해 뒤쪽에 사람을 탑승시킨다.
② 적재물이 높아 전방 시야가 가릴 때에는 후진한다.
③ 주행 시 포크 높이를 지면에서 20~30cm로 조절한다.
④ 포크 간격은 적재물에 맞게 수시로 조정한다.

31 ① 후방시야 확보를 위해 뒤쪽에 사람을 탑승시켜서는 안 된다. 화물로 인해 전면시야가 방해 받을 경우 후진 주행하거나 유도자를 배치한다.
② 적재물이 높아 전방 시야가 가릴 때는 후진하여 주행한다.
③ 포크를 지면으로부터 20~30cm 높이로 한 후 주행한다.
④ 포크 간격은 적재물에 맞추어 수시로 조정한다.

32 지게차 작업 및 운전 시 준수 사항으로 옳지 않은 것은?

① 지게차 작업 시 규정 속도를 준수한다.
② 포크를 최대한 올려서 안정적으로 주행한다.
③ 유도자를 배치하며 유도자의 수신호에 따라 작업한다.
④ 정격하중 내에서 적재하며 포크 간격은 적재물에 맞추어 조정한다.

32 지게차 운전 시 안전 및 유의사항
• 포크를 지면으로부터 20~30cm 높이로 한 후 주행한다.
• 작업 시 규정 속도를 준수하고 정격하중 내에서 적재한다(적재하중 초과 운행 금지, 중량제한 준수).
• 적재물이 높아 전방 시야가 가릴 때는 후진하여 주행한다.
• 포크 간격은 적재물에 맞추어 수시로 조정한다.
• 화물로 인해 전면시야가 방해 받을 경우 후진 주행하거나 유도자를 배치하며, 후방시야 확보를 위해 뒤쪽에 사람을 탑승시켜서는 안 된다.

정답 29 ② 30 ② 31 ① 32 ②

33 지게차 운행 시 주의사항으로 틀린 것은?

① 지게차의 중량제한은 필요에 따라 무시해도 된다.
② 틸트는 적재물이 백레스트에 완전히 닿도록 한 후 운행한다.
③ 주행 중 노면상태에 주의하고 노면이 고르지 않은 곳에서는 천천히 운행한다.
④ 내리막길에서는 급회전을 삼간다.

33 ① 중량제한을 준수해야 하며, 적재하중을 초과하여 운행하지 않는다.
② 틸트는 적재물이 백레스트에 완전히 닿도록 하고 운행한다.
③ 노면상태에 주의하고, 노면이 고르지 않은 곳에서 급하게 운행할 경우 지게차가 전복되거나 적재물이 떨어질 수 있으므로 천천히 운행한다.
④ 급출발과 급정지, 급선회를 하지 않는다. 특히 내리막길에서 급회전을 금한다.

34 지게차의 작업 일과를 종료한 후 지면에 내려 두거나 안착시켜 두어야 하는 것은?

① 포크
② 카운터 웨이트
③ 프레임
④ 차축

34 작업 종료 시나 주차, 운전위치 이탈 시 포크, 버킷, 디퍼 등의 장치를 가장 낮은 위치 또는 지면에 내려 두어야 한다.

35 기계운전 및 작업 시 안전 사항으로 적절한 것은?

① 작업도구나 적재물이 장애물에 걸려도 동력에 무리가 없으므로 계속 작업한다.
② 작업의 속도를 높이기 위해 레버 조작을 빨리 한다.
③ 장비의 무게는 무시해도 된다.
④ 장비 승·하차 시 장비에 장착된 손잡이와 발판을 이용한다.

35 ④ 기계장비나 설비 등의 출입구에는 승·하차용 손잡이와 발판을 설치·이용한다.
① 작업도구나 적재물이 장애물에 걸리면 전도되거나 부러질 수 있다.
② 레버 조작을 빨리하는 경우 고장의 우려가 있다.
③ 장비의 무게를 고려해 작업한다.

36 도로교통법령상 안전기준을 초과하는 화물의 적재허가를 받은 사람은 그 길이 또는 폭의 양 끝에 각각 몇 cm 이상의 빨간 헝겊으로 된 표지를 달아야 하는가?

① 너비 5cm, 길이 10cm
② 너비 10cm, 길이 20cm
③ 너비 30cm, 길이 50cm
④ 너비 60cm, 길이 100cm

36 안전기준을 넘는 화물의 적재허가를 받은 사람은 그 길이 또는 폭의 양끝에 너비 30센티미터, 길이 50센티미터 이상의 빨간 헝겊으로 된 표지를 달아야 한다(도로교통법 시행규칙 제26조).

정답 33 ① 34 ① 35 ④ 36 ③

37 작업장에서 공동 작업으로 물건을 들어 이동할 때 잘못된 것은?
① 무거운 물건은 가급적 빨리 이동하여 작업을 종료할 것
② 이동 동선을 협의하여 작업을 시작할 것
③ 힘의 균형을 유지하여 이동할 것
④ 손잡이가 없는 물건은 안정적으로 잡을 수 있도록 주의할 것

37 공동 작업으로 물건을 들어 이동 시 주의사항
• 이동 동선을 미리 협의하여 작업을 시작할 것
• 힘의 균형을 유지하여 이동할 것
• 불안전한 물건은 드는 방법에 주의하고, 보조를 맞추어 들도록 할 것
• 손잡이가 없는 물건은 안정적으로 잡을 수 있도록 주의할 것
• 상대에게 무리하게 힘을 가하지 않으며, 무거운 물건일수록 천천히 의사소통하며 이동할 것

38 작업장에 대한 안전 관리상 설명으로 틀린 것은?
① 공장바닥은 폐유를 뿌려, 먼지 등이 일어나지 않도록 한다.
② 전원 콘센트 및 스위치 등에 물을 뿌리지 않는다.
③ 작업대 사이 또는 기계 사이의 통로는 안전을 위한 일정한 너비가 필요하다.
④ 항상 청결하게 유지한다.

38 먼지 등의 분진이 발생하지 않도록 물을 뿌린다. 작업장의 안전 관리를 위해 공장바닥에 폐유를 방류하거나 버리지 않아야 한다.

39 안전장치에 관한 사항으로 틀린 것은?
① 안전장치는 반드시 설치·활용하도록 한다.
② 안전장치 점검은 작업 전에 하도록 한다.
③ 안전장치가 불량할 때는 즉시 수리한다.
④ 안전장치는 작업 형편상 일시 제거해도 된다.

39 안전장치에 관한 사항
• 안전장치는 반드시 설치·활용하도록 한다.
• 안전장치 점검은 작업 전에 실시한다.
• 안전장치가 불량할 때는 즉시 수리하거나 수정한 다음 작업한다.
• 안전장치는 작업 형평 또는 상황에 따라 일시 제거해서는 안 된다.

40 안전장치 선정 시의 고려사항에 해당하지 않는 것은?
① 위험부분에서는 안전 방호장치가 설치되어 있을 것
② 강도나 기능 면에서 신뢰도가 클 것
③ 작업하기에 불편하지 않는 구조일 것
④ 안전장치 기능 제거를 용이하게 할 것

40 안전장치를 제거하거나 그 기능을 상실시키지 않아야 한다.

정답 37 ① 38 ① 39 ④ 40 ④

41 산업현장에서 재해 발생을 줄이기 위한 방법으로 가장 적절하지 않은 것은?

① 소화기 근처에 물건을 적재한다.
② 폐기물은 정해진 위치에 모아둔다.
③ 통로나 창문 등에 물건을 세워 놓아서는 안 된다.
④ 공구는 지정된 장소에 보관한다.

41 화재 발생 시 소화기를 꺼내기 쉽게 하기 위해 소화기 근처에 물건을 적재해 두면 안 된다.

42 스패너 작업 시 유의할 사항으로 틀린 것은?

① 스패너의 자루에 파이프를 이어서 사용해서는 안 된다.
② 너트에 스패너를 정확히 물려서 힘을 준다.
③ 스패너 입이 너트의 치수에 맞는 것을 사용해야 한다.
④ 스패너와 너트 사이에는 쐐기를 넣고 사용하는 것이 편리하다.

42 스패너와 너트 사이 쐐기를 넣어서 사용하면 튀어 다칠 수 있으므로 금지된다.
스패너 작업 시 유의할 사항
- 스패너가 벗겨지거나 미끄러짐에 주의하며, 빠져도 몸의 균형을 잃지 않도록 한다.
- 스패너에 파이프나 연장대를 연결하여 사용해서는 안 된다.
- 스패너 치수와 너트의 크기가 알맞은 것을 사용한다.
- 너트에 스패너를 정확히 물려서 힘을 준다.
- 스패너를 깊이 물리고, 몸 밖으로 밀지 말고 당겨서 풀거나 조인다.

43 스패너 사용 시 주의사항으로 가장 거리가 먼 것은?

① 스패너가 빠져도 균형을 잃지 않도록 한다.
② 너트는 넉넉하게 약간 큰 치수를 사용한다.
③ 스패너를 몸 쪽으로 당겨서 풀거나 조인다.
④ 스패너에 연장대를 끼워서 사용해서는 안 된다.

43 스패너나 렌치는 볼트·너트의 치수에 맞는 것을 사용한다.

44 스패너 작업 시 안전 및 주의사항으로서 틀린 것은?

① 장시간 보관할 때에는 방청제를 바르고 건조한 곳에 보관한다.
② 녹이 생긴 볼트나 너트에는 윤활제를 사용한다.
③ 지렛대용으로 사용하지 않는다.
④ 힘겨울 때는 파이프 등의 연장대를 끼워서 사용한다.

44 스패너 작업 시 파이프 등의 연장대를 끼워서 사용하지 않아야 한다.

정답 41 ① 42 ④ 43 ② 44 ④

45 건설기계 조종수가 장비 점검 및 확인을 위하여 조정 렌치를 사용할 때의 안전수칙으로 옳은 것은?

① 상황에 따라 렌치를 망치나 해머 대용으로 사용한다.
② 렌치를 사용할 때는 규정보다 큰 공구를 사용한다.
③ 렌치를 잡아당길 때 힘을 주며 작업한다.
④ 렌치를 사용할 때는 반드시 연결대를 사용한다.

46 장비 점검을 위하여 공구를 사용할 때 공구 사용법에 대한 설명으로 틀린 것은?

① 스패너 작업은 밀어서 작업하는 것이 안전하다.
② 볼트머리나 너트에 맞는 렌치를 선정하여 작업한다.
③ 조정 렌치는 고정 조가 있는 부분으로 힘이 가해지게 하여 사용한다.
④ 스패너에 파이프나 연장대 등을 끼워서 사용해서는 안 된다.

47 장비 점검 및 확인을 위한 스패너의 올바른 사용법이 아닌 것은?

① 렌치는 몸 쪽으로 당기면서 볼트·너트를 조인다.
② 너트 크기에 알맞은 렌치를 사용한다.
③ 볼트·너트를 푸는 경우는 밀어서 힘이 작용하도록 한다.
④ 공구에 묻은 기름은 잘 닦아서 사용한다.

48 건설기계 조종수가 스패너나 렌치를 사용할 때의 안전수칙으로 옳은 것은?

① 너트보다 약간 더 큰 것을 사용하여 여유를 가지고 사용한다.
② 스패너의 자루가 짧을 경우 파이프 등 연장대를 끼워서 사용한다.
③ 파이프 렌치를 사용할 경우에는 정지장치를 확인하고 사용한다.
④ 충격이 약하게 가해지는 부위에는 스패너를 해머 대신 사용할 수 있다.

---

45 ③ 렌치를 앞쪽으로 잡아당길 때 힘을 주며 작업한다.
① 렌치를 망치나 해머 대용으로 사용하지 않는다.
② 너트에 맞는 것을 사용하고 규정보다 큰 공구를 사용하지 않는다.
④ 연장대나 연결대에 끼워서 사용해서는 안 된다.

46 스패너로 죄고 푸는 작업을 할 때는 깊이 물리고 항상 앞으로 당기면서 작업하여야 하며, 몸 쪽으로 당길 때 힘이 걸리도록 한다.

47 렌치는 몸 쪽으로 당기면서 볼트·너트를 풀거나 조인다(당길 때 힘이 걸리도록 한다).

48 ③ 파이프 렌치를 사용할 때는 정지장치를 확인하고 사용하며, 한쪽 방향으로만 힘을 가하여 사용한다. 특히 관의 나사를 돌리기 전에 정지장치를 확인하여 파이프 렌치가 움직이지 않게 고정하고 사용한다.
① 너트에 맞는 것을 사용한다.
② 연장대를 끼워서 사용해서는 안 된다.
④ 스패너를 해머 대용으로 사용하지 않는다.

정답 45 ③ 46 ① 47 ③ 48 ③

49 스패너 및 렌치 사용 시 작업방법으로 옳지 않은 것은?
① 볼트·너트를 풀거나 조일 때 규격에 맞는 것을 사용한다.
② 렌치를 잡아당길 수 있는 위치에서 작업하도록 한다.
③ 파이프 렌치는 한쪽 방향으로만 힘을 가하여 사용한다.
④ 스패너 및 렌치는 밀면서 돌려 조이도록 한다.

49 스패너 및 렌치는 당기면서 풀거나 조인다(당길 때 힘이 걸리도록 한다).

50 줄 작업을 위한 적절한 방법과 거리가 먼 것은?
① 허리를 곧게 펴고 한손만 사용하여 작업한다.
② 작업 중 발생하는 절삭 가루나 쇳가루는 솔로 제거한다.
③ 줄 작업의 시작 전 줄의 상태를 확인한다.
④ 공작물을 정확히 바이스에 고정한다.

50 줄 작업은 양손을 사용하여 작업하여야 한다.

51 연삭기의 작업에서 안전수칙에 대한 설명으로 틀린 것은?
① 연삭숫돌에 균열이 있는지 반드시 확인한다.
② 숫돌 커버는 규정된 치수의 것을 사용한다.
③ 숫돌의 압지는 반드시 제거 후 장착한다.
④ 지정된 속도 이내에서 사용하고 진동이 심하면 즉시 점검해야 한다.

51 숫돌의 압지는 숫돌과 플랜지(flange) 사이에 끼우는 것으로, 숫돌을 고정시킬 때 사용한다. 숫돌과 플랜지 사이에는 두께 0.5mm 이하의 압지 또는 얇은 고무와 같은 와셔(washer)를 끼운다.

52 연삭기의 안전한 사용방법이 아닌 것은?
① 숫돌 측면 사용 제한
② 숫돌과 받침대 간격을 가능한 넓게 유지
③ 보안경과 방진마스크 착용
④ 숫돌덮개 설치 후 작업

52 ② 숫돌과 받침대 사이의 간격은 넓게 유지하는 것이 아니라 3mm 이내로 유지하여야 한다.
① 숫돌의 측면 사용을 목적으로 제작된 연삭기 이외에는 측면 사용이 금지된다.
③ 보안경과 방진마스크 등을 착용하고 작업에 임해야 한다.
④ 작업자에게 위험을 미칠 우려가 있는 경우에는 덮개를 설치하여야 한다.

정답 49 ④ 50 ① 51 ③ 52 ②

53 드릴 작업 시 안전수칙이나 금지사항으로 틀린 것은?

① 균열이 있는 드릴은 사용을 금한다.
② 일감은 손으로 붙잡고 작업하지 않도록 한다.
③ 작업 중 칩 제거를 금한다.
④ 작업 중 보안경 착용을 금한다.

53 드릴 작업의 안전수칙
- 일감은 견고하게 고정시켜, 손으로 잡고 작업하지 않도록 주의한다.
- 균열이 있는 드릴은 사용을 금한다.
- 작업 중 칩 제거를 금하며, 제거 시 기계를 중지시킨 상태에서 솔로 제거한다.
- 드릴을 끼운 후에 척 렌치는 반드시 분리한다.
- 얇은 일감의 작업 시 밑에 나무 등을 놓고 작업한다.
- 머리가 긴 사람은 묶어서 드릴에 말리지 않도록 한다.
- 장갑을 착용한 작업은 안전관리상 금지된다.
- 작업 중 보안경을 착용한다.

54 드릴 작업의 안전수칙으로 옳지 않은 것은?

① 일감은 견고하게 고정시켜 손으로 잡고 작업하지 않도록 주의한다.
② 칩을 제거할 때는 기계(회전)를 중지시킨 상태에서 솔로 제거한다.
③ 드릴을 끼운 후에 척 렌치는 그대로 둔다.
④ 머리가 긴 사람은 묶어서 드릴에 말리지 않도록 한다.

54 드릴을 끼운 후에 척 렌치는 반드시 분리한다.

55 드릴 작업의 안전수칙으로 틀린 것은?

① 작업 중 보안경을 착용한다.
② 머리가 긴 사람은 묶어서 드릴에 말리지 않도록 한다.
③ 작은 일감은 손으로 단단히 붙잡고 작업한다.
④ 칩을 제거할 때는 기계회전을 중지시킨 상태에서 솔로 제거한다.

55 일감은 손으로 붙잡고 작업하지 않도록 주의한다.

56 드릴 작업의 안전수칙으로 옳지 않은 것은?

① 드릴을 고정하거나 풀 때는 주축이 완전히 멈춘 후에 한다.
② 얇은 일감의 작업 시 일감 밑에 나무 등을 놓고 작업한다.
③ 머리가 긴 사람은 묶어서 드릴에 말리지 않도록 한다.
④ 칩을 제거할 때는 신속히 손으로 털어낸다.

56 드릴이 작동 중이거나 움직일 때는 칩을 손으로 치우지 않아야 한다. 칩을 제거할 때는 기계를 중지시킨 상태에서 솔 또는 칩털이로 제거한다.

정답 53 ④ 54 ③ 55 ③ 56 ④

57 해머작업 시 안전수칙이나 주의사항으로 틀린 것은?

① 면장갑을 끼거나 기름 묻은 손으로 작업하지 않는다.
② 자루 부분이 견고히 연결된 것을 확인한다.
③ 담금질한 것은 무리하게 두들기지 않는다.
④ 한 번에 가격하여 작업을 끝내야 한다.

57 한 번 가격으로 작업을 끝내서는 안 된다. 자기 힘에 맞도록 작업하며, 처음부터 힘을 가하지 않고 처음에는 작게, 차차 크게 휘둘러 작업을 진행한다.
해머작업 시 안전수칙
- 면장갑을 끼거나 기름 묻은 손으로 작업하지 않는다.
- 타격 전에 주위 상황을 살피며, 자루 부분이 견고히 연결된 것을 확인한다.
- 타격면이 찌그러진 것은 사용하지 않는다.
- 대형해머 사용 시는 자기의 힘에 맞는 것으로 한다.
- 처음에는 작게, 차차 크게 휘둘러 작업한다.
- 담금질한 것은 함부로 무리하게 두들기지 않는다.
- 손잡이가 튼튼히 박힌 것을 사용하며, 연결대에 끼워서 작업하지 않는다.
- 녹이나 불꽃이 발생할 경우 보안경을 착용한다.

58 해머 작업의 안전 수칙으로 틀린 것은?

① 힘껏 때릴 필요가 있을 때에는 연결대에 끼워서 작업할 것
② 면장갑을 끼고 해머작업을 하지 말 것
③ 해머를 사용할 때 자루 부분을 확인할 것
④ 공동으로 해머 작업 시는 호흡을 맞출 것

58 해머 작업 시 강한 타격력이 요구될 때에는 연결대에 끼워서 작업을 하지 않는다.

59 해머 작업 시 안전사항으로 가장 적절한 것은?

① 큰 힘이 필요할 때는 파이프를 연결하여 사용한다.
② 손이 다치지 않도록 면장갑을 착용한다.
③ 타격을 하기 전에 주위 상황을 점검하고 시작한다.
④ 해머의 본래 사용목적 이외의 용도로 사용해도 된다.

59 ③ 타격을 하기 전에 주위 상황을 살피며, 자루 부분을 확인한다.
① 연결대나 파이프에 끼워서 작업하지 않는다.
② 면장갑을 끼거나 기름 묻은 손으로 작업하지 않아야 한다.
④ 작업에 맞는 해머를 사용하며, 해머 본래의 사용목적 이외의 용도로 사용하지 않는다.

60 장비 안전점검 및 확인을 위하여 해머작업 시 안전수칙으로 틀린 것은?

① 작업 시 면장갑을 끼고 해머작업을 하지 말 것
② 강한 타격력이 요구될 때에는 연결대에 끼워서 작업할 것
③ 공동으로 해머작업 시 호흡을 맞출 것
④ 해머를 사용할 때 자루 부분을 확인할 것

60 해머작업 시 강한 타격력이 요구될 때에는 연결대에 끼워서 작업을 하지 않는다.

정답 57 ④ 58 ① 59 ③ 60 ②

61 장비 점검·확인을 위한 벨트 취급 시 안전에 대한 주의사항으로 틀린 것은?

① 벨트 교환 시 회전이 완전히 멈춘 상태에서 한다.
② 벨트에 기름이 묻지 않도록 한다.
③ 벨트의 적당한 장력을 유지하도록 한다.
④ 벨트의 회전을 정지시킬 때 손으로 잡아 정지시킨다.

61 벨트가 회전할 때는 손으로 잡거나 당기지 않아야 한다.

62 장비 점검 및 확인을 위한 벨트 취급 시 안전에 대한 주의사항으로 틀린 것은?

① 벨트의 적당한 장력을 유지하도록 한다.
② 벨트 교환 시 회전이 완전히 멈춘 상태에서 한다.
③ 벨트에 기름을 골고루 바르고 한다.
④ 벨트가 회전할 때는 손으로 잡지 않아야 한다.

62 벨트에 기름이 묻지 않도록 하여야 한다.

63 산업체에서 안전을 지킴으로서 얻을 수 있는 이점으로 적절하지 않은 것은?

① 기업의 투자 경비가 늘어난다.
② 직장의 신뢰도를 높여준다.
③ 고유의 기술이 축적되어 품질이 향상된다.
④ 직장 상·하 동료 간 인간관계 개선효과도 기대된다.

63 산업체에서 안전을 지킴으로서 얻을 수 있는 이점
- 직장의 신뢰도를 높여준다.
- 고유의 기술이 축적되어 품질이 향상된다.
- 사내 안전수칙이 준수되어 질서유지가 실현된다.
- 직장 상·하 동료 간 인간관계 개선효과가 기대된다.
- 인력이나 기계의 손실이 줄어 기업의 투자 경비가 줄어든다.
- 이직률이 감소하고 근로자의 건강·생명을 지킬 수 있다.

64 볼트 머리나 너트 주위를 감쌀 수 있어 사용 중 미끄러질 위험성이 적은 렌치는?

① 오픈 엔드 렌치
② 토크 렌치
③ 파이프 렌치
④ 복스 렌치

64 복스 렌치 : 오픈 렌치를 사용할 수 없는 오목한 볼트·너트를 조이고 풀 때 사용하는 렌치로, 볼트 머리나 너트를 주위를 감쌀 수 있어 미끄러지지 않는다.

정답 61 ④ 62 ③ 63 ① 64 ④

65 장갑을 끼고 작업할 경우 위험할 수 있는 작업은?

① 용접 작업
② 판금 작업
③ 드릴 작업
④ 줄 작업

65 드릴 작업은 장갑을 착용하고 작업할 경우 위험할 수 있으므로, 안전관리상 금지된다.
장갑을 착용하지 않고 해야 하는 작업 : 드릴 작업, 해머 작업, 연삭 작업, 정밀기계 작업

66 작업장에서 지켜야 할 안전사항으로 틀린 것은?

① 해머작업은 반드시 면장갑을 끼고 실시한다.
② 주유 시 장비의 시동을 끈다.
③ 안전모를 착용하고 작업한다.
④ 정비 및 청소 작업은 기계를 정지한 후 실시한다.

66 해머 작업 시 면장갑을 끼거나 기름 묻은 손으로 작업하지 않아야 한다.

67 벨트를 풀리(pulley)에 장착할 때 기관은 어떤 상태에서 걸어야 하는가?

① 저속으로 회전하는 상태일 때
② 회전을 정지한 상태일 때
③ 고속으로 회전하는 상태일 때
④ 중속으로 회전하는 상태일 때

67 벨트를 풀리(pulley)에 걸 때는 정지 상태에서 걸고, 회전 중일 때는 벨트를 걸지 않도록 한다.

68 안전한 작업 방법으로 틀린 것은?

① 압축공기는 먼지를 털기 위하여 사람에게 사용해서는 안 된다.
② 주유작업은 반드시 기계를 멈추고 한다.
③ 해당 작업 용도에 맞는 공구를 사용한다.
④ 급한 경우 사용한 공구는 던져서 신속하게 정리한다.

68 작업 중 공구를 던져서 정리하거나 타인에게 던져서는 안 된다.
안전한 작업 방법(안전한 공구 취급 방법)
• 작업 용도에 맞는 공구를 사용한다.
• 사용 전에 손잡이에 묻은 기름 등은 닦아내어야 한다.
• 주유 작업은 반드시 기계를 멈추고 한다.
• 숫돌바퀴의 교환 작업은 숙련공이 한다.
• 쇠톱작업은 바깥쪽으로 밀 때 절삭이 되도록 한다.
• 압축공기는 먼지를 털기 위하여 사람에게 사용해서는 안 된다.
• 작업 중 공구를 던져서 정리하거나 타인에게 던져서는 안 된다.

정답 65 ③ 66 ① 67 ② 68 ④

69 안전한 작업 방법에 대한 설명으로 틀린 것은?

① 주유작업은 반드시 기계를 멈추고 한다.
② 숫돌바퀴의 교환 작업은 숙련공이 한다.
③ 쇠톱작업은 안쪽으로 당길 때 절삭이 되도록 한다.
④ 압축공기는 먼지를 털기 위하여 사람에게 사용해서는 안 된다.

69 쇠톱작업은 바깥쪽으로 밀 때 절삭이 되도록 한다.

70 공구 사용 시 주의해야 할 사항으로 가장 적절하지 않은 것은?

① 주위 환경에 주의해서 작업한다.
② 강한 충격을 가하지 않는다.
③ 작업이나 용도에 적합한 공구를 사용한다.
④ 손이나 공구에 기름을 바른 다음 작업한다.

70 손이나 공구의 손잡이에 기름 등 이물질을 제거하고 작업하여야 한다.

71 산업현상에서 에어공구(동력공구) 사용 시 주의사항으로 틀린 것은?

① 간편한 사용을 위해서 보호구는 사용하지 않는다.
② 에어 그라인더 사용 시 회전수를 점검한다.
③ 압축공기 중 수분을 제거하여 준다.
④ 규정 공기압력을 유지한다.

71 에어공구 사용 시 주의사항
• 보호구 등 안전 보호 장비를 사용한다.
• 규정된 공기압력을 유지·준수한다.
• 압축공기 중 수분을 제거한다(수분은 공구의 작동오류나 고장을 유발).
• 고속회전·작동하는 에어 그라인더 사용 시 안전 확보를 위해 회전수를 점검한다.

72 건설기계 조종수가 사용한 공구를 정리·보관하는 방법으로 가장 적절한 것은?

① 사용한 공구는 면 걸레로 닦아 공구상자 또는 공구 보관으로 지정된 곳에 보관한다.
② 사용한 공구는 녹슬지 않게 기름칠을 잘해서 작업대 위에 진열해 놓는다.
③ 사용한 공구는 반드시 종류별로 묶어서 보관한다.
④ 사용 시 기름이 묻은 공구는 물로 깨끗이 씻어서 보관한다.

72 사용한 공구는 방치하지 않고 면 걸레로 깨끗이 닦아 공구상자 또는 공구 보관함으로 지정된 곳에 보관한다. 걸레로 깨끗이 닦아놓으면 다음 사용 때 더 효율적으로 사용할 수 있다. 공구상자나 보관함에 보관하면 공간을 절약하고 공구를 분실하는 일도 줄일 수 있으며, 녹슬거나 파손되는 등의 문제도 예방할 수 있다.

정답 **69** ③ **70** ④ **71** ① **72** ①

73 전기기구 취급 시 주의사항으로 틀린 것은?
① 동력기구 사용 중 정전 되었다면 전원 스위치를 끈다.
② 퓨즈가 끊어진 경우 함부로 손을 대서는 안 된다.
③ 안전점검 사항을 확인하고 스위치를 넣는다.
④ 백열전등 작업등은 보호덮개를 씌우지 않고 사용한다.

73 백열전등은 보호덮개를 씌우고 작업등으로 사용해야 한다.

74 감전사고 방지대책으로 틀린 것은?
① 전기기기 및 배선 등 모든 충전부는 노출시키지 않는다.
② 작업자에게 보호구를 착용시키고 설비에 보호 접지를 실시한다.
③ 누전차단기를 설치하고 작업자에게 사전 안전교육을 시킨다.
④ 전기설비에 물을 약간 뿌려 감전여부를 확인한다.

74 전기설비에 물을 뿌리면 설비 손상이나 기능의 저하를 초래하고, 감전이나 전기 충격의 위험을 더 높이게 된다.

75 누전차단기의 설치 및 사용 목적에 대한 설명으로 틀린 것은?
① 누전차단기는 개폐기구, 차단장치, 소호장치 등으로 구성된다.
② 차단기를 설치한 전로에 과부하 보호장치를 설치하는 경우는 협조가 잘 이루어지도록 한다.
③ 감전위험을 방지하기 위하여 분기회로마다 누전차단기를 설치한다.
④ 누전차단기의 주된 사용 목적은 전력량 사용 절약 등에 있다.

75 누전차단기의 주된 사용 목적은 감전 방지, 전기설비 및 전기기기 보호, 누전 화재 방지 등이다.

76 안전관리상 감전의 위험이 있는 곳의 전기를 차단하여 수리점검을 할 때의 조치와 관계가 없는 것은?
① 스위치에 통전장치를 한다.
② 기타 위험에 대한 방지장치를 한다.
③ 스위치에 안전장치를 한다.
④ 통전 금지기간에 관한 사항이 있을 시 필요한 곳에 게시한다.

76 통전장치는 전기가 통하는 장치로, 전기가 흐를 위험이 있어 감전의 위험이 있는 곳에는 적합하지 않다.

정답 73 ④ 74 ④ 75 ④ 76 ①

77 고압전기 취급 시 가장 적합한 장갑의 재질은?
① 면으로 된 장갑
② 고무로 된 장갑
③ 합성섬유로 된 장갑
④ 무명으로 만든 장갑

77 고압전기를 취급 시 전기에 감전을 방지하기 위해 절연용 고무장갑을 착용한다.

78 전기회로 안전사항으로 옳지 않은 것은?
① 모든 계기는 사용 시 최대 측정 범위를 초과하지 않도록 해야 한다.
② 전선의 접속은 접촉저항이 크게 하는 것이 좋다.
③ 전기장치는 반드시 접지하여야 한다.
④ 퓨즈는 용량이 맞는 것을 사용한다.

78 접촉저항을 크게 하면 시스템 장애를 일으키고, 심하면 발열로 인한 화재가 발생하고 장비의 파손이나 인명사고를 유발한다. 접촉저항은 두 물체를 전기적으로 연결(접속)할 때 발생한다.

79 자연발화가 일어나기 쉬운 조건으로 틀린 것은?
① 주위 온도가 높을 때
② 발열량이 클 때
③ 수분이 없을 때
④ 착화점이 낮을 때

79 자연발화가 되기 쉬운 조건
• 주위의 초기 온도가 높고 발열량이 클 것
• 산소와 친화력이 좋을 것
• 열전도율이 적을 것
• 표면적이 넓을 것
• 수분이 적당량 존재할 것
• 착화점이 낮을 것

80 다음 중 연소의 3요소가 아닌 것은?
① 가연성 물질
② 질소
③ 산소
④ 점화원

80 연소의 3요소에는 가연성 물질(연료), 산소 공급원, 점화원(열)이 있다.

정답 77 ② 78 ② 79 ③ 80 ②

81 연소 시 발생하는 질소산화물(NOx)의 발생 원인과 가장 밀접한 관련이 있는 것은?

① 소염 경계층
② 높은 연소온도
③ 흡입 공기 부족
④ 가속 불량

81 높은 연소온도는 질소산화물(NOx)의 발생 원인이 된다. 질소산화물은 주로 고온에서 화석연료를 연소할 때 공기 중의 질소와 산소가 반응하여 형성된다.

82 다음 중 인화성 물질이 아닌 것은?

① 산소
② 아세틸렌
③ 프로판 가스
④ 가솔린

82 산소는 자체적으로 인화성을 띠지 않으며, 조연성 물질(다른 가연성 물질을 연소시킬 수 있는 물질)에 해당한다. 아세틸렌과 프로판 가스, 가솔린 등은 모두 인화성 물질에 해당한다.

83 건설기계 보관 현장에서 화재의 분류 기준으로 틀린 것은?

① A급 화재 - 일반(보통) 화재
② B급 화재 - 유류 화재
③ C급 화재 - 가스 화재
④ D급 화재 - 금속 화재

83 화재의 분류 기준 : A급 화재 - 일반(보통) 화재,
B급 화재 - 유류가스 화재,
C급 화재 - 전기 화재,
D급 화재 - 금속 화재

84 화재의 분류에서 유류 화재에 해당하는 것은?

① A급 화재
② B급 화재
③ C급 화재
④ D급 화재

84 화재의 분류 기준 : A급 화재 - 일반화재,
B급 화재 - 유류가스화재,
C급 화재 - 전기화재,
D급 화재 - 금속화재
유류 화재는 연소 후 아무 것도 남기지 않은 종류의 화재로서, 휘발유·경유·알코올 등 인화성 액체에 대한 화재를 말한다.

정답 81 ② 82 ① 83 ③ 84 ②

85 화재의 분류 기준 중 전기 화재에 해당되는 것은?

① A급 화재
② C급 화재
③ B급 화재
④ D급 화재

> **85** 화재의 분류 기준 : A급 화재 – 일반(보통) 화재, B급 화재 – 유류가스 화재, C급 화재 – 전기 화재, D급 화재 – 금속 화재

86 작업장에서 휘발유 화재가 발생했을 때 가장 적합한 소화 방법은?

① 소다 소화기의 사용
② 물 호스의 사용
③ 탄산가스 소화기의 사용
④ 불의 확대를 막는 덮개의 사용

> **86** 휘발유 등 유류화재가 발생했을 경우 탄산가스 소화기를 사용하면 효과적이다. 탄산가스 자체가 질식 효과가 있어, 표면으로의 산소(공기)의 공급을 차단시켜 질식 상태로 만들어 소화한다.

87 유류화재와 전기화재에 모두 적용 가능하나 질식에 의해 화염을 진화하기 때문에 실내 사용에는 특히 주의해야 하는 것은?

① 이산화탄소 소화기
② A급 화재 소화기
③ 모래
④ 분말 소화기

> **87** 이산화탄소(CO_2) 소화기는 유류(B급) 화재 및 전기(C급) 화재에도 적합하나, 방사 시 소음이 크고 질식의 우려가 있으므로 실내 사용에는 특히 주의해야 한다.

88 소화기 사용방법을 순서대로 옳게 나열한 것은?

㉠ 노즐을 불이 발생한 쪽으로 향하게 한다.
㉡ 안전핀 걸림 장치를 제거한다.
㉢ 손잡이를 움켜잡아 방사한다.
㉣ 안전핀을 뽑는다.

① ㉠ - ㉡ - ㉣ - ㉢
② ㉡ - ㉣ - ㉠ - ㉢
③ ㉢ - ㉣ - ㉠ - ㉡
④ ㉣ - ㉠ - ㉢ - ㉡

> **88** 분말소화기 사용 순서 : 바람을 등지고 화점부근으로 접근한다. → 안전핀 걸림 장치를 제거하고 안전핀을 뽑는다. → 노즐이 화점을 향하게 한다. → 손잡이를 움켜잡아 골고루 방사한다. → 소화가 완전히 되었는지 확인한다.

정답 85 ③ 86 ③ 87 ① 88 ②

89 금속화재에 대한 설명으로 가장 적절한 것은?
① 질식소화법이 가장 좋고 마른 모래 등을 이용한다.
② 금속화재는 A급화재이며, A급 소화기로만 소화하여야 한다.
③ 물로 소화하는 것이 효과적이다.
④ 포말 소화기로 소화하는 것이 가장 좋다.

89 ① 금속화재는 피복에 의한 질식소화법이 가장 좋고 마른 모래(건조사)를 이용한 질식법이 효과적이다.
② 금속화재는 D급화재로 분류된다.
③ 금속화재는 물을 사용할 경우 폭발위험이 있다.
④ 질식소화법이 가장 좋고, 팽창질석이나 팽창진주암의 소화제, 마른 모래로 질식시킨다.

90 전기 화재가 발생했을 때 적합하지 않은 소화기는?
① 분말소화기
② 이산화탄소 소화기
③ 포말소화기
④ 할로겐화합물 소화기

90 전기 화재에 적합한 소화기 : 전기 화재에는 분말소화기나 이산화탄소 소화기, 할로겐화합물 소화기가 적합하다. 포말(거품)소화기는 A(일반)와 B(유류가스)형 화재에 효과적이지만, C형인 전기 화재에는 적합하지 않다. 전기 화재 발생 시 적합하지 않은 소화기에는 포말소화기, 액체소화기, 마른모래, 팽창질석, 진주암 등이 있다

정답 **89** ① **90** ③

PART

02

작업 전 점검

Chapter 01 기출핵심정리

01 외관점검

1. 타이어 공기압 및 손상 점검

- **타이어의 역할과 마모한계**
  - 역할 : 차체의 하중을 지지, 노면의 충격을 흡수, 차체의 동력과 제동력을 전달
  - 마모한계 : 타이어의 마모가 심하면 수막현상으로 사고의 위험이 커지는데, 마모한계는 소형 1.6mm, 중형 2.4mm, 대형 3.2mm
  - *타이어가 마모한계를 초과한 경우 : 제동력이 떨어져 타이어가 미끄러지며, 우천 시 수막현상이 발생하고 작은 이물질에도 트레드에 상처가 생겨 사고가 발생할 수 있음

- **타이어의 구성**
  - 카커스(Carcass) : 타이어의 골격이 되는 부분으로서, 고무로 피복된 코드를 여러 겹으로 겹친 층이다. 공기 압력을 견디어 일정한 체적을 유지하고, 하중이나 충격에 따라 변형하여 완충작용을 하는 부분이다.
  - 트레드(Tread) : 타이어가 노면과 직접 접촉하는 부분으로, 마모가 심한 부분이다. 카커스와 브레이커의 외부에 접착된 강력한 고무층을 말한다.
  - 비드(Bead)부 : 카커스의 끝 부분을 감아주는 두꺼운 철선이 들어 있는 부분으로, 타이어를 림에 장착시키는 역할을 하여 림에서 빠지지 않도록 한다.
  - 숄드(Shoulder) : 트레드와 사이드월 사이의 부분으로, 주행 중의 충격을 흡수하는 역할을 한다.

- **지게차 타이어 트레드의 마모**
  - 트레드가 마모되면 지면과 마찰력이 감소하게 되어 제동성능이 떨어지고, 구동력과 선회능력이 저하된다.
  - 트레드가 마모되면 열의 발산이 불량하게 된다.
  - 타이어의 공기압이 높으면 트레드의 양단부보다 중앙부의 마모가 크다.

- **지게차 튜브리스 타이어의 특징**
  - 공기압 유지가 좋고, 튜브에 의한 고장이 없다.
  - 못이나 날카로운 곳에 찔려도 공기가 새지 않는다(공기노출이 없음).
  - 타이어 펑크 수리가 간단하다.
  - 타이어 내부 공기가 직접 림에 접촉되어 있어 주행 중 열 발산이 좋다.
  - 튜브 조립이 없어 수리작업이 용이하고 작업성이 향상된다.
  - 타이어의 비드부에 손상이 생기면 분리현상이 일어난다.

- **지게차에서 저압타이어를 사용하는 주된 이유** : 지게차의 충격·진동을 완화(롤링 방지)하기 위한 현가 스프링을 장착하지 않기 때문이다. 저압타이어는 압력이 낮아 완충효과가 큰데, 완충장치가 없으므로 지게차가 요동치지 않도록 하기 위해 설치한다.

- **지게차에 저압타이어를 사용하는 이유**
  - 압입 공기량이 많아 노면과의 접지면적이 넓다.
  - 완충장치가 없으므로 요동치지 않도록 하기 위함이다.
  - 단면적이 고압타이어보다 크고 압력이 낮아 완충효과가 크다.

- **지게차 타이어 [9.00 - 20 - 14PR] 의미** : '20'은 타이어의 내경(인치)을 나타낸다. '9.00'은 타이어의 직경폭, '14PR'은 타이어의 강도를 나타낸다.

2. 조향장치 및 제동장치, 엔진 시동 전·후 점검

- **지게차에서 주행 중 핸들이 떨리는 원인**
  - 타이어 밸런스가 맞지 않을 때, 타이어 휠이 휘었을 때
  - 노면에 요철이 있을 때
  - 킹핀의 각도가 적당하지 못하거나 결합이 헐거울 때

- **조향 핸들이 무거운 이유**
  - 타이어 공기압이 적고(낮고) 타이어가 마모되었을 때
  - 타이어의 넓이가 넓고, 마이너스 휠을 장착했을 때
  - 캠버와 캐스터가 과다하거나 과소할 때
  - 파워 펌프가 불량하거나 파워오일(윤활유)이 부족·불량하고, 에어가 혼입되었을 때
  - 조향 기어가 휘었거나 백래시(유격)가 작아 부품 간 마찰이 클 때

- **앞바퀴 정렬의 역할**
  - 타이어 마모를 적게 한다.
  - 방향의 안정성을 준다.
  - 조향 핸들의 조작을 쉽게 할 수 있다.
  - 직진성과 조향 복원을 향상시킨다.

- **페이드(Fade) 현상** : 브레이크를 연속으로 사용 시 마찰열의 축적으로 브레이크 드럼과 라이닝 등이 과열되어 마찰계수가 작아짐에 따라 제동력이 저하되는 현상이다.

- **동력기계의 점검 · 정비작업 시 안전사항** : 볼트·너트 풀림 상태 확인, 소음 상태 점검, 힘이 작용하는 부분의 손상 유무 점검
  * 벨트장력 측정은 엔진을 정지한 다음에 하여야 함

02 누유·누수 확인

1. 누유점검

- **유압장치의 일상점검 항목**
  - 오일탱크의 유량 점검(오일의 양 점검)
  - 오일의 누유·누설 여부 점검, 변질상태 점검
  - 소음 및 호스의 손상 여부 점검
    * 탱크 내부 점검×, 필터×, 릴리프 밸브 작동 점검×

- **기관의 피스톤이 고착되는 원인** : 기관오일 및 냉각수량이 부족할 때, 기관이 과열되었을 때, 피스톤 간극이 작을 때 등의 발생 시 기관의 피스톤이 눌러 붙어 고착이 발생한다.
  * 압축압력이 너무 높을 때×, 압축압력이 정상일 때×

- **기관 과열의 원인** : 냉각장치 내부에 이물질(물때 등) 과다, 냉각수 누수·부족, 냉각팬·워터펌프 고장, 수온센서 고장, 라디에이터 코어의 막힘, 무리한 부하 운전 등
  * 오일량 과다×, 오일의 압력 과다×

- **제동장치 및 조향장치 누유점검**
  - 제동장치 : 마스트 실린더와 제동장치 계통의 연결부위에 대한 누유를 점검한다.
  - 조향장치 누유점검 : 유압펌프와 조향장치 계통의 연결부위에 대한 누유를 점검한다.

2. 부동액 및 냉각수 점검

- **부동액의 구비조건**
  - 비등점이 높고 응고점이 낮을 것
  - 휘발성이 없고 유동성이 좋을 것
  - 내부식성이 크고 팽창계수가 적을 것
  - 침전물이 발생하지 않을 것
  - 냉각수와 혼합이 잘되고, 냉각장치에서 순환성이 좋을 것

- **추위 시 지게차 운행 및 점검 방법**
  - 지게차를 작동시키기 전에 창문에 있는 얼음이나 눈 등을 제거한다.
  - 부동액 상태를 점검한다.
  - 지게차 승·하차 또는 점검 시 미끄럼 방지 처리가 되지 않은 부분을 밟지 않는다.
  - 빙판길 주행 시 서서히 출발하고 저속으로 운전한다.

- **기관이 동파되는 원인** : 동절기에 기관이 동파되는 원인은 기관 내부 냉각수가 얼기 때문이다.

03 계기판 점검

- **지게차 조종석 계기판에 있는 것** : 엔진회전속도(RPM)게이지, 연료계, 냉각수 온도계, 충전 경고등, 주차브레이크, 전조등 등
  * 운행거리 적산계×, 진공계×

- **건설기계용 전조등**
  - 전조등 회로는 높은 전류를 사용하므로 복선식을 사용하며, 병렬로 연결되어 있다.
  - 실드 빔 형식은 반사경·렌즈·필라멘트가 일체로 되어 있어, 필라멘트가 끊어지면 전조등 전체를 교환하여야 한다.
  - 세미 실드 빔 형식은 반사경과 렌즈는 일체로 되어 있고 필라멘트는 별개로 되어 있어, 단선되면 전구만 교환한다.
  - 전조등은 주행용으로 광선을 위쪽으로 비추는 하이 빔(상향등), 교행용으로 광선을 아래쪽으로 비추는 로우 빔(하향등)으로 구성된다.

- **건설기계에 사용되는 전조등 회로의 접속방식** : 일반적으로 건설기계에 설치되는 좌·우 전조등 회로는 고장예방을 위해 각각 독립적으로 작동하는 병렬연결 방식을 사용한다. 직렬연결 방식 사용 시 한 쪽 전조등이 고장나면 다른 쪽 전조등도 작동하지 않게 되고, 직·병렬연결 방식은 전조등이 서로 영향을 미치지 않지만 복잡하고 비용이 많이 들어 일반적으로는 사용되지 않는다.

04 마스트·체인 점검

- **마스트의 점검과 베어링의 점검**
  - 리프트 실린더를 조작하여 마스트의 작동상태를 점검하고, 마스트 롤러 베어링의 작동상태를 점검한다.
  - 리프트 체인 및 마스트 베어링 상태를 점검하고, 리프트 체인 고정핀의 마모와 헐거움을 점검한다.

- **체인 점검 및 관리 항목**
  - 체인 좌우 장력 및 늘어짐 점검
  - 체인 균열 여부, 핀의 헐거움 및 빠짐, 이음새 점검
  - 녹슬거나 휘어짐 여부, 마모 상태 점검
  - 적절한 윤활 관리(오일·그리스 도포 등)
    * 그리스 주입 부위 : 각종 핀과 링크 부위, 마스트 및 틸팅 실린더, 스티어링 기어, 휠 베어링, 리프트 체인, 페달 등

- **포크와 체인 연결부위 점검** : 포크의 휨·마모·균열을 점검하고 포크와 리프트의 체인 연결부위의 균열 여부, 포크와 핑거보드와의 연결상태를 점검한다.

- **체인블록을 이용해 무거운 물체를 이동시킬 때 안전한 방법** : 체인이 느슨한 상태에서 급격히 잡아당기면 체인이 끊어지거나 물체가 떨어져서 재해가 발생할 수 있으므로, 안전을 확인할 수 있는 시간적 여유를 가지고 작업한다.

- **지게차 체인의 장력 점검 및 조종방법**
  - 지게차를 평평한 장소에 세우고 마스트를 수직으로 세운다.
  - 좌우 체인이 동시에 평행한가를 확인한다.
  - 정격 하중에 해당하는 화물을 포크에 올리고 포크를 지상에서 조금(10~15cm) 올린 후 조정한다.
  - 손으로 체인을 눌러보았을 때 양쪽이 다르면 조정너트로 조정한다.
  - 한 쪽 체인의 장력이 너무 작거나 크면 체인을 앵커볼트로 조정한다.

05 엔진시동 상태 점검

1. 축전지 점검

- **납산 축전지의 용량**
  - '용량(Ah) = 방전 전류(A) × 방전 시간(h)'으로 나타낸다.
  - 극판의 크기·형상과 수, 전해액의 비중·온도와 양, 격리판의 재질, 격리판의 형상·크기에 의해 결정된다.
  - 극판의 면적이 넓고 수가 많을수록 용량이 증가하고, 전해액의 온도가 높을수록 증가한다.
    * 격리판은 다공성이며 비전도성인 재질로 만들어짐(전도성이면 양·음극이 단락되므로 위험)

- **납산 축전지의 용량 단위** : 축전지 용량의 단위는 'Ah(ampere hour)'이다. 용량이란 배터리의 능력으로, 완전 충전된 배터리를 일정 전류로 규정방전 종지 전압까지 방전했을 때의 방전량, 즉 '방전 전류(A) × 방전 시간(h)'을 의미한다.

- **축전지(배터리)의 역할** : 자동차 등의 시동 모터에 전류를 공급하여 시동을 걸어주고, 기관 정지 상태에서 각종 전기장치에 사용되는 전기를 공급하는 역할을 하는 중요한 부품이다.
    * 시동 모터의 회전력 불량원인 : 시동 모터 고장 및 시동스위치 접촉불량, 배터리 방전 또는 전압이 낮음, 배터리 단자와 터미널의 접촉불량, 퓨즈단선 및 배선손상 등

- **축전지의 구비조건** : 전기적 절연이 완전할 것, 일정한 용량을 유지하며 전압강하가 적고 안정적일 것, 전해액의 누설방지가 완전할 것, 내부 저항이 적을 것, 작고 가벼우며 취급이 용이할 것

- **축전지 전해액의 온도 변화에 따른 비중** : 일반적으로 온도가 높아지면 전해액의 비중은 낮아지고, 온도가 낮아지면 비중이 높아진다.

- **축전지 전해액 감소 시 보충해 줄 것** : 일반적으로 전해액이 배터리의 벤트 플러그를 통하여 자연 감소되었을 경우에는 증류수를 보충한다.

- **축전지 터미널에 녹 발생 시 조치방법** : 부드러운 와이어 브러쉬 등으로 녹을 닦은 후 터미널을 고정시키고, 재부식을 막기 위해 소량의 그리스를 상부에 도포한다.

- **축전지에서 음극판을 양극판보다 1장 더 많이 하는 이유** : 음극판이 양극판보다 활성적이지 못하기 때문에 1장 더 많이 하여 화학적 평형(균형)을 유지한다.

- **양극 단자의 기둥이 음극보다 굵게 설계되는 이유** : 양극 단자는 전류흐름을 원활히 하기 위해 더 굵게 설계되며, 이는 극성 구분을 쉽게 하기 위한 목적도 있다.

- **납산 축전지 충전방법**
  - 정전류 충전 : 충전의 시작에서 끝까지 전류를 일정하게 하여 충전을 실시하는 방법이다.
  - 정전압 충전 : 충전의 전체 기간을 일정한 전압으로 충전하는 방법이며, 충전 초기에 큰 전류가 흐르나 충전이 진행됨에 따라 전류가 감소한다.
  - 단별 전류충전 : 충전 중의 전류를 단계적으로 감소시키는 방법이며, 충전효율이 높고 온도 상승이 완만하다.
  - 급속 충전 : 급속 충전기를 사용하여 시간적 여유가 없을 때 하는 충전이며, 충전 전류는 축전지 용량의 50% 정도로 한다. 짧은 시간 내에 매우 큰 전류로 충전을 실시하여 축전지 수명을 단축시키는 요인이 되므로 긴급한 경우 이외에는 사용하지 않는 것이 바람직하다.

- **설페이션 현상** : 축전지를 방전상태에서 오랫동안 방치해 두면 극판이 영구 황산납으로 변하는 현상을 말한다. 설페이션이 현상이 발생하면 전지의 용량이 감퇴하고 수명이 단축된다.

2. 예열장치 점검

- **예열 플러그의 단선원인** : 엔진이 과열되었을 때, 예열시간이 너무 긴 때, 규정 이상의 전류가 흐를 때와 규정 토크로 조이지 않았을 경우, 엔진 가동 중에 예열시키는 경우

- **스위치를 켠 후 15~20초 사이 예열플러그가 완전히 가열된 경우** : 정상적인 작동상태임을 의미한다. 예열플러그는 차량의 엔진을 켜기 전에 열을 발생시켜 연료를 쉽게 연소시키는 역할을 한다.

3. 시동장치 및 연료계통 점검

- **디젤기관에서 시동이 걸리지 않을 때 점검사항**
  - 기동 전동기 이상 여부
  - 예열플러그 작동 여부, 점화계통(점화플러그·점화코일) 이상 여부
  - 연료 필터 이상 여부
  - 배터리 충전상태 및 접지 케이블 단자 조임 여부
    * 발전기의 이상 여부×

- **디젤기관의 시동을 용이하게 하기 위한 방법** : 흡기온도를 상승시킴, 압축비를 높임, 예열장치를 사용(특히 겨울철), 축전지 상태를 최상으로 유지 등

- **작업 전 지게차의 난기운전(워밍업 운전) 및 점검사항**
  - 시동 후 작동유의 유온을 정상 범위 내에 도달하도록 5분 정도 저속운전을 실시
  - 리프트 레버를 사용하여 상승·하강 운동을 전 행정으로 2~3회 실시
  - 틸트 레버를 사용하여 전 행정으로 전·후 경사운동 2~3회 실시

- **세탄가, 옥탄가**
  - 세탄가는 디젤연료(경유)의 착화성을 나타내는 수치로, 세탄가 수치가 높을수록 연료의 착화점이 안정되고 노킹 억제를 해준다.
  - 옥탄가는 가솔린 연료(휘발유)가 연소할 때 이상폭발을 일으키지 않을 수치(불완전 폭발을 억제하는 값을 수치화한 것)를 말한다.

- **디젤기관의 노킹 원인** : 착화지연 시간이 너무 길고 연소실에 누적된 연료가 많이 일시에 연소할 때, 연료의 분사압력이 낮을 때, 압축비가 낮을 때, 착화온도가 너무 낮을 때, 기관 회전속도가 너무 빠를 때 디젤기관의 노킹이 발생한다.

- **착화성이 좋은 연료** : 경유는 착화성이 좋다. 착화성이란 불꽃이 없어도 온도만 올라가면 불이 붙는 것을 말하는데, 불꽃 없이 휘발유에 불이 붙기 위해서는 550도 이상 온도가 올라가야 하는데 비해 경유는 65도 이상에서는 인화가 된다.

4. 작업 전 점검

- **지게차 작업 전 점검사항**
  - 외관 점검 : 타이어 손상 및 공기압, 제동장치·조향장치의 정상 작동여부 등
  - 누유·누수 : 엔진오일 누유·누수, 실린더의 누유상태 점검, 유압호스 연결부위 누유(오일의 누출), 냉각수 누수, 호스의 마모·손상 등
  - 계기판 점검 : 오일순환, 온도게이지·연료게이지, 방향지시등·충전경고등 점검 등
  - 하역장치 : 마스트 체인의 장력, 리프트체인 상태, 포크·백레스트의 변형 및 균열, 실린더 로크의 헐거움 등
  - 헤드가드 및 캐빈 : 헤드가드 변형·손상, 운전석과 캐빈 내부의 상태 등
  - LPG장치 : 봄베 장착부의 헐거움·손상, 이음새의 헐거움, 가스 누설 등
  - 엔진시동상태 점검 : 축전지 단자·결선상태, 충전 상태 등

- **시동 전 점검사항** : 엔진 오일 및 냉각수, 연료 상태, 배터리 상태, 브레이크 및 클러치 작동, 조향장치, 계기판 확인 등
  * 시동 후 점검사항 : 엔진 출력 상태, 유압 시스템(리프트·틸트·포크 조작, 유압 및 유압계 등), 브레이크 및 조향 작동, 라이트 및 경고등, 작업 영영의 시야 확보

• **지게차 작업시작 전 점검 및 이상 유무 확인사항**
  - 제동장치 및 조종장치 기능의 이상 유무
  - 하역장치 및 유압장치 기능의 이상 유무
  - 바퀴의 이상 유무
  - 전조등·후미등·방향지시기 및 경보장치 기능의 이상 유무

• **자기진단 기능(OBD)** : 운전 상태를 감시하고 엔진의 성능, 연료소모율, 배기가스 계통 등 기관의 이상을 자체 감시·진단하여 결함 발생 및 내용을 운전자에게 알려 주는 기능이다.

Chapter 02 기출문제(2025~2020년)

01 지게차 타이어의 뼈대가 되는 부분으로 하중이나 충격에 견딜 수 있는 부분은?

① 트레드
② 비드부
③ 브레이커
④ 카커스

02 타이어에서 고무로 피복된 코드를 여러 겹으로 겹친 층에 해당되며 타이어 골격을 이루는 것은?

① 트레드(Tread)부
② 카커스(Carcass)부
③ 비드(Bead)부
④ 숄더(Shoulder)부

03 지게차 타이어 트레드에 대한 설명으로 틀린 것은?

① 트레드가 마모되면 열의 발산이 불량하게 된다.
② 타이어의 공기압이 높으면 트레드의 양단부보다 중앙부의 마모가 크다.
③ 트레드가 마모되면 지면과 접촉 면적이 크게 됨으로써 마찰력이 증대되어 제동성능은 좋아진다.
④ 트레드가 마모되면 구동력과 선회능력이 저하된다.

04 튜브리스 타이어의 특징이 아닌 것은?

① 튜브 조립이 없어 작업성이 향상된다.
② 못이 박혀도 공기가 새지 않는다.
③ 주행 중 열 발산이 좋지 않다.
④ 펑크 수리가 간단하다.

---

01 카커스(Carcass) : 타이어의 뼈대가 되는 부분으로서, 공기 압력을 견디어 일정한 체적을 유지하고 또 하중이나 충격에 따라 변형하여 완충작용을 하는 부분이다.

02 ② 카커스(Carcass) : 타이어의 골격이 되는 부분으로서, 고무로 피복된 코드를 여러 겹으로 겹친 층이다.
① 트레드(Tread) : 타이어가 노면과 직접 접촉하는 부분으로, 마모가 심한 부분이다. 카커스와 브레이커의 외부에 접착된 강력한 고무층을 말한다.
③ 비드(Bead) : 카커스의 끝 부분을 감아주는 두꺼운 철선이 들어 있는 부분으로, 타이어를 림에 장착시키는 역할을 한다(림에서 빠지지 않도록 함).
④ 숄더(Shoulder) : 트레드와 사이드월 사이의 부분으로, 주행 중의 충격을 흡수하는 역할을 한다.

03 일반적으로 트레드가 마모되면 지면과 마찰력이 감소하게 되어 제동성능이 떨어지고, 구동력과 선회능력이 저하된다. 트레드(Tread)는 타이어가 노면과 직접 접촉하는 부분으로, 카커스와 브레이커의 외부에 접착된 강력한 고무층을 말한다.

04 지게차 튜브리스 타이어의 특징
• 공기압 유지가 좋고, 튜브에 의한 고장이 없다.
• 튜브 조립이 없어 수리작업이 용이하고 작업성이 향상된다.
• 못이나 날카로운 곳에 찔려도 공기가 새지 않는다.
• 타이어 내부 공기가 직접 림에 접촉되어 있어 주행 중 열 발산이 좋다.
• 타이어 펑크 수리가 간단하다.
• 타이어 비드부에 손상이 생기면 분리현상이 일어난다.

정답 01 ④ 02 ② 03 ③ 04 ③

05 지게차에서 저압타이어를 사용하는 주된 이유는?

① 고압타이어는 파손이 쉽고 정비의 난이도가 높기 때문에 저압타이어를 사용한다.
② 고압타이어는 가격 측면에서 비경제적이고 사용기간이 짧기 때문에 저압타이어를 사용한다.
③ 저압타이어는 조향을 쉽게 하고 타이어의 접착력이 크게 하기 때문에 사용한다.
④ 지게차의 롤링 방지를 위해 현가스프링을 장착하지 않기 때문에 저압타이어를 사용한다.

05 지게차에서 저압 타이어를 사용하는 주된 이유는 지게차의 충격·진동을 완화(롤링 방지)하기 위한 현가스프링(완충장치)을 장착하지 않기 때문이다. 저압타이어는 압력이 낮아 완충효과가 크며, 완충장치가 없으므로 지게차가 요동치지 않도록 하기 위해 설치한다.

06 지게차에서 주행 중 핸들이 떨리는 원인으로 틀린 것은?

① 타이어 밸런스가 맞지 않을 때
② 포크가 휘었을 때
③ 타이어 휠이 휘었을 때
④ 킹핀의 각도가 적당하지 못할 때

06 지게차에서 주행 중 핸들이 떨리는 원인 : 타이어 밸런스가 맞지 않을 때, 타이어 휠이 휘었을 때, 노면에 요철이 있을 때, 킹핀의 각도가 적당하지 못하거나 결합이 헐거울 때

07 지게차의 조향 핸들 조작이 무겁게 되는 원인으로 틀린 것은?

① 앞바퀴 정렬이 적절하다.
② 타이어 공기압이 낮다.
③ 윤활유가 부족하다.
④ 조향 기어 백래시가 작다.

07 앞바퀴 정렬이 적절하면 바퀴가 일직선으로 주행하기 쉽고 조향 핸들 조작이 가볍다. 앞바퀴 정렬이 잘못된 경우는 조향 저항이 커져 핸들이 무거워질 수 있다.
조향 핸들이 무거운 이유
• 타이어 공기압이 적고(낮고) 타이어가 마모되었을 때
• 타이어의 넓이가 넓고, 마이너스 휠을 장착했을 때
• 캠버와 캐스터가 과대하거나 과소할 때
• 파워 펌프가 불량하거나 파워오일(윤활유)이 부족할 때
• 조향 기어가 휘었거나 백래시(유격)가 작아 부품 간 마찰이 클 때

08 타이어식 건설기계에서 앞바퀴 정렬의 역할로 틀린 것은?

① 타이어 마모를 최소로 한다.
② 방향 안정성을 준다.
③ 조향핸들의 조작을 작은 힘으로 쉽게 할 수 있게 한다.
④ 브레이크의 수명을 길게 한다.

08 앞바퀴 정렬의 역할
• 타이어 마모를 적게 한다.
• 방향의 안정성을 준다.
• 조향 핸들의 조작을 쉽게 할 수 있다.
• 직진성과 조향 복원을 향상시킨다.

정답 05 ④ 06 ② 07 ① 08 ④

09 기계의 점검 및 정비작업 시 안전사항으로 틀린 것은?
① 볼트·너트의 풀림 상태를 확인한다.
② 운전 중 벨트장력을 측정한다.
③ 소음 상태를 점검한다.
④ 힘이 작용하는 부분의 손상 유무를 점검한다.

09 벨트장력 측정은 엔진을 정지한 다음에 하여야 한다.

10 유압장치의 일상점검 항목이 아닌 것은?
① 오일의 양 점검
② 오일 누유·누설 여부 점검
③ 릴리프 밸브 작동 점검
④ 호스의 손상 여부 점검

10 유압장치의 일상점검 항목
• 오일탱크의 유량 및 오일의 양 점검
• 오일의 누유·누설 여부 점검
• 변질상태 점검
• 소음 및 호스의 손상 여부 점검

11 기관의 피스톤이 고착되는 원인으로 틀린 것은?
① 냉각수량이 부족할 때
② 기관오일이 너무 많을 때
③ 피스톤 간극이 작을 때
④ 기관이 과열되었을 때

11 기관의 피스톤이 고착되는 원인 : 냉각수량이 부족할 때, 기관오일이 부족할 때, 기관이 과열되었을 때, 피스톤 간극이 작을 때 기관의 피스톤이 눌러 붙어 고착이 발생한다.

12 기관 과열의 원인에 해당되지 않는 것은?
① 오일의 압력 과다
② 냉각장치 내부에 물때가 끼었을 때
③ 냉각수의 부족
④ 라디에이터 막힘

12 기관 과열의 원인 : 냉각장치 내부에 이물질(물때 등) 과다, 냉각수 누수·부족, 냉각팬·워터펌프 고장, 수온센서 고장, 라디에이터 코어의 막힘 등

정답 **09** ② **10** ③ **11** ② **12** ①

13 부동액의 갖추어야 할 구비조건으로 틀린 것은?

① 물과 혼합이 잘될 것
② 내부식성이 클 것
③ 팽창 계수가 작을 것
④ 비등점이 물보다 낮을 것

13 부동액은 비등점이 높고 응고점이 낮아야 한다.

14 부동액의 구비 조건으로 옳지 않은 것은?

① 냉각수와 혼합이 잘될 것
② 침전물이 발생하지 않을 것
③ 유동성이 좋고 휘발성이 없을 것
④ 비등점이 낮고 응고점이 높을 것

14 부동액의 구비조건 : 비등점이 물보다 높고 응고점이 낮을 것, 냉각수와 잘 혼합될 것, 냉각장치에서 순환성이 좋을 것, 침전물의 발생이 없을 것, 유동성이 좋을 것, 휘발성이 없을 것, 부식성이 없을 것(내부식성), 팽창계수가 작을 것

15 겨울철 추운날씨에서 지게차의 운행 및 점검방법으로 틀린 것은?

① 냉각계통을 청소하고 부동액 상태를 점검한다.
② 눈길 주행에 주의하고 빙판길 주행 시는 신속히 통과한다.
③ 승·하차 시 미끄럼 방지 처리가 되지 않은 부분을 밟지 않는다.
④ 지게차 작동 전 창문에 있는 얼음이나 눈 등을 제거한다.

15 빙판길 주행 시 서서히 출발하고 저속으로 운전해야 한다.

16 동절기에 기관이 동파되는 원인으로 맞는 것은?

① 엔진오일이 얼어서
② 발전장치가 얼어서
③ 냉각수가 얼어서
④ 기동전동기가 얼어서

16 동절기에 기관이 동파되는 원인은 기관 내부 냉각수가 얼기 때문이다.

정답 13 ④ 14 ④ 15 ② 16 ③

17 지게차 조종석 계기판에 없는 것은?

① 진공계
② 엔진회전속도(rpm)게이지
③ 연료계
④ 냉각수 온도계

17 엔진회전속도(RPM)게이지, 연료계, 냉각수 온도계, 충전 경고등, 주차브레이크, 전조등 등이 조종석 계기판에 설치되어 있다.

18 다음 중 지게차 조종석 계기판에 없는 것은?

① 엔진회전속도 게이지
② 연료계
③ 운행거리 적산계
④ 냉각수 온도계

18 지게차 조종석 계기판에 없는 것으로는 운행거리 적산계와 진공계 등이 있다. 엔진회전속도(RPM)게이지, 연료계, 냉각수 온도계, 충전 경고등, 주차브레이크, 전조등 등은 계기판에 설치되어 있다.

19 충전 경고등 점검은 언제 하는 것이 가장 적당한가?

① 기관 가동 중에만
② 기관 정지 시
③ 기관 가동 전과 가동 중
④ 주간 및 월간 점검 시

19 충전 경고등 점검은 기관의 가동 전과 가동 중에 한다.

20 건설기계용 전조등에서 렌즈와 반사경은 녹여 붙여 일체로 되어 있으나 전구는 별개로 설치된 것으로, 필라멘트가 끊어지면 전구만 교환하면 되는 방식은?

① 실드 빔 방식
② 세미 실드 빔 방식
③ HID 헤드 빔 방식
④ LED 방식

20 건설기계용 전조등
- 실드 빔 형식 : 반사경·렌즈·필라멘트가 일체로 되어 있고, 필라멘트가 끊어지면 전구 전체를 교환하여야 한다.
- 세미 실드 빔 형식 : 반사경과 렌즈는 일체로 되어 있고 필라멘트는 별개로 되어 있어, 단선되면 전구만 교환하는 형식이다.

정답 **17** ① **18** ③ **19** ③ **20** ②

21 건설기계용 전조등에 대한 설명으로 틀린 것은?

① 실드 빔 방식은 필라멘트가 끊어지면 전조등 전체를 교환하여야 한다.
② 세미 실드 빔 방식은 필라멘트가 끊어지면 전구만 교환하면 된다.
③ 전조등 회로는 좌·우로 직렬 연결되어 있다.
④ 전조등은 하이 빔과 로우 빔으로 구성된다.

21 ③ 전조등 회로는 높은 전류를 사용하므로 복선식을 사용하며, 병렬로 연결되어 있다.
① 실드 빔 형식은 반사경·렌즈·필라멘트가 일체로 되어 있어 필라멘트가 끊어지면 전조등 전체를 교환하여야 한다.
② 세미 실드 빔 형식은 반사경과 렌즈는 일체로 되어 있고 필라멘트는 별개로 되어 있어, 단선되면 전구만 교환한다.
④ 전조등은 주행용인 하이 빔(상향등)과 교행용인 로우 빔(하향등)으로 구성된다.

22 좌·우측 전조등 회로의 연결 방식으로 옳은 것은?

① 병렬연결
② 직렬연결
③ 직·병렬연결
④ 단식 배선

22 일반적으로 건설기계에 설치되는 좌·우 전조등 회로는 고장예방을 위해 각각 독립적으로 작동하는 병렬연결 방식을 사용한다.

23 다음 ( )에 들어갈 내용으로 옳은 것은?

일반적으로 건설기계에 사용되는 전조등 회로는 고장예방을 위해 대부분 ( )(으)로 접속되어 있다.

① 교축   ② 직렬
③ 직병렬   ④ 병렬

23 일반적으로 건설기계에 설치되는 좌·우 전조등 회로는 고장예방을 위해 각각 독립적으로 작동하는 병렬연결 방식을 사용한다. 직렬연결 방식 사용 시 한 쪽 전조등이 고장나면 다른 쪽 전조등도 작동하지 않게 되고, 직병렬연결 방식은 전조등이 서로 영향을 미치지 않지만 복잡하고 비용이 많이 들어 일반적으로는 사용되지 않는다.

24 지게차 작업장치의 체인 점검 및 관리 항목과 관계가 없는 것은?

① 좌우 양쪽의 장력을 점검한다.
② 제작사를 확인한다.
③ 균열 여부를 점검한다.
④ 오일을 도포한다.

24 체인 점검 및 관리 항목
• 체인 좌우 장력 및 늘어짐 점검
• 체인 균열 여부, 핀의 헐거움 및 빠짐, 이음새 점검
• 녹슬거나 휘어짐 여부, 마모 상태 점검
• 적절한 윤활 관리(오일·그리스 도포 등)

정답 21 ③ 22 ① 23 ④ 24 ②

25 지게차 구성품 중 그리스 주입 부위에 해당하지 않는 곳은?

① 조향장치 킹핀
② 브레이크 공기빼기 니플
③ 마스트 지지핀
④ 조향장치 연결대(링크)

25 브레이크(브레이크액 사용)와 엔진(엔진오일 사용) 등에는 그리스를 주입하지 않는다.
그리스 주입 부위 : 각종 핀과 링크 부위, 마스트 및 틸팅 실린더, 스티어링 기어, 휠 베어링, 리프트 체인, 페달 등

26 체인블록을 이용하여 무거운 물체를 이동시키고자 할 때 가장 안전한 방법은?

① 작업 효율을 위해 가는 체인을 사용한다.
② 내릴 때는 하중 부담을 줄이기 위해 최대한 빠른 속도로 실시한다.
③ 이동 시에는 무조건 최단거리 코스로 빠른 시간 내에 이동시켜야 한다.
④ 체인이 느슨한 상태에서 급격히 잡아당기지 않고 시간적 여유를 가지고 작업한다.

26 체인이 느슨한 상태에서 급격히 잡아당기면 체인이 끊어지거나 물체가 떨어져서 재해가 발생할 수 있으므로, 안전을 확인할 수 있는 시간적 여유를 가지고 작업한다.

27 지게차 체인의 장력 점검 및 조종법으로 틀린 것은?

① 좌우 체인이 동시에 평행한가를 확인한다.
② 지게차를 평평한 장소에 세우고 마스트를 수직으로 세운다.
③ 포크를 지면에 내려놓고 체인을 양손으로 밀어서 점검한다.
④ 손으로 체인을 눌러보아 양쪽이 다르면 조정너트로 조정한다.

27 정격 하중에 해당하는 화물을 포크에 올리고 포크를 지상에서 조금(10~15cm) 올린 후 조정한다. 손으로 체인을 눌러보았을 때 양쪽이 다르면 조정너트로 조정하며, 한 쪽 체인의 장력이 너무 작거나 크면 체인을 앵커볼트로 조정한다.

28 축전지 용량에 대한 설명으로 옳은 것은?

① 극판의 크기와 관계되며, 극판의 형상과 수에는 관계되지 않는다.
② 방전 전류와 방전 시간의 곱으로 나타낸다.
③ 격리판의 크기에는 관계되지 않는다.
④ 전해액의 비중과 관계되며, 온도에는 관계되지 않는다.

28 ② '용량(Ah) = 방전 전류(A) × 방전 시간(h)'으로 나타낸다.
①·③ 축전지 용량은 극판의 크기·형상과 수, 전해액의 비중·온도와 양, 격리판의 재질, 격리판의 형상·크기에 의해 결정된다.
④ 전해액의 온도가 높으면 용량은 증가한다.

정답 25 ② 26 ④ 27 ③ 28 ②

29 건설기계에서 사용되는 납산 축전지의 용량 단위는?
① kV
② Ah
③ kW
④ HP

29 축전지 용량의 단위는 'Ah(ampere hour)'이다. 용량이란 배터리의 능력으로, 완전 충전된 배터리를 일정 전류로 규정방전 종지 전압까지 방전하였을 때의 방전량, 즉 '방전전류(A) × 방전시간(H)'을 의미한다.

30 시동 전류를 공급하고 기관 정지 상태에서 각종 전기장치에 전류를 보내는 것은?
① 시동 모터
② 축전지
③ 발전기
④ 콘덴서

30 축전지(배터리)의 역할 : 자동차 등의 시동 모터에 전류를 공급하여 시동을 걸어주고, 기관 정지 상태에서 각종 전기장치에 사용되는 전기를 공급하는 역할을 하는 중요한 부품이다.

31 건설기계 엔진에 사용되는 시동모터가 회전이 안 되거나 회전력이 약한 원인이 아닌 것은?
① 시동스위치 접촉 불량이다.
② 배터리 전압이 낮다.
③ 브러시가 정류자에 잘 밀착되어 있다.
④ 배터리 단자와 터미널의 접촉이 나쁘다.

31 브러시가 정류자에 잘 밀착되어 있으면 전류가 정상적으로 흘러 시동모터 회전에 이상이 없다.
시동모터의 회전력 불량원인 : 시동모터 고장 및 시동스위치 접촉불량, 배터리 방전 또는 전압 낮음, 배터리 단자와 터미널의 접촉불량, 퓨즈단선 및 배선손상 등

32 축전지의 구비조건으로 거리가 먼 것은?
① 전기적 절연이 완전할 것
② 축전지의 용량이 클 것
③ 전해액의 누설방지가 완전할 것
④ 가급적 크고 다루기 쉬울 것

32 축전지의 구비조건 : 전기적 절연이 완전할 것, 일정한 용량을 유지하며 전압강하가 적고 안정적일 것, 전해액의 누설방지가 완전할 것, 내부 저항이 적을 것, 작고 가벼우며 취급이 용이할 것

정답 29 ② 30 ② 31 ③ 32 ④

33 축전지 전해액의 온도가 낮아지면 비중은 어떻게 되는가?

① 변함없다.
② 낮아진다.
③ 보충이 요구된다.
④ 높아진다.

> **33** 일반적으로 온도가 낮아지면 축전지 전해액의 비중은 높아지고, 온도가 높아지면 비중이 낮아진다.

34 납산배터리의 전해액이 자연 감소되었을 때 보충에 가장 적합한 것은?

① 증류수   ② 염산
③ 소금물   ④ 질산

> **34** 전해액이 배터리의 벤트 플러그를 통하여 자연 감소되었을 경우에는 증류수를 보충하며, 없을 경우에는 전해액으로 묽은 황산을 보충한다.

35 납산축전지 터미널에 녹이 슬었을 때의 조치방법으로 가장 적절한 것은?

① 녹이 진행되지 않게 엔진오일을 도포하고 확실히 더 조인다.
② (+)와 (−)터미널을 서로 바꾸어 준다.
③ 물걸레로 닦아내고 더 조인다.
④ 녹을 닦은 후 터미널을 고정시키고 그리스를 상부에 도포한다.

> **35** 축전지 터미널에 녹이 슬었을 때는 와이어 브러쉬 등으로 녹을 닦은 후 터미널을 고정시키고, 재부식을 막기 위해 소량의 그리스를 상부에 도포한다.

36 축전지에서 음극판이 1장 더 많이 하는 이유로 가장 적절한 것은?

① 음극판이 양극판보다 황산에 조금 더 강하기 때문에
② 양극판보다 화학 작용이 활성적이지 못하기 때문에
③ 양극판과 음극판의 단락을 방지하기 위해
④ 음극판의 가격이 저렴하기 때문에

> **36** 축전지에서 음극판을 양극판보다 1장 더 많이 하는 이유는, 음극판이 양극판보다 활성적이지 못하기 때문에 1장 더 많이 하여 화학적 평형을 유지하기 위해서이다.

정답 33 ④ 34 ① 35 ④ 36 ②

37 건설기계에 사용하는 축전지에 대한 설명으로 틀린 것은?

① 음극판이 양극판보다 1장 더 많다.
② 단자의 기둥은 양극이 음극보다 굵게 설계된다.
③ 격리판은 다공성이며 전도성인 물질로 만든다.
④ 일반적으로 12V 축전지의 셀은 6개로 구성된다.

37 ③ 격리판은 다공성이며 비전도성인 재질로 만들어진다(전도성이면 양·음극이 단락되므로 위험).
① 음극판이 양극판보다 활성적이지 못하기 때문에 1장 더 많이 하여 화학적 균형을 유지한다.
② 양극 단자는 전류흐름을 원활히 하기 위해 음극보다 더 굵게 설계된다.
④ 12V의 납산축전지 셀(shell)은 6개가 직렬로 연결된 형태로 구성된다(2V × 6셀 = 12V).

38 다음의 축전지 충전방법 중 충전의 전체 기간을 일정한 전압으로 충전하는 방법에 해당하는 것은?

① 정전압 충전
② 단별 전류충전
③ 급속 충전
④ 냉각 충전

38 축전지 충전방법
• 정전류 충전 : 충전의 시작에서 끝까지 전류를 일정하게 하여 충전을 실시하는 방법이다.
• 정전압 충전 : 충전의 전체 기간을 일정한 전압으로 충전하는 방법이며, 충전 초기에 큰 전류가 흐르나 충전이 진행됨에 따라 전류가 감소한다.
• 단별 전류충전 : 충전 중의 전류를 단계적으로 감소시키는 방법이며, 충전효율이 높고 온도 상승이 완만하다.
• 급속 충전 : 급속 충전기를 사용하여 시간적 여유가 없을 때 하는 충전이며, 충전 전류는 축전지 용량의 50% 정도로 한다. 축전지 수명단축의 요인이 된다.

39 축전지의 극판이 영구 황산납으로 변하는 현상을 무엇이라고 하는가?

① 채터링 현상
② 서징 현상
③ 설페이션 현상
④ 자기유도 현상

39 설페이션 현상이란 축전지를 방전상태에서 오랫동안 방치해 두면 극판이 영구 황산납으로 변하는 현상을 말한다. 설페이션 현상이 발생하면 전지의 용량이 감퇴하고 수명이 단축된다.

40 예열플러그가 스위치 ON 후 15~20 초에서 완전히 가열되었을 경우의 설명으로 옳은 것은?

① 다른 플러그가 모두 단선되었다.
② 정상 상태이다.
③ 접지되었다.
④ 단락되었다.

40 예열플러그가 스위치를 켠 후 15~20초 사이에서 완전히 가열된 경우는 정상적인 작동상태임을 의미한다. 예열플러그는 차량의 엔진을 켜기 전에 열을 발생시켜 연료를 쉽게 연소시키는 역할을 한다.

정답 37 ③ 38 ① 39 ③ 40 ②

41 디젤기관에서 시동이 걸리지 않는다. 점검해야 할 것으로 가장 거리가 먼 것은?

① 기동 전동기의 이상 여부
② 발전기의 발전 전류 적정 여부
③ 예열플러그 작동 여부
④ 배터리 접지 케이블의 단자 조임 여부

41 디젤기관에서 시동이 걸리지 않을 때 점검사항
- 연료 필터 이상 여부
- 기동 전동기 이상 여부
- 예열플러그 작동 여부, 점화계통(점화플러그, 점화코일) 이상 여부
- 배터리 충전상태 및 접지 케이블 단자 조임 여부

42 디젤기관의 시동을 용이하게 하는 방법에 해당하지 않는 것은?

① 흡기온도를 상승시킨다.
② 겨울철에 예열장치를 사용한다.
③ 시동 시 회전속도를 낮춘다.
④ 압축비를 높인다.

42 ③ 시동 시에는 스타트 모터를 통해 회전속도를 높여 압축 효율을 높이는 것이 필요하다.
① 흡기온도를 상승시키면 압축 시 온도가 더 올라가 연료 착화가 잘 된다.
② 겨울철에 시동을 용이하게 하기 위해서는 흡기 히터 등과 같은 예열장치를 사용하여 연소실을 따뜻하게 해 주어야 한다. 디젤기관은 압축 착화방식이므로 겨울철에 실린더 내부 온도가 낮으면 시동이 어렵다.
④ 압축비가 높을수록 압축 착화 온도가 올라가 착화가 용이해진다.

43 지게차의 작업 전 난기운전(워밍업 운전) 시 점검사항으로 틀린 것은?

① 시동 후 작동유 온도를 정상범위 내에 도달하도록 고속으로 전·후진 주행을 2~3회 실시
② 리프트 레버를 사용하여 상승·하강 운동을 2~3회 실시
③ 틸트 레버를 사용하여 전 행정으로 전·후 경사운동을 2~3회 실시
④ 기관엔진 기동 후 5분간 저속운전 실시

43 시동 후 작동유 유온을 정상범위 내에 도달하도록 5분 정도 저속운전을 실시한다.

44 디젤 기관의 착화성을 나타내는데 이용되는 수치는?

① 옥탄가 　　　② 유동점
③ 세탄가 　　　④ 점도지수

44 세탄가는 디젤연료(경유)의 착화성을 나타내는 수치로, 세탄 수치가 높을수록 연료의 착화점이 안정되고 노킹 억제를 해준다. 옥탄가는 가솔린연료(휘발유)가 연소할 때 이상폭발을 일으키지 않을 수치(불완전 폭발을 억제하는 값을 수치화한 것)를 말한다.

정답　41 ②　42 ③　43 ①　44 ③

45 디젤기관에서 노킹의 원인에 해당하지 않는 것은?

① 연료의 세탄가가 높다.
② 착화지연 시간이 길다.
③ 연소실의 온도가 낮다.
④ 연료의 분사압력이 낮다.

45 연료의 세탄가 수치가 높을수록 착화점이 안정되고 노킹 억제를 해준다. 디젤기관의 노킹이 발생하는 원인으로는 착화지연 시간이 너무 길고 연소실에 누적된 연료가 많이 일시에 연소할 때, 연료의 분사압력이 낮을 때, 압축비가 낮을 때, 착화온도가 너무 낮을 때, 기관 회전속도가 너무 빠를 때 등이다.

46 다음 중 착화성이 가장 좋은 연료는?

① 등유   ② 경유
③ 중유   ④ 가솔린

46 착화성이 좋은 연료는 경유이다. 착화성이란 불꽃이 없어도 온도만 올라가면 불이 붙는 것을 말하는데, 불꽃 없이 휘발유에 불이 붙기 위해서는 550도 이상 온도가 올라가야 하는데 비해 경유는 온도가 65도 이상에서 인화가 된다.

47 지게차 작업 전 점검 사항이 아닌 것은?

① 엔진 출력 점검
② 타이어 공기압 및 편마모 상태
③ 브레이크 작동 여부
④ 냉각수 누수 점검

47 지게차 작업 전 점검사항
- 외관 점검 : 타이어 손상 및 공기압, 제동장치·조향장치의 정상 작동여부 등
- 누유·누수 : 엔진오일 누유·누수, 실린더의 누유상태 점검, 유압호스 연결부위 누유(오일의 누출), 냉각수 누수 등
- 계기판 점검 : 오일순환, 온도게이지·연료게이지, 방향지시등·충전경고등 점검 등
- 하역장치 : 마스트 체인의 장력, 리프트체인 상태, 포크·백레스트의 변형 및 균열, 실린더 로크의 헐거움 등

48 지게차 작업장치에서 작업 전 점검사항으로 가장 적절한 것은?

① 버킷 실린더의 오일 누유 여부
② 좌·우 붐 인양 로프의 마모 여부
③ 좌·우 마스트 체인의 유격 동일 여부
④ 블레이드의 정상적인 좌·우 이동 여부

48 좌·우 마스트 체인 유격의 동일 여부(마스트 체인의 장력), 리프트 체인 및 마스트 베어링 상태 등은 지게차 작업장치에서 작업 전 점검사항에 해당한다.

정답 45 ① 46 ② 47 ① 48 ③

part 02 작업 전 점검

49 지게차 시동 전 점검 사항과 가장 거리가 먼 것은?
① 마스트 유압 실린더 유압 점검
② 타이어 손상 및 공기압 점검
③ 브레이크 오일량 점검
④ 리프트체인 조임 상태

49 엔진 출력 상태, 브레이크 및 조향 작동, 라이트 및 경고등, 유압 시스템의 유압 점검 등은 시동 전 점검이 아니라 시동 후 점검사항이다.

50 기관의 이상을 감시하고 고장을 진단하여 알려 주는 기능은?
① 제동 기능
② 조향 기능
③ 자기진단 기능
④ 냉각 기능

50 자기진단 기능은 운전 상태를 감시하고 엔진의 성능, 연료소모율, 배기가스 계통 등 기관의 이상을 자체 감시·진단하여 운전자에게 알려 주는 기능이다.

PART

03

화물 적재·하역· 운반작업

Chapter 01 ▶ 기출핵심정리

01 화물의 무게중심 확인

- **지게차 화물의 종류** : 팔레트에 적재된 화물, 컨테이너에 적재된 화물, 단위별로 묶인 화물, 박스로 포장된 화물, 화물별로 포장된 화물

- **화물의 무게중심**
  - 컨테이너 화물과 팔레트 화물은 포크로 들어올릴 때 무게중심이 맞게 서서히 올린다.
  - 액체화물일 경우 흔들릴 수 있으므로 약간의 주행동작으로 이동여부를 감지하고 대처한다.
  - 무게가 가볍고 부피가 큰 화물은 장애물이나 바람에 유의한다.
  - 길이가 긴 목재나 철근 등은 이동시 하중으로 인한 안정성을 감안하여 들어올린다.
  - 개별포장이나 묶음 포장의 경우 화물의 무게중심을 맞출 수 있도록 들어올린다.

- **화물의 결착 시 주의사항**
  - 적재화물이 무너질 우려가 있는 경우 밧줄로 묶거나 안전조치를 취한다.
  - 적재물이 불완전할 경우 로프·체인블록 등의 결착도구를 이용하여 결착할 수 있다.
  - 바닥이 불균형일 경우 포크와 화물 사이에 고임목을 사용하여 안정시킨다.

02 화물 하역작업

1. 마스트 각도 조절

- **마스트 경사각** : 기준 무부하 상태에서 마스트를 앞이나 뒤로 기울였을 때 마스트가 수직면에 대하여 이루는 경사각을 말한다. 마스트 전체를 수직에서 전방 또는 후방으로 경사시키는 최대한의 각도로, 통상 안전성을 위하여 전경각의 경우 5~6도이며, 후경각은 10~12도 범위이다.

- **전경각** : 지게차의 마스트를 포크 쪽으로 기울인 최대 경사각으로, 보통 전경각은 5~6°이다.
- **후경각** : 지게차의 마스트를 조종실 쪽으로 기울인 경우 최대 경사각으로, 보통 후경각은 10~12°이다.

- **사이드 포크형 지게차의 전경각과 후경각** : 모두 5도 이하
- **카운터 밸런스형 지게차의 전경각과 후경각** : 전경각은 6도 이하, 후경각은 12도 이하

2. 지게차의 안정도 및 하역 작업

- **지게차의 안정도**
  - 안정도는 지게차의 하역 시나 운반 시 전도에 대한 안전성을 표시하는 수치를 말한다.
  - 하중을 높이 올리면 중심이 높아져 넘어지기 쉽고, 경사면에서 가로위치가 되면 좌우로 넘어지기 쉽다.

- **지게차에서 흔들리는 화물을 운송할 때 주의사항**
  - 화물을 매단 상태에서 평평하지 않은 바닥이나 경사 주행은 하지 않는다.
  - 매달린 화물의 고정 수단은 임의로 움직이거나 풀리지 않도록 한다.
  - 화물이 흔들리는 상태에 따라 주행 속도와 제어방법을 조절한다.
  - 사람이 흔들리는 화물을 잡고 운행해서는 안 된다(부상 및 안정성 우려).

- **지게차의 적재 및 하역 작업 시 안전한 방법**
  - 허용적재 하중을 초과하는 화물의 적재는 금한다.
  - 화물에는 사람이 탑승하지 않도록 해야 한다. 특히 무너질 위험이 있는 화물 위에는 올라가지 않는다.
  - 포크를 지면으로부터 20~30cm 범위로 내린 후 주행한다.
  - 적재할 장소에 도달하면 천천히 지게차를 정지한다.
  - 포크가 수평이 되도록 하고 적재할 위치보다 5~10cm 위로 포크를 올린다.
  - 가벼운 것은 위로, 무거운 것은 밑으로 적재한다.
  - 지게차를 천천히 전진하여 파레트가 올바른 하역지점에 가도록 하고, 파레트를 내린 다음 지게차를 천천히 후진하여 포크를 파레트에서 완전히 빼낸다.
  - 굴러갈 위험이 있는 물체는 고임목으로 고인다.

- **지게차에서 자동차와 달리 현가스프링(완충장치)을 사용하지 않는 이유** : 롤링(Rolling; 좌우 진동)이 생기면 적하물이 떨어지기 때문이다.

03 전·후진 주행

- **용도에 따른 지게차 분류** : 지게차는 화물의 운반을 위해 사용되는 운반장비이다.

- **전·후진 및 변속 레버, 전환 방법**
  - 갑작스런 출발을 방지하기 위하여 중립 잠금장치가 있다.
  - 전·후진 레버를 중립 위치에서 앞으로 밀면 전진, 당기면 후진이 선택된다.
  - 변속 레버는 1~3단으로 변속할 수 있으며, 화물을 운반할 때에는 1~2단으로 한다.
  - 전·후진은 지게차를 정지시킨 다음 전환한다.
  - 고속상태에서는 전·후진 방향전환을 하지 않으며, 전환 방향의 안전을 확인하여야 한다.

- **지게차 주행 방법**
  - 진행방향을 바꿀 때에는 완전정지 또는 저속에서 행한다.
  - 화물의 추락을 방지하기 위해 경사지를 올라갈 때는 전진으로, 내려올 때는 후진으로 주행한다.
  - 틸트는 적재물이 백레스트에 완전히 닿도록 하고 운행한다.
  - 화물이 너무 무거워 뒷바퀴가 들릴 때 카운트 밸런스의 중량을 높인다.

- **지게차 운전자가 운행 시 지켜야 할 안전수칙**
  - 허용 하중을 초과하여 운행하지 않는다.
  - 포크 끝단으로 화물을 올리지 않는다.
  - 화물을 높이 들고 운반하지 않는다.
  - 한눈을 팔면서 운행하지 않는다.
  - 운행 시 운전자 이외의 사람을 지게차에 승차시키지 않아야 한다.
  - 큰 화물로 인해 전면시야가 방해 받을 경우 후진 주행하거나 유도자를 배치한다.
  - 후진 주행 시 후방에 사람이 없는가를 확인하며, 필요시 경보기를 울리며 운행한다.
  - 급출발과 급정지, 급선회를 하지 않는다(특히 내리막길에서 급회전을 금함).

04 화물 운반작업

- **화물의 운반 방법**
  - 화물은 마스트를 뒤로 4° 젖힌 상태에서 가능한 낮추어 운행한다.
  - 포크는 지면에서 20~30cm 정도를 유지하면서 운반한다.
  - 부피가 큰 화물이나 앞이 보이지 않을 경우에는 후진하여 운반한다.

- **인력으로 운반 작업 시 주의사항**
  - 무리한 몸가짐으로 물건을 들지 않는다.
  - 긴 물건은 앞쪽을 위로 올린다.
  - 드럼통과 LPG 봄베는 굴리지 않아야 한다(운반카트나 핸드카를 이용해 운반).
  - 공동운반에서는 서로 협조를 하여 작업한다.

- **무거운 짐을 옮길 때 주의사항**
  - 등을 곧게 펴고, 몸을 짐 가까이 붙이고 들어야 한다.
  - 다리에 힘을 주고 무게중심이 정중앙으로 쏠리게 한다.
  - 짐을 들고 놓을 때 척추를 돌리는 자세는 척추 비틀림을 유발할 수 있으므로, 척추를 곧게 펴고 든 후 하체를 이용해 돌린다.
  - 인력으로 짐을 옮기기 어려울 때는 장비(지렛대 등)를 사용한다.
  - 협동 작업 시는 타인과의 균형에 신경을 써야한다.

- **유도자(신호수)를 배치해야 하는 경우**
  - 작업자에게 위험이 미칠 우려가 있는 경우와 다른 작업자가 출입하는 경우
  - 운전 중인 지게차에 작업자가 부딪칠 우려가 있는 경우
  - 지게차가 넘어지거나 굴러 떨어져 작업자에게 위험을 미칠 우려가 있는 경우
  - 지반의 부동침하 방지 및 갓길 붕괴를 방지하기 위한 경우

- **지게차의 작업 중 안전사항**
  - 화물을 한쪽으로 치우쳐 적재하지 않도록 하고 높이 들고 운행해서도 안 되며, 허용하중을 초과한 상태의 운행을 금한다.
  - 운반 작업 시 최고속도로 주행하는 것을 피한다.
  - 운전 중 급제동·급출발과 방향전환(급회전) 및 전·후진 전환은 급격하게 하지 않는다.
  - 포크 끝단으로 화물을 찌그리거나 화물을 올려서는 안 된다.
  - 작업 시 운전자 이외의 근로자나 작업 보조자 등을 지게차에 승차시키지 않아야 한다.
  - 주차 시 포크를 바닥까지 완전히 내리고 마스트는 포크가 바닥에 닿을 때까지 앞으로 기울인다.
  - 좌우 체인의 길이가 항상 같도록 조정해야 한다.
  - 제한된 장소에서 운전할 때는 옆과 위의 안전거리에 유의한다.
  - 지게차가 경사진 상태에서는 적하작업을 해서는 안 된다.
  - 창고나 공장에 출입할 때에는 차폭과 입구의 폭을 확인한다.

- **지게차 작업 시 창고나 공장에 출입할 때 주의사항**
  - 작업 시 손이나 팔, 발, 몸을 차체 밖으로 내밀지 않는다.
  - 차폭과 출입구의 폭을 확인한다.
  - 포크를 올려서 출입하는 경우에 출입구 높이에 주의한다.
  - 반드시 주위의 안전 상태를 확인하고 나서 출입한다.

- **지게차 운행을 위한 통로의 폭** : 지게차 1대의 최대 폭에서 60cm를 더한 폭, 2대의 최대 폭에서 90cm를 더한 폭

02 기출문제(2025~2020년)

01 다음에서 설명하고 있는 것은 무엇인가?

> 기준 무부하 상태에서 마스트를 앞이나 뒤로 기울였을 때 마스트가 수직면에 대하여 이루는 경사각

① 실린더 경사각
② 리프트 경사각
③ 포크 경사각
④ 마스트 경사각

01 마스트 경사각은 기준 무부하 상태에서 마스트 전체를 수직에서 전방 또는 후방으로 경사시키는 최대한의 각도이다. 통상 안전성을 위하여 전경각의 경우 5~6도이며 후경각은 10~12도 범위이다.

02 지게차 마스트의 전경각으로 가장 적절한 것은?

① 5° ~ 6°
② 10° ~ 12°
③ 15° ~ 20°
④ 20° ~ 25°

02 전경각은 지게차로 안전하게 적재작업을 하기 위해 마스트를 포크 쪽으로 기울인 최대 경사각으로, 보통 5~6°이다. 후경각은 마스트를 조종실 쪽으로 기울인 경우 최대 경사각으로, 보통 10~12°이다.

03 건설기계안전기준규칙상 안전한 적재작업을 위한 사이드 포크형 지게차의 전경각 기준은?

① 5도 이하
② 6도 이하
③ 10도 이하
④ 12도 이하

03 사이드 포크형 지게차의 전경각과 후경각은 모두 5도 이하이다. 카운터 밸런스형 지게차의 전경각은 6도 이하, 후경각은 12도 이하이다.

04 '건설기계 안전기준에 관한 규칙'상 사이드 포크형 지게차의 후경각 기준은?

① 12도 이하
② 10도 이하
③ 5도 이하
④ 1도 이하

04 사이드 포크형 지게차의 전경각과 후경각은 모두 5도 이하이다.

정답 01 ④ 02 ① 03 ① 04 ③

05 '건설기계안전기준에 관한 규칙'상 카운터 밸런스형 지게차의 전경각은 몇 도 이하인가?

① 6도 이하
② 8도 이하
③ 10도 이하
④ 12도 이하

05 카운터 밸런스형 지게차의 마스트 전체를 수직으로 경사시키는 최대한의 전경각은 6도 이하, 후경각은 12도 이하이다.

06 지게차 하역 작업 시 안전한 방법으로 틀린 것은?

① 굴러갈 위험이 있는 물체는 고임목으로 고인다.
② 허용적재 하중을 초과하는 화물의 적재는 금한다.
③ 가벼운 것은 위로, 무거운 것은 밑으로 적재한다.
④ 붕괴 위험이 있는 경우 화물 위에 사람이 올라가 작업한다.

06 화물에는 사람이 탑승하지 않도록 해야 한다. 특히 무너지거나 붕괴될 위험이 있는 화물 위에는 올라가지 않는다.

07 지게차에서 현가스프링(완충장치)을 사용하지 않는 이유로 가장 적절한 것은?

① 현가장치가 있으면 조향이 어렵기 때문이다.
② 롤링 시 적하물이 떨어질 수 있기 때문이다.
③ 리프트 실린더가 포크를 상승·하강시키기 때문이다.
④ 앞차축이 구동축이기 때문이다.

07 지게차에서 현가스프링(완충장치)을 사용하지 않는 이유는 롤링(Rolling; 좌우 진동)이 생기면 적하물이 떨어지기 때문이다.

08 다음 중 용도에 따른 분류에서 지게차는 어느 분류에 속하는가?

① 포장장비
② 운반장비
③ 토목장비
④ 인양장비

08 지게차는 화물의 운반을 위해 사용되는 운반장비이다.

정답 05 ① 06 ④ 07 ② 08 ②

09 지게차 운전자가 지켜야 할 안전수칙으로 틀린 것은?

① 허용 하중을 초과하여 운행하지 않는다.
② 포크 끝단으로 화물을 올리지 않아야 한다.
③ 큰 화물로 인하여 전면시야가 방해 될 때에는 후진 운행하지 않는다.
④ 화물을 높이 들고 운반하지 않아야 한다.

09 큰 화물로 인해 전면시야가 방해 받을 경우 후진 주행하거나 유도자를 배치해야 한다. 후진 주행 시에는 후방에 사람이 없는가를 확인하며, 필요시 경보기를 울리며 운행한다.

10 지게차가 화물 운반 시 경사지 오르막길에서는 전진으로, 내리막길에서는 후진으로 운행하는 이유는?

① 전면 시야가 방해받지 않기 위해
② 화물의 추락을 방지하기 위해
③ 화물의 균형을 잡기 위해
④ 타이어 접지압을 높이기 위해

10 화물의 추락을 방지하기 위해 경사지를 올라갈 때는 전진으로, 내려올 때는 후진으로 주행한다.

11 지게차의 적재 및 주행 시 안전을 위해 지켜야할 사항으로 틀린 것은?

① 경사지의 하향 운행 시에는 후진 주행한다.
② 경사지의 상향 운행 시에는 전진 운행한다.
③ 급출발 및 급정지를 하지 않는다.
④ 평지에서 주차 시 조종석을 이탈할 때는 주차 브레이크를 사용하지 않는다.

11 ④ 주차 시 조종석을 이탈할 때는 열쇠를 운전자가 지참하며, 주차 브레이크를 확실히 작동시켜 둔다.
①·② 화물의 추락을 방지하기 위해 경사지를 올라갈 때는 전진으로, 내려올 때는 후진으로 주행한다.
③ 급출발과 급정지, 급선회를 하지 않는다.

12 지게차 운행 시 지켜야 할 안전수칙이나 주의사항으로 틀린 것은?

① 포크 끝단으로 화물을 올리지 않는다.
② 한눈을 팔면서 운행하지 않는다.
③ 높은 장소에서 작업 필요 시 포크에 사람을 승차시켜 작업한다.
④ 큰 화물로 인해 전면시야가 방해 받을 될 때에는 후진 운행한다.

12 지게차 운전자가 운행 시 지켜야 할 안전수칙
• 허용 하중을 초과하여 운행하지 않는다.
• 포크 끝단으로 화물을 올리지 않는다.
• 화물을 높이 들고 운반하지 않는다.
• 한눈을 팔면서 운행하지 않는다.
• 운행 시 운전자 이외의 사람을 지게차에 승차시키지 않아야 한다.
• 큰 화물로 인해 전면시야가 방해 받을 경우 후진 주행하거나 유도자를 배치한다.
• 급출발과 급정지, 급선회를 하지 않는다(특히 내리막길에서 급회전을 금함).

정답 09 ③ 10 ② 11 ④ 12 ③

13 지게차 작업 시 안전수칙으로 옳지 않은 것은?

① 운전석에 착석하지 않은 채 지게차를 작동하지 않는다.
② 경사로에서는 화물을 적재하거나 방향전환을 하지 않는다.
③ 정해진 장소에만 지게차를 주차하고 키는 지게차에 꽂아둔다.
④ 화물이 시야를 가릴 경우에는 후진으로 주행한다.

14 다음 중 인력으로 운반 작업을 할 때 틀린 것은?

① 무리한 몸가짐으로 물건을 들지 않는다.
② 드럼통과 LPG 봄베는 굴려서 운반한다.
③ 긴 물건은 앞쪽을 위로 올린다.
④ 공동운반에서는 서로 협조를 하여 작업한다.

15 무거운 짐을 옮길 때 주의해야 할 사항으로 틀린 것은?

① 다리에 힘을 주고 무게중심이 정중앙으로 쏠리게 한다.
② 인력으로 짐을 옮기기 어려울 때는 장비를 사용한다.
③ 협동 작업 시는 타인과의 균형에 신경을 써야한다.
④ 짐을 들고 놓을 때 척추를 돌리는 자세가 안전하다.

16 지게차에 짐을 싣고 창고나 공장에 출입할 때 주의사항으로 틀린 것은?

① 차폭과 출입구의 폭을 확인한다.
② 팔이나 발을 차체 밖으로 내밀어 목적지 방향상태를 확인한다.
③ 포크를 올려서 출입하는 경우에 출입구 높이에 주의한다.
④ 주위의 안전 상태를 확인하고 나서 출입한다.

---

13 ③ 지게차를 주차할 때는 키를 뽑아 소지하거나 보관해야 다른 사람이 무단으로 사용하거나 조작하는 것을 방지할 수 있다.
① 지게차 운전석에 착석하지 않은 상태에서 작동하면 사고 위험이 높다.
② 경사로에서는 지게차의 안정성이 떨어져 화물 적재나 방향전환 시 전복될 위험이 있다.
④ 화물이 시야를 제한할 경우, 전진 주행 시 시야 확보가 어려워 사고 위험이 높아지므로 후진으로 주행하며 시야를 확보해야 한다.

14 드럼통과 LPG 봄베는 굴리지 않아야 하고, 운반카트나 핸드카를 이용하여 운반한다.

15 무거운 물건을 들고 놓을 때 척추를 돌리는 자세는 척추 비틀림을 유발할 수 있다. 척추를 곧게 펴고 든 후 하체를 이용해 돌리는 자세가 안전하다.

16 지게차 작업 시 손이나 팔, 발, 몸을 차체 밖으로 내밀지 않는다.

정답 13 ③ 14 ② 15 ④ 16 ②

PART 04

운전시야확보 및 작업 후 점검

Chapter 01 ▶ 기출핵심정리

01 운전시야확보

1. 적재물 낙하 및 충돌사고 예방

- **주행 중 적재물 충돌사고 등의 예방을 위한 주의사항**
  - 제한속도를 준수하고(작업장 내 주행속도는 10km/h) 작업장 여건과 화물종류·지면상태에 맞게 주행하며, 차도 주행 시 통행제한구역과 시간을 준수하여야 한다.
  - 야간작업 시 충분한 조명시설을 갖추고 전조등·후미등 등이 고장을 확인한다.
  - 안전표지판은 정위치에 설치하며, 주행통로를 확인하고 장애물을 제거하여야 한다.
  - 보조자(신호수)를 배치할 경우 신호수의 위치를 확인하고 수신호에 따라 작업한다.
  - 화물 적재로 전방이 안 보이는 경우 보조자에게 충돌·낙하 방지를 요구하여야 한다.

- **지게차에 화물을 적재하고 주행 시 주의사항**
  - 급한 고갯길을 내려갈 때는 변속레버를 저속 위치로 두고 브레이크 속도를 조절하며 서행한다.
  - 전방시야가 확보되지 않을 때는 후진을 진행하면서, 경적을 울리며 천천히 주행한다.
  - 험한 땅, 좁은 통로, 고갯길 등에서는 급발진·급제동·급선회하지 않는다.
  - 포크나 카운터 웨이트 등에 사람을 태우고 주행해서는 안 된다.

- **지게차에서 화물을 적재하고 주행할 때 주의사항(화물취급 방법)**
  - 포크는 화물의 받침대 속에 정확히 들어갈 수 있도록 조작한다.
  - 포크는 지면에서 20~30㎝ 정도를 유지하면서 운반하는 것이 가장 적당하다.
  - 화물은 마스트를 뒤로 4°~5° 젖힌 상태에서 가능한 낮추어 운행한다.
  - 부피가 큰 화물이나 앞이 보이지 않을 경우에는 후진하여 운반한다.
  - 경사지 화물운반 시 내리막은 후진으로, 오르막은 전진으로 운행한다.
  - 화물을 적재하고 경사지를 주행할 때는 화물이 언덕 쪽(경사면의 위쪽)으로 향하도록 한다.
  - 주행 시 브레이크를 급격히 밟지 않아야 한다.
  - 이동작업 중 보행자와 장애물을 주의하여 운전한다(지게차 1m 이내 보행자 접근 금지).
  - 화물 아래에 사람이 서 있거나 지나가게 해서는 안 된다.

- **화물 중량이 초과될 때 발생하는 현상**
  - 지게차의 후륜 들림 현상이 발생한다.
  - 장비가 전복되거나 전도될 위험이 있다.
  - 적재한 화물이 넘어지거나 떨어져 피해가 발생할 수 있다.
  - 차체가 손상될 수 있고 많은 부분의 수명 단축이 발생한다.
  - 안전성이 저하되고 차량이 불안정해져 사고 발생가능성이 높아진다.

2. 재해

- **재해의 형태**
  - 협착 : 중량물을 들어 올리거나 내릴 때 손 또는 발이 취급 중량물과 지면·건축물 등에 끼어 발생하는 재해, 즉 움직이는 부분과 고정된 부분 사이에 끼어 발생하는 재해형태(물건을 들어 올리거나 내릴 때 손·발이 중량물과 지면에 끼어 발생하는 재해)
  - 낙하 : 중량물을 들어 올리거나 운반하다가 힘에 겨워 떨어뜨려 발생하는 재해, 즉 높은 데서 낮은 데로 떨어져 발생하는 재해
  - 충돌 : 서로 맞부딪치거나 맞서 발생하는 재해
  - 전도 : 엎어져 넘어지거나 넘어뜨려 발생하는 재해

- **장갑·작업복 등이 말려들어가는 재해발생 가능성이 높은 장치** : 회전하는 장치에 의해 장갑이나 작업복 등이 말려들어가는 재해가 발생할 가능성이 높은 장치로는 커플링, 회전하는 드릴이나 축 등이 있다.

- **일반적인 재해조사 방법**
  - 사고 현장의 물리적 흔적을 수집하고 관련된 물적 자료(증거물·비디오·도면 등)를 수집·확보한다.
  - 재해조사는 가능한 현장이 변형되지 않은 상태에서 실시해야 하므로, 재해발생 직후 현장을 보존하며 신속하게 조사를 수행하고 현장을 정리한다.
  - 재해 현장을 사진, 동영상 등으로 촬영하고 보관·기록한다.
  - 목격자나 현장 책임자 등 많은 사람들에게 사고 시의 상황을 듣고 증언을 확보하며, 증언 중 사실 이외의 추측성 발언은 참고사항으로 이용한다.

- **자연적 재해** : 태풍, 홍수, 호우, 강풍, 해일, 대설, 가뭄, 지진 등과 같이 자연현상으로 인하여 발생하는 재해를 말한다.
  * 방화는 인간이 의도적으로 불을 내는 것

02 장비 및 주변상태 확인

- **운전 시 작업장치의 성능확인**
  - 작업 전에 포크의 상태를 확인하고 균열이 의심되면 형광 탐색검사를 한다.
  - 핸들의 유격과 상하·좌우 앞뒤의 덜컹거림 등 조향장치를 확인한다.
  - 주 브레이크의 페달의 여유와 페달을 밟았을 때 바닥과의 간격을 확인하고, 저속주행 시 레버로 인한 작동상태와 소음 등을 확인한다.
  - 브레이크 라이닝 타는 냄새, 작동유 과열 및 엔진오일이 타는 냄새, 베어링이 타는 냄새 등을 확인한다.

- **동력전달장치의 소음확인**
  - 중립 상태에서 클러치를 밟아 소음 발생을 확인하고 기어 변속 시 이상 여부를 확인한다.
  - 주행 레버 작동 시 덜컹거림이 발생하는지와 이상 소음이 발생하는지 확인한다.

- 작업 중 기계장치에서 이상한 소리가 나는 경우 : 작업자는 즉시 기계장치의 작동을 멈추고 점검해야 한다.

- 운전 중 장치별 누유 및 누수확인
  - 실린더 내 피스톤 실의 누유 확인
  - 작동유 및 엔진 오일의 누유 확인
  - 하체 구성품의 누유 확인
  - 엔진 냉각수의 누수 확인

03 안전주차

- 주차 제동장치의 체결
  - 전·후진 레버를 중립으로 하며, 자동변속기의 경우 P위치에 놓는다.
  - 포크를 지면에 닿게 한 후 엔진을 정지시켜야 한다.
  - 지게차의 운전석을 떠나는 경우 주차 브레이크를 체결한다.

- 지게차의 주차 방법
  - 평지에 주차하는 것이 좋으나 경사진 곳에 주차해야 할 때는, 포크를 바닥에 밀착시키고 전·후진 레버는 중립으로 하며 타이어에 받침대(고임목)를 설치하여 안전을 확보한다.
  - 포크나 버킷 등의 작업 장치를 지면에 내려두고, 틸트 레버를 운전석 쪽으로(밀어) 놓아 마스트가 앞으로 기울도록 한다.
  - 지게차의 기어를 중립 위치로 이동하고, 시동을 끄고 주차 브레이크를 확실히 걸어둔다.
  - 지게차의 엔진을 정지(전원 스위치 차단)한 후 시동열쇠를 뽑아 안전한 장소에 보관하거나 운전자가 지참한다.

04 연료 상태 점검

- 연료 주입 시 주의사항
  - 급유 중에는 엔진을 정지하고 하차해야 한다.
  - 불꽃을 일으키거나 담배를 피우지 않아야 하며, 폭발성 가스가 있을 수 있으므로 유의한다.
  - 급유는 지정된 장소나 안전한 곳에서 한다.
  - 연료량을 완전히 소진시키지 않은 상태에서 급유해야 한다.

- **누유점검** : 실린더 내 피스톤 실의 누유 확인, 엔진 오일의 누유 확인, 작동유의 누유 확인, 하체 구성품의 누유 확인

05 외관 점검

• **휠 볼트 및 너트 풀림 상태 점검**
  - 휠 볼트 및 너트의 조임 상태를 점검한다.
  - 휠 너트의 볼 면에 윤활유를 주지 않고 깨끗한지를 확인한다.
  - 너트를 조일 때에는 밀착하여 조이지 않고 맞은 편의 너트를 끼워 조인다.
  - 너트의 밀착력을 위해 처음부터 꽉 조이지 않도록 한다.

• **윤활유의 구비조건**
  - 인화점 및 발화점이 높을 것
  - 비중과 점도가 적당할 것
  - 강인한 유막을 형성하고, 기포발생이 적을 것
  - 산화에 대한 저항성이 클 것
  - 응고점이 낮고, 열전도가 양호할 것

• **엔진 윤활유의 기능(역할)** : 밀봉작용(기밀유지작용), 방청작용(부식방지), 윤활작용, 냉각작용, 응력분산작용, 마멸방지작용, 세척작용 등
  * 연소작용×, 방수작용×

• **엔진 오일(윤활유)의 여과방식** : 분류식, 전류식, 샨트식(복합식)

• **지게차 자동변속기의 오일량 점검**
  - 엔진을 중립상태로 하고 공회전하여 정상 작동온도에 도달할 때까지 충분히 예열 시킨 후 점검한다.
  - 엔진을 충분히 워밍업시킨 후 평평한 노면에 차를 주차시킨 후 주차 브레이크를 걸고 점검을 실시한다(일반적으로 시동을 끈 상태에서 시행).
  - 오일량 게이지의 F(Full)선 근처에 오일이 묻는지 점검하고, L(Low)선에 가까우면 오일을 채워 넣어 주어야 한다(오일레벨 게이지는 시동을 끈 상태에서 게이지를 뽑아 점검).

• **지게차의 장비 자체중량** : 자체중량이란 연료, 냉각수, 윤활유(그리스) 등을 가득 채우고, 휴대공구, 작업용구, 예비타이어를 싣거나 부착하고 즉시 작업할 수 있는 상태에 있는 건설기계의 중량을 말한다.

Chapter 02 기출문제(2025~2020년)

01 지게차 주행 방법에 대한 설명으로 틀린 것은?

① 앞바퀴(전륜)가 지면에서 5cm 이하로 떨어졌을 때 카운터 밸런스 중량을 높인다.
② 틸트는 적재물이 백레스트에 완전히 닿도록 하고 운행한다.
③ 주행방향을 바꿀 때에는 완전정지 또는 저속에서 행한다.
④ 경사 길에서 내려올 때는 후진으로 진행한다.

01 화물이 너무 무거워 뒷바퀴(후륜)가 들릴 때 카운트 밸런스의 중량을 높인다.

02 지게차에 화물을 적재하고 주행할 때의 주의사항으로 틀린 것은?

① 급한 고갯길을 내려갈 때는 변속레버를 중립에 두거나 엔진을 끄고 타력으로 내려간다.
② 포크나 카운터 웨이트 등에 사람을 태우고 주행해서는 안 된다.
③ 전방시야가 확보되지 않을 때는 후진하면서 경적을 울리며 천천히 주행한다.
④ 험한 땅이나 좁은 통로, 고갯길 등에서는 급발진, 급제동을 하지 않는다.

02 지게차에 화물을 적재하고 주행 시 주의사항
• 급한 고갯길을 내려갈 때는 변속레버를 저속 위치로 두고, 브레이크 속도를 조절하며 서행한다.
• 전방시야가 확보되지 않을 때는 후진을 진행하면서, 경적을 울리며 천천히 주행한다.
• 험한 땅, 좁은 통로, 고갯길 등에서는 급발진·급제동·급선회하지 않는다.
• 포크나 카운터 웨이트 등에 사람을 태우고 주행해서는 안 된다.

03 지게차에서 화물취급 방법으로 틀린 것은?

① 포크를 지면에서 약 80cm 이상 올려서 주행해야 한다.
② 포크는 화물의 받침대 속에 정확히 들어갈 수 있도록 조작한다.
③ 운반 중 마스트를 뒤로 약 5° 정도 경사시킨다.
④ 운반물을 적재하고 경사지를 주행할 때는 짐이 언덕 쪽으로 향하도록 한다.

03 지게차의 화물취급 방법
• 포크는 지면에서 20~30㎝ 정도를 유지하면서 운반한다.
• 포크는 화물의 받침대 속에 정확히 들어갈 수 있도록 한다.
• 마스트를 뒤로 4°~5° 젖힌 상태에서 가능한 낮추어 운행한다.
• 부피가 큰 화물이나 앞이 보이지 않을 경우에는 후진하여 운반한다.
• 운반물을 적재하고 경사지를 주행할 때는 화물이 언덕 쪽으로 향하도록 한다.

04 화물을 적재하고 주행할 때 포크와 지면과의 간격으로 가장 적당한 것은?

① 지면에 밀착 ② 80~85cm
③ 50~55cm ④ 20~30cm

04 화물을 적재하고 주행할 때는 포크를 지면으로부터 20~30cm 범위로 내린 후 주행한다.

정답 01 ① 02 ① 03 ① 04 ④

05 지게차의 화물 운반 주행 시 안전한 포크의 높이로 가장 적절한 것은?

① 지면으로부터 20~30㎝ 정도 높인다.
② 지면으로부터 50~60㎝ 정도 높인다.
③ 지면으로부터 80㎝ 이상 높인다.
④ 최대한 높이를 올리는 것이 좋다.

05 포크는 지면에서 20~30㎝ 정도를 유지하면서 운반하는 것이 가장 안전하고 적당하다.

06 지게차의 주행이나 이동 시 주의사항으로 틀린 것은?

① 경사면에서 운행할 때는 화물이 언덕 쪽으로 향하도록 한다.
② 이동작업 중 보행자와 장애물을 주의하여 운전한다.
③ 경사면에서 운행할 때는 화물을 경사면 아래쪽을 향하게 한다.
④ 화물 아래에 사람이 서 있거나 지나가게 해서는 안 된다.

06 경사면에서 화물을 적재하고 주행할 때는 화물이 언덕 쪽(경사면의 위쪽)으로 향하도록 한다.

07 경사지에서 지게차 작업 시 안전한 작업방법으로 가장 적절한 것은?

① 공차 시 경사지의 아래쪽(비탈) 방향으로 후진하여 작업한다.
② 적재 시 경사지의 위쪽(언덕) 방향으로 후진하여 작업한다.
③ 적재 시 경사지의 위쪽(언덕) 방향으로 전진하여 작업한다.
④ 공차·적재 시 경사지의 방향에 관계없이 신속하게 작업한다.

07 운반물을 적재하고 경사지를 주행할 때는 화물이 언덕 쪽(위쪽)으로 향하도록 전진하며 작업한다.

08 화물 운반 시 주행 방법에 대한 설명으로 옳은 것은?

① 비탈길을 오르내릴 때에는 마스트를 전면으로 기울인 상태에서 전진 운행한다.
② 화물을 싣고 평지에서 주행할 때에는 브레이크를 급격히 밟아도 된다.
③ 주행할 때에는 포크를 지면에서 가능한 높이 들고 이동한다.
④ 짐을 싣고 비탈길을 내려올 때에는 후진하여 천천히 내려온다.

08 ④ 비탈길 화물운반 시 내리막은 후진으로 천천히 내려온다.
① 마스트를 뒤로 젖힌 상태에서 운행한다.
② 주행할 때에는 브레이크를 급격히 밟지 않아야 한다.
③ 포크를 지면에서 20~30cm 정도 올리고 주행한다.

정답 05 ① 06 ③ 07 ③ 08 ④

09 지게차가 취급 화물의 중량한계를 초과할 때 일어날 수 있는 현상으로 적절하지 않은 것은?

① 후륜 들림 현상이 발생한다.
② 장비가 전복되거나 넘어질 위험이 있다.
③ 조향 자체가 용이해진다.
④ 차체가 손상되고 수명 단축이 발생한다.

09 화물 중량이 초과될 때 발생하는 현상
• 지게차의 후륜 들림 현상이 발생한다.
• 장비가 전복되거나 전도될 위험이 있다.
• 적재한 화물이 넘어지거나 떨어져 피해가 발생할 수 있다.
• 차체가 손상될 수 있고 많은 부분의 수명 단축이 발생한다.
• 안전성이 저하되고 차량이 불안정해져 사고 발생가능성이 높아진다.

10 중량물을 들어 올리거나 내릴 때 손 또는 발이 중량물과 지면 등에 끼어 발생하는 재해는?

① 충돌
② 낙하
③ 협착
④ 전도

10 ③ 중량물을 들어 올리거나 내릴 때 손 또는 발이 취급 중량물과 지면, 건축물 등에 끼어 발생하는 재해는 협착이다. 협착은 움직이는 부분과 고정된 부분 사이에 끼어 발생하는 재해형태이다.
① 충돌은 서로 맞부딪치거나 맞서 발생하는 재해이다.
② 낙하는 중량물을 들어 올리거나 운반하다가 힘에 겨워 떨어뜨려 발생하는 재해(높은 데서 낮은 데로 떨어져 발생하는 재해)이다.
④ 전도는 엎어져 넘어지거나 넘어뜨려 발생하는 재해이다.

11 작업복이 말려 들어가는 재해가 발생할 가능성이 높은 전동장치로 가장 적절한 것은?

① 커터
② 스위치
③ 커플링
④ 벨트

11 회전하는 장치에 의해 장갑이나 작업복 등이 말려 들어가는 재해가 발생할 가능성이 높은 장치로는 커플링, 회전하는 드릴·축 등이 있다.

12 일반적인 재해 조사방법으로 가장 적절하지 않은 것은?

① 사고 현장의 물리적 흔적을 수집한다.
② 재해 조사는 사고 현장의 정리 후에 신속히 실시한다.
③ 재해 현장은 사진 등으로 촬영하여 보관하고 기록한다.
④ 목격자나 현장 책임자 등 많은 사람들에게 사고 상황을 듣고 증언을 확보한다.

12 ② 재해 조사는 가능한 현장이 변형되지 않은 상태에서 실시하여야 하므로, 재해 발생 직후 현장을 보존하며 신속하게 조사를 수행하고 현장을 정리한다.
① 사고 현장의 물리적 흔적을 수집하고 관련된 물적 자료(증거물, 비디오, 도면 등)를 수집·확보한다.
③ 사고 현장을 사진, 동영상 등으로 촬영하고 보관·기록한다.
④ 목격자나 현장 책임자 등 많은 사람들에게 사고 시의 상황을 듣고 증언을 확보하며, 증언 중 사실 이외의 추측성 발언은 참고로 이용한다.

정답 **09** ③ **10** ③ **11** ③ **12** ②

13 자연적 재해에 해당하지 않는 것은?

① 태풍　　　　② 방화
③ 홍수　　　　④ 지진

> **13** 자연적 재해란 태풍, 홍수, 호우, 강풍, 해일, 대설, 가뭄, 지진 등과 같이 자연현상으로 인하여 발생하는 재해를 말한다. 방화는 의도적으로 불을 내는 것을 말한다.

14 작업 중 기계장치에서 이상한 소리가 날 경우 작업자의 조치사항으로 가장 적절한 것은?

① 속도가 빠르지 않게 줄이고 작업한다.
② 즉시 기계 작동을 멈추고 점검한다.
③ 장비를 멈추고 열을 식힌 후 작업한다.
④ 진행 중인 작업을 마무리 하고 작업 종료 후 조치한다.

> **14** 작업 중 기계장치에서 이상한 소리가 나는 경우 작업자는 즉시 작동을 멈추고 점검해야 한다.

15 지게차 주차 시 포크 상태와 위치는 어떻게 두어야 하는가?

① 포크가 지면에 닿도록 내려놓는다.
② 지면과의 거리를 20~30㎝ 정도에 위치시킨다.
③ 평평한 곳에 주차하며 포크 위치는 관계없다.
④ 가능한 높이 올려놓아야 한다.

> **15** 지게차를 주차시켜 놓을 때 포크가 지면에 완전히 닿도록 내려놓는다.

16 지게차를 주차시킬 때 포크는 안전 상태는 어떤 상태인가?

① 평지에 주차하고 녹 발생을 방지하기 위해 지면에서 10㎝ 정도 들어 놓는다.
② 평지에 주차하고 포크의 끝 선단이 지면에 닿도록 내려놓는다.
③ 앞·뒤 3~5° 정도 경사지에 주차하고 마스트 전경각을 최대로 하여 포크가 지면에 접하도록 한다.
④ 평지에 주차한다면 포크의 위치나 상태는 상관없다.

> **16** 평지에 주차하고 포크를 지면에 닿도록 내려놓는 것이 안전하다.

정답　13 ②　14 ②　15 ①　16 ②

17 지게차를 주차할 때 취급 및 주의사항으로 틀린 것은?
① 포크 선단이 지면에 닿도록 마스트를 전방으로 경사시킨다.
② 포크를 지면에 완전히 내려 둔다.
③ 기관 주행을 정지한 후 주차 브레이크를 체결한다.
④ 시동을 끈 후 시동스위치의 키는 그대로 두고 내린다.

17 시동을 끈 후 키는 운전자가 지참하거나 정해진 위치에 두며, 주차 브레이크를 확실히 작동시켜 둔다. 포크는 선단이 지면에 닿도록 마스트를 전방으로 틸트 하고, 포크를 바닥에 완전히 내려놓는다.

18 지게차 주차 시 취급 주의사항으로 틀린 것은?
① 기관을 정지시킨 후 주차 브레이크를 체결한다.
② 포크의 선단이 지면에 닿도록 마스트를 전방으로 경사시킨다.
③ 경사면에 주차 시에는 변속장치를 후진 위치에 둔다.
④ 포크를 지면에 완전히 내린다.

18 가급적 경사면에 주차하지 않도록 하며, 경사면에 주차 시에는 전후진 레버를 중립으로 하고 바퀴에 고임대를 사용하여 주차한다.

19 지게차 주차 시 주의사항으로 옳지 않은 것은?
① 포크의 끝, 선단이 지면에 닿도록 앞으로 틸트한다.
② 주차레버를 체결한 후 하차한다.
③ 전·후진 레버를 전진상태로 둔다.
④ 포크를 지면에 닿게 내려놓는다.

19 주차 시 전·후진 레버를 중립상태로 한다.

20 기관 윤활유의 구비조건으로 틀린 것은?
① 인화점이 높을 것
② 적당한 점도를 가질 것
③ 응고점이 높을 것
④ 발화점이 높을 것

20 윤활유의 구비조건
• 인화점 및 발화점이 높을 것
• 비중과 점도가 적당할 것
• 강인한 유막을 형성하고, 기포발생이 적을 것
• 산화에 대한 저항성이 클 것
• 응고점이 낮고, 열전도가 양호할 것

정답 **17** ④ **18** ③ **19** ③ **20** ③

21 기관에서 오일의 여과방식이 아닌 것은?

① 분류식　　　② 전류식
③ 자력식　　　④ 샨트식

> **21** 엔진 오일(윤활유)의 여과방식에는 분류식, 전류식, 샨트식(복합식)이 있다.

22 지게차 자동변속기의 오일량 점검에 관한 설명으로 틀린 것은?

① 엔진을 중립상태로 하고 공회전한 후 점검
② 엔진을 급가속한 상태에서 점검
③ 엔진을 시동하여 예열 운전을 실시한 후 점검
④ 오일량 게이지의 F선 근처에 오일이 묻는지 점검

> **22** 자동변속기 오일량 점검은 엔진을 중립상태로 하고 공회전하여 정상 작동온도에 도달할 때까지 충분히 예열시킨 후 점검한다. 엔진을 충분히 워밍업시킨 후 평평한 노면에 차를 주차시킨 후 주차 브레이크를 걸고 점검을 실시한다. 오일량 게이지의 F(Full)선 근처에 오일이 묻는지 점검하고, L(Low)선에 가까우면 오일을 채워 넣어 주어야 한다.

23 기관의 오일레벨 게이지에 대한 설명으로 틀린 것은?

① 기관 작동 상태에서 점검해야 한다.
② 윤활유 레벨을 점검할 때 사용한다.
③ 윤활유 점도 확인 시, 육안 검사 시 등에 활용된다.
④ 기관의 오일 팬에 있는 오일을 점검하는 것이다.

> **23** 일반적으로 오일레벨 게이지는 차량 시동을 끈 상태에서 게이지를 뽑아 점검한다.

24 건설기계 안전기준에 관한 규칙상 일반적으로 지게차의 장비 자체중량에 포함되지 않는 것은?

① 윤활유　　　② 냉각수
③ 연료　　　　④ 조종사

> **24** 장비 자체중량으로는 연료, 냉각수, 윤활유(그리스), 휴대공구, 작업용구, 예비타이어 등이 포함된다.

25 일반적으로 지게차의 장비 자체중량에 포함되지 않는 것은?

① 운전자　　　② 연료
③ 냉각수　　　④ 휴대공구

> **25** 자체중량이란 연료, 냉각수, 윤활유(그리스) 등을 가득 채우고, 휴대공구, 작업용구, 예비타이어를 싣거나 부착하고 즉시 작업할 수 있는 상태에 있는 건설기계의 중량을 말한다.

정답　21 ③　22 ②　23 ①　24 ④　25 ①

PART 05

도로교통법·건설기계 관리법 및 응급대처

Chapter 01 기출핵심정리

01 도로교통법

1. 도로통행방법에 관한 사항

- **고속도로에서의 자동차 등의 속도**
  - 편도 1차로 고속도로 : 최고속도는 매시 80킬로미터, 최저속도는 매시 50킬로미터
  - 편도 2차로 이상 고속도로
    - 화물자동차(적재중량 1.5톤을 초과하는 경우)·특수자동차·위험물운반자동차 및 건설기계
      : 최고속도는 매시 80킬로미터, 최저속도는 매시 50킬로미터
    - 일반 자동차 : 최고속도는 매시 100킬로미터, 최저속도는 매시 50킬로미터
  - 자동차전용도로 : 최고속도는 매시 90킬로미터, 최저속도는 매시 30킬로미터
  - 일반도로 : 주거지역·상업지역·공업지역의 일반도로에서는 매시 50킬로미터 이내, 그 외 일반도로에서는 매시 60킬로미터 이내(편도 2차로 이상의 도로에서는 매시 80킬로미터 이내)

- **최고속도의 100분의 20을 줄인 속도로 운행하는 경우** : 비가 내려 노면이 젖어있는 경우, 눈이 20밀리미터 미만 쌓인 경우
- **최고속도의 100분의 50을 줄인 속도로 운행하는 경우** : 폭우·폭설·안개 등으로 가시거리가 100미터 이내인 경우, 노면이 얼어붙은 경우, 눈이 20밀리미터 이상 쌓인 경우

- **도로교통법령상 차로의 순위** : 차로의 순위는 도로의 중앙선 쪽에 있는 차로부터 1차로로 한다. 다만, 일방통행도로에서는 도로의 왼쪽부터 1차로로 한다(도로교통법 시행규칙 제16조).

- **차로에 따른 통행차 기준**
  - 편도 2차로 고속도로 : 1차로는 원칙상 앞지르기를 하려는 모든 자동차가 통행할 수 있고, 2차로는 모든 자동차가 통행할 수 있다(건설기계는 2차로로 통행).
  - 편도 3차로 이상 고속도로 : 1차로에 앞지르기를 하려는 승용자동차 및 앞지르기를 하려는 경형·소형·중형 승합자동차, 왼쪽 차로에 승용자동차 및 경형·소형·중형 승합자동차, 오른쪽 차로에 대형 승합자동차·화물자동차·특수자동차·건설기계 등이 통행할 수 있다.
  - 고속도로 외의 도로 : 왼쪽 차로에는 승용자동차 및 경형·소형·중형 승합자동차, 오른쪽 차로에는 대형승합자동차·화물자동차·특수자동차·건설기계·이륜자동차·원동기장치자전거 등이 통행할 수 있다.

- **차마가 건물·주차장에서 도로에 들어갈 때 통행방법** : 차마의 운전자는 길가의 건물이나 주차장 등에서 도로에 들어갈 때에는 일단 정지한 후에 안전한지 확인하면서 서행하여야 한다(도로교통법 제18조).

- **일시정지를 하지 않고 철길건널목을 통과할 수 있는 경우** : 운전자는 철길 건널목을 통과하려는 경우에는 일시정지하여 안전한지 확인한 후에 통과하여야 한다. 다만, 신호기 등이 표시하는 신호에 따르는 경우에는 정지하지 않고 통과할 수 있다(도로교통법 제24조).

- **안전거리의 확보** : 운전자는 같은 방향으로 가고 있는 앞차의 뒤를 따르는 경우에는, 앞차가 갑자기 정지하게 되는 경우 그 앞차와의 충돌을 피할 수 있는 필요한 안전거리를 확보하여야 한다.

- **좌회전하기 위하여 교차로 내에 진입되어 있을 때 황색등화로 바뀌면** : 도로교통법령상 교차로에 진입하기 전에 황색신호로 바뀌면 자동차는 정지선 앞에 정지해야 하고, 이미 진입하고 있는 경우에는 신속히 좌회전하여 교차로를 빠져 나가야 한다.

- **신호기(원형등화)가 표시하는 신호의 종류 및 신호의 뜻(도로교통법 시행규칙 별표2)**
  - 녹색의 등화 : 차마는 직진 또는 우회전할 수 있다. 비보호좌회전표지 또는 비보호좌회전표시가 있는 곳에서는 좌회전할 수 있다.
  - 황색의 등화 : 차마는 정지선이 있거나 횡단보도가 있을 때에는 그 직전이나 교차로의 직전에 정지하여야 하며, 이미 교차로에 차마의 일부라도 진입한 경우에는 신속히 교차로 밖으로 진행하여야 한다. 차마는 우회전할 수 있고 우회전하는 경우에는 보행자의 횡단을 방해하지 못한다.
  - 적색의 등화 : 차마는 정지선, 횡단보도 및 교차로의 직전에서 정지해야 한다. 차마는 우회전하려는 경우 정지선, 횡단보도 및 교차로의 직전에서 정지한 후 신호에 따라 진행하는 다른 차마의 교통을 방해하지 않고 우회전할 수 있다. 차마는 우회전 삼색등이 적색의 등화인 경우 우회전할 수 없다.
  - 황색등화의 점멸 : 차마는 다른 교통 또는 안전표지의 표시에 주의하면서 진행할 수 있다.
  - 적색등화의 점멸 : 차마는 정지선이나 횡단보도가 있을 때에는 그 직전이나 교차로의 직전에 일시정지한 후 다른 교통에 주의하면서 진행할 수 있다.

2. 도로표지판(신호·교통표지)

- **도로명판**
  - 건물번호판

일반용	관공서용	문화재, 관광지용
세종대로 Sejong-daero 209 / 중앙로 35 Jungang-ro	262 중앙로 Jungang-ro / 6 문연로 Munyeon-ro	24 보성길 Boseong-gil

  - 시작지점

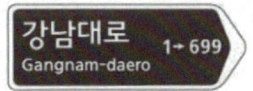

- 1→ : 현 위치는 도로 시작점
- 1→699 : 강남대로는 6.99km(699×10m)

- 끝지점

- '대정로23번길'의 도로구간이 끝나는 위치에 설치(←65)
- '대정로23번길'이란 대정로 시작지점에서부터 약 230m 지점의 왼쪽 방향으로 분기된 도로
- '대정로23번길'의 도로구간의 총 길이는 650m(65×10m)

- 교차지점(양방향용 도로명판)

- 중앙로 : 전방 교차도로는 중앙로
- 92 : 좌측으로 92번 이하 건물, 96 : 우측으로 96번 이상 건물 위치

- 진행방향(앞쪽 방향용 도로명판)

- 도로명판이 설치된 위치는 '사임당로' 시작지점으로부터 약 920m 지점(92×10m)
- '사임당로'의 전체 도로구간 길이는 약 2500m
- 남은 거리는 약 1.5km((250-92)×10m)(92→250)

- 기초번호판

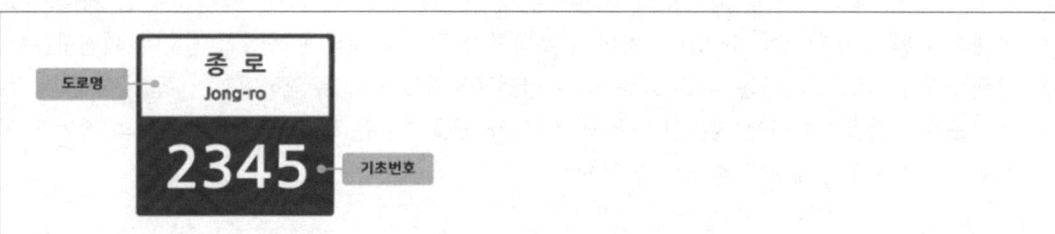

- 예고용 도로명판

- 현 위치에 앞쪽 진행방향으로 약 200m 지점에 예고한 도로(종로)가 있음

• 3방향 도로명표지(차량이 남쪽에서부터 북쪽 방향으로 진행 중일 때)

- 연신내역 방향으로 가려는 경우 차량을 직진함
- 차량을 우회전하는 경우 '새문안길' 도로구간의 시작지점에 진입할 수 있음
- 차량을 좌회전하는 경우 '충정로' 도로구간의 끝지점에 진입할 수 있음

02 안전운전 준수

- **신호 또는 지시에 따를 의무**
  - 도로를 통행하는 보행자, 차마 또는 노면전차의 운전자는 교통안전시설이 표시하는 신호 또는 지시와 교통정리를 하는 경찰공무원 등이 하는 신호 또는 지시를 따라야 한다.
  - 도로를 통행하는 보행자, 차마 또는 노면전차의 운전자는 교통안전시설이 표시하는 신호 또는 지시와 교통정리를 하는 경찰공무원 또는 경찰보조자(이하 "경찰공무원등")의 신호 또는 지시가 서로 다른 경우에는 경찰공무원등의 신호 또는 지시에 따라야 한다.

- **교차로 통행방법**
  - 교차로에서 좌회전을 하려는 경우, 미리 도로의 중앙선을 따라 서행하면서 교차로의 중심 안쪽을 이용하여 좌회전하여야 한다.
  - 교차로에서 우회전을 하려는 경우, 미리 도로의 우측 가장자리를 서행하면서 우회전하여야 한다.
  - 우회전이나 좌회전을 하기 위하여 손·방향지시기·등화로써 신호를 하는 차가 있는 경우에 신호를 한 앞차의 진행을 방해하여서는 안 된다.

- **교통정리가 없고 양보의 안전표지가 설치된 교차로 진입 시 운전방법** : 교통정리를 하고 있지 않고 일시정지나 양보를 표시하는 안전표지가 설치되어 있는 교차로 진입 시는 다른 차의 진행을 방해하지 않도록 일시정지하거나 양보하여야 한다.

- **운전자가 서행하여야 하는 장소(도로교통법 제31조)**
  - 교통정리를 하고 있지 않은 교차로
  - 도로가 구부러진 부근
  - 비탈길의 고갯마루 부근, 가파른 비탈길의 내리막
  - 시·도경찰청장이 도로에서의 위험을 방지하고 교통의 안전과 원활한 소통을 확보하기 위하여 필요하다고 인정하여 안전표지로 지정한 곳

- **도로의 중앙이나 좌측부분으로 통행할 수 있는 경우**
  - 도로가 일방통행인 경우와 도로의 파손 등으로 도로의 우측 부분을 통행할 수 없는 경우
  - 도로 우측 부분의 폭이 6m가 되지 않는 도로에서 다른 차를 앞지르려는 경우
  - 도로 우측 부분의 폭이 차마의 통행에 충분하지 않은 경우
  - 가파른 비탈길의 구부러진 곳에서 교통위험을 방지를 위해 지방경찰청장이 지정한 경우
    * 왕복 4차선 도로에서 중앙선을 넘어 추월하는 행위는 중앙선 침범에 해당함

- **앞지르기 방법**
  - 모든 차의 운전자는 다른 차를 앞지르려면 앞차의 좌측으로 통행하여야 한다.
  - 반대방향의 교통과 앞차 앞쪽의 교통에도 주의하여야 하며, 앞차의 속도·진로와 도로상황에 따른 안전한 방법으로 앞지르기를 하여야 한다.

- 앞지르기를 하는 차가 있을 때에는 속도를 높여 경쟁하거나 차 앞을 가로막는 방법으로 앞지르기를 방해해서는 안 된다.

• 앞지르기 금지장소 및 시기(도로교통법 제22조)
  - 금지장소 : 교차로, 터널 안, 다리 위, 도로의 구부러진 곳, 비탈길의 고갯마루 부근, 가파른 비탈길의 내리막, 안전표지로 지정한 곳
  - 금지시기 : 앞차의 좌측에 다른 차가 나란히 가고 있는 경우, 앞차가 다른 차를 앞지르고 있거나 앞지르려고 하는 경우, 경찰공무원의 지시 또는 위험 방지를 위하여 정지하거나 서행하고 있는 차

• 진로변경 위반행위
  - 두 개의 차로를 걸쳐서 운행하는 행위, 두 개 이상의 차로를 지그재그로 운행하는 행위
  - 갑자기 차로를 바꾸어 옆 차로로 끼어드는 행위
  - 진로 변경이 금지된 곳에서 진로를 변경하는 행위
  - 여러 차로를 연속적으로 가로 지르는 행위

• 도로주행 건설기계의 정차 또는 주차의 방법(도로교통법 시행령 제11조)
  - 모든 차의 운전자는 도로에서 정차할 때에는 차도의 오른쪽 가장자리에 정차할 것. 다만, 차도와 보도의 구별이 없는 도로의 경우에는 도로의 오른쪽 가장자리로부터 중앙으로 50센티미터 이상의 거리를 두어야 한다.
  - 운전자는 도로에서 주차할 때에는 시·도경찰청장이 정하는 주차의 장소·시간 및 방법에 따라야 한다.
  - 정차하거나 주차할 때에는 다른 교통에 방해가 되지 아니하도록 하여야 한다.

• 보행자의 보호(도로교통법 제27조)
  - 모든 차 또는 노면전차의 운전자는 보행자(자전거 등의 운전자 포함)가 횡단보도를 통행하고 있거나 통행하려고 하는 때에는 보행자의 횡단을 방해하거나 위험을 주지 않도록 횡단보도 앞에서 일시정지하여야 한다.
  - 모든 차 또는 노면전차의 운전자는 교통정리를 하고 있는 교차로에서 좌회전이나 우회전을 하려는 경우에는 신호기 또는 경찰공무원등의 신호나 지시에 따라 도로를 횡단하는 보행자의 통행을 방해하여서는 안 된다.
  - 모든 차의 운전자는 교통정리를 하고 있지 않은 교차로 또는 그 부근의 도로를 횡단하는 보행자의 통행을 방해하여서는 안 된다.

• 정차 및 주차금지 장소(도로교통법 제32조)
  - 교차로·횡단보도·건널목이나 보도와 차도가 구분된 도로의 보도
  - 교차로의 가장자리나 도로의 모퉁이로부터 5미터 이내인 곳
  - 안전지대 사방으로부터 10미터 이내인 곳
  - 버스여객자동차 정류지임을 표시하는 기둥이나 표지판으로부터 10미터 이내인 곳
  - 건널목의 가장자리 또는 횡단보도로부터 10미터 이내인 곳

- 소방용수시설 또는 비상소화장치가 설치된 곳, 소방시설로서 대통령령으로 정하는 시설이 설치된 곳으로부터 5미터 이내인 곳
- 시·도경찰청장이 필요하다고 인정하여 지정한 곳
- 시장 등이 지정한 어린이 보호구역

• **주차금지 장소(도로교통법 제32조·제33조)**
- 교차로·횡단보도·건널목, 보도와 차도가 구분된 도로의 보도
- 교차로의 가장자리나 도로의 모퉁이로부터 5미터 이내인 곳
- 안전지대 사방으로부터 각각 10미터 이내인 곳
- 버스여객자동차의 정류지임을 표시하는 기둥이나 표지판 등으로부터 10미터 이내인 곳
- 건널목의 가장자리 또는 횡단보도로부터 10미터 이내인 곳
- 소방용수시설 또는 비상소화장치가 설치된 곳으로부터 5미터 이내인 곳
- 시장 등이 지정한 어린이 보호구역
- 터널 안 및 다리 위
- 도로공사 구역의 양쪽 가장자리로부터 5미터 이내인 곳

03 건설기계관리법

1. 건설기계 등록 및 검사

• **건설기계형식** : 건설기계의 구조·규격 및 성능 등에 관하여 일정하게 정한 것을 말한다(건설기계관리법 제2조).

• **건설기계의 등록신청** : 건설기계의 소유자가 건설기계 등록을 할 때에는 시·도지사에게 건설기계 등록신청을 하여야 한다(건설기계관리법 제3조). 건설기계를 등록하려는 건설기계의 소유자는 건설기계등록신청서에 관련 서류를 첨부하여 소유자의 주소지 또는 건설기계의 사용본거지를 관할하는 시·도지사에게 제출하여야 한다(건설기계관리법 시행령 제3조).

• **건설기계 등록사항의 변경신고** : 건설기계의 소유자는 건설기계등록사항에 변경이 있는 때에는 그 변경이 있은 날부터 30일 이내에 건설기계등록사항변경신고서에 필요한 서류를 첨부하여 등록을 한 시·도지사에게 제출하여야 한다. 다만, 전시·사변 기타 이에 준하는 국가비상사태하에 있어서는 5일 이내에 하여야 한다(건설기계관리법 시행령 제5조).

• **건설기계 등록말소 사유(건설기계관리법 제6조)** : 시·도지사는 등록된 건설기계가 다음에 해당하는 경우에는 소유자의 신청이나 시·도지사의 직권으로 등록을 말소할 수 있다.
- 거짓이나 부정한 방법으로 등록을 한 경우

- 건설기계가 천재지변 등으로 사용할 수 없게 되거나 멸실된 경우
- 건설기계의 차대(車臺)가 등록 시의 차대와 다른 경우
- 건설기계가 건설기계안전기준에 적합하지 아니하게 된 경우
- 정기검사 명령, 수시검사 명령 또는 정비 명령에 따르지 아니한 경우
- 건설기계를 수출하는 경우
- 건설기계를 도난당한 경우, 건설기계를 폐기한 경우
- 건설기계를 교육·연구 목적으로 사용하는 경우

• 건설기계의 등록말소 신청 기한(건설기계관리법 제6조 제2항)
- 건설기계가 천재지변 또는 사고 등으로 사용할 수 없게 되거나 멸실된 경우, 폐기한 경우, 교육·연구 목적으로 사용하는 경우 : 사유가 발생한 날부터 30일 이내
- 건설기계를 도난당한 경우 : 사유가 발생한 날부터 2개월 이내
- 건설기계를 수출하는 경우 : 수출하는 자가 수출 전까지 등록 말소를 신청하여야 함

• 건설기계의 등록 전 일시적으로 운행(미등록 건설기계의 임시운행)할 수 있는 경우(건설기계관리법 시행규칙 제6조 제1항)
- 등록신청을 하기 위하여 건설기계를 등록지로 운행하는 경우
- 신규등록검사 및 확인검사를 받기 위하여 건설기계를 검사장소로 운행하는 경우
- 수출을 하기 위하여 건설기계를 선적지로 운행하는 경우
- 수출을 하기 위하여 등록말소한 건설기계를 점검·정비의 목적으로 운행하는 경우
- 신개발 건설기계를 시험·연구의 목적으로 운행하는 경우
- 판매 또는 전시를 위하여 건설기계를 일시적으로 운행하는 경우

• **미등록 건설기계의 임시운행기간** : 건설기계 등록신청을 하기 위하여 일시적으로 등록지로 운행하는 경우 등의 임시운행기간은 15일 이내로 한다. 다만, 신개발 건설기계를 시험·연구의 목적으로 운행하는 경우에는 3년 이내로 한다(건설기계관리법 시행규칙 제6조 제3항).

• 건설기계 등록번호표의 규격 · 재질 및 표시방법(건설기계관리법 시행규칙 별표2)
- 규격 : 가로 520㎜ × 세로110㎜ × 두께1㎜
- 재질 : 알루미늄 제판
- 색상 : 비사업용(관용·자가용)은 흰색 바탕에 검은색 문자, 대여사업용은 주황색 바탕에 검은색 문자
- 등록번호표에 표시되는 모든 문자 및 외곽선은 1.5㎜ 튀어나와야 한다.

• 건설기계 등록번호표의 색상 기준
- 비영업용(자가용) 건설기계 : 흰색 바탕에 검은색 문자
- 비영업용(관용) 건설기계 : 흰색 바탕에 검은색 문자
- 영업용(대여사업용) 건설기계 : 주황색 바탕에 검은색 문자

- **등록번호표의 반납(건설기계관리법 제9조)** : 등록된 건설기계의 소유자는 다음의 어느 하나에 해당하는 경우에는 10일 이내에 등록번호표를 시·도지사에게 반납하여야 한다.
  - 건설기계의 등록이 말소된 경우
  - 건설기계의 등록사항 중 건설기계의 소유자의 주소지 또는 사용본거지의 변경 및 등록번호가 변경된 경우
  - 등록번호표의 부착 및 봉인을 신청하는 경우

- **건설기계검사의 종류(건설기계관리법 제13조)** : 신규등록검사, 정기검사, 구조변경검사, 수시검사
  - 신규 등록검사 : 건설기계를 신규로 등록할 때 실시하는 검사
  - 정기검사 : 건설공사용 건설기계로서 검사유효기간이 끝난 후 계속 운행하려는 경우에 실시하는 검사와 「대기환경보전법」 및 「소음·진동관리법」에 따른 운행차의 정기검사
  - 구조변경검사 : 건설기계의 주요 구조를 변경하거나 개조한 경우 실시하는 검사
  - 수시검사 : 성능이 불량하거나 사고가 자주 발생하는 건설기계의 안전성 등을 점검하기 위하여 수시로 실시하는 검사와 건설기계 소유자의 신청을 받아 실시하는 검사

- **건설기계 검사대행자의 지정을 취소하거나 사업 정지를 명할 수 있는 경우(건설기계관리법 제14조)**
  - 거짓이나 그 밖의 부정한 방법으로 지정을 받은 경우
  - 기준에 적합하지 아니하게 된 경우
  - 검사대행자 또는 그 소속 기술인력이 준수사항을 위반한 경우
  - 자료를 제출하지 아니하거나 거짓으로 제출한 경우
  - 경영 부실 등의 사유로 업무를 계속하게 하는 것이 적합하지 아니하다고 인정될 경우
  - 사업정지명령을 위반하여 사업정지기간 중에 검사를 한 경우

- **정기검사 신청을 받은 경우 검사일시·장소 지정 통지일** : 검사신청(타워크레인의 경우 검사업무의 배정을 말함)을 받은 시·도지사 또는 검사대행자는 신청을 받은 날(타워크레인의 경우 검사업무를 배정받은 날)부터 5일 이내에 검사일시와 검사장소를 지정하여 신청인에게 통지해야 한다(건설기계관리법 시행규칙 제23조 제4항).

- **건설기계의 수시검사명령서를 통지하는 자** : 시·도지사는 수시검사를 명령하려는 때에는 수시검사 명령의 이행을 위한 검사의 신청기간을 31일 이내로 정하여 건설기계소유자에게 건설기계 수시검사명령서를 서면으로 통지해야 한다(건설기계관리법 시행규칙 제30조의2).

- **검사에 불합격한 건설기계 소유자에게 정비명령을 해야 하는 기한** : 시·도지사는 검사에 불합격된 건설기계에 대해서는 31일 이내의 기간을 정하여 해당 건설기계의 소유자에게 검사를 완료한 날(검사를 대행하게 한 경우에는 검사결과를 보고받은 날)부터 10일 이내에 정비명령을 해야 한다(건설기계관리법 시행규칙 제31조).

- **건설기계관리법령상 건설기계의 정비명령 등(건설기계관리법 시행규칙 제31조)**
  - 시·도지사는 검사에 불합격된 건설기계에 대해서는 해당 건설기계의 소유자에게 검사를 완료한 날부터 10일 이내에 정비명령을 해야 한다.
  - 정비 명령을 받은 건설기계의 소유자는 지정된 기간 안에 건설기계를 정비한 후 정기검사신청서와 정비명령서를 시·도지사에게 제출해야 한다(제31조 제4항).
    * 정비 명령을 받은 건설기계소유자는 지정된 기간 안에 건설기계를 정비한 후 다시 검사신청을 해야 한다(→ 법 개정 전 내용).
  - 건설기계소유자가 정비 명령에 따르지 않으면 건설기계의 등록이 말소되며, 해당 건설기계의 등록번호표를 영치할 수 있다.

- **건설기계 정기검사 기간의 연장 사유** : 건설기계의 소유자는 천재지변, 건설기계의 도난, 사고발생, 압류, 31일 이상에 걸친 정비 등의 사유로 정기검사 등의 신청기간 내에 검사를 신청할 수 없는 경우에는, 신청기간 만료일까지 기간 연장신청서에 연장사유를 증명할 수 있는 서류를 첨부하여 시·도지사에게 제출해야 한다(건설기계관리법 시행규칙 제31조의2).

- **건설기계가 위치한 장소에서 검사를 할 수 있는 경우(건설기계관리법 시행규칙 제32조)**
  - 자체중량이 40톤을 초과하거나 축하중이 10톤을 초과하는 경우
  - 너비가 2.5미터를 초과하는 경우
  - 최고속도가 시간당 35킬로미터 미만인 경우
  - 도서지역에 있는 경우

- **건설기계조종사의 적성검사 기준(건설기계관리법 시행규칙 제76조)**
  - 두 눈을 동시에 뜨고 잰 시력(교정시력을 포함)이 0.7 이상이고, 두 눈의 시력이 각각 0.3이상일 것
  - 55데시벨(보청기를 사용하는 사람은 40데시벨)의 소리를 들을 수 있을 것
  - 언어분별력이 80퍼센트 이상일 것
  - 시각은 150도 이상일 것

2. 면허·벌칙·사업

- **건설기계 조종면허에 관한 사항**
  - 일부 소형건설기계 등은 자동차운전면허로 조종할 수 있다. 소형건설기계 중 3톤 미만의 지게차 등을 조종하고자 하는 자는 자동차운전면허를 소지하여야 한다.
  - 건설기계 조종을 위해서는 법령에서 규정하는 면허를 소지하여야 한다.
  - 건설기계조종사면허의 적성검사의 합격에 관한 판정은 신체검사서(제1종 자동차운전면허증 사본 또는 제1종 운전면허에 요구되는 신체검사서로 갈음할 수 있음)에 의한다.
  - 소형건설기계는 관련법에서 지정한 기관에서 교육을 이수한 후에 소형건설기계조종면허를 취득할 수 있다.

- **건설기계조종사 면허증 발급 신청 시 첨부서류(건설기계관리법 시행규칙 제71조)** : 신체검사서, 소형 건설기계조종교육이수증(소형면허증 발급신청 시), 건설기계조종사면허증, 6개월 이내에 촬영한 탈모 상반신 사진, 국가기술자격증 정보, 자동차운전면허 정보(3톤 미만 지게차를 조종하는 경우)

- **건설기계 조종사 면허증의 반납(건설기계관리법 시행규칙 제80조)** : 다음의 사유가 발생한 날부터 10일 이내에 시장·군수·구청장에게 반납해야 한다.
  - 면허가 취소된 때
  - 면허의 효력이 정지된 때
  - 면허증의 재교부를 받은 후 잃어버린 면허증을 발견한 때

- **적성검사의 실시**
  - 건설기계조종사면허를 받으려는 사람은 「국가기술자격법」에 따른 해당 분야의 기술자격을 취득하고 적성검사에 합격하여야 한다(건설기계관리법 제26조 제3항).
  - 건설기계조종사는 10년마다(65세 이상인 경우는 5년마다) 시장·군수·구청장이 실시하는 정기적성검사를 받아야 한다(건설기계관리법 시행규칙 제81조 제1항).
  - 정기적성검사를 받으려는 사람은 해당 면허를 받은 날의 다음 날부터 기산하여 매 10년(65세 이상인 사람은 5년)이 되는 날이 속하는 해의 1월 1일부터 12월 31일까지 건설기계조종사면허 정기(수시)적성검사 신청서에 다음의 서류를 첨부하여 시장·군수·구청장에게 제출해야 한다(건설기계관리법 시행규칙 제81조 제2항).
    • 건설기계조종사 면허증
    • 신청일 전 6개월 이내에 모자 등을 쓰지 않고 촬영한 천연색 상반신 정면사진 1장
    • 신체검사서
    • 자동차 운전면허증 사본(3톤 미만의 지게차 조종사면허를 받은 사람에 한함)
  - 시장·군수·구청장은 수시적성검사를 받아야 하는 사람에게 수시적성검사를 받아야 한다는 사실을 수시적성검사 기간 20일 전까지 통지해야 하며, 수시적성검사를 받지 않은 사람에게는 다시 수시적성검사 기간을 지정하여 수시적성검사 기간 20일 전까지 통지해야 한다(건설기계관리법 시행규칙 제82조 제1항).

- **건설기계조종사면허의 결격사유(건설기계관리법 제27조)**
  - 18세 미만인 사람
  - 건설기계 조종상의 위험과 장해를 일으킬 수 있는 정신질환자 또는 뇌전증환자로서 국토교통부령으로 정하는 사람
  - 앞을 보지 못하는 사람, 듣지 못하는 사람, 그 밖에 국토교통부령으로 정하는 장애인
  - 건설기계 조종상의 위험과 장해를 일으킬 수 있는 마약·대마·향정신성의약품 또는 알코올중독자로서 국토교통부령으로 정하는 사람
  - 건설기계조종사면허가 취소된 날부터 1년(거짓이나 부정한 방법으로 면허를 받은 경우와 효력정지기간 중 건설기계를 조종한 사유로 취소된 경우에는 2년)이 지나지 아니하였거나 건설기계조종사면허의 효력정지처분 기간 중에 있는 사람

- **1년 이하의 징역 또는 1천만원 이하의 벌금(건설기계관리법 제41조)**
  - 거짓이나 부정한 방법으로 등록을 한 자
  - 등록번호를 지워 없애거나 그 식별을 곤란하게 한 자
  - 구조변경검사 또는 수시검사를 받지 아니한 자
  - 정비명령을 이행하지 아니한 자
  - 사용·운행 중지 명령을 위반하여 사용·운행한 자
  - 사업정지명령을 위반하여 사업정지기간 중에 검사를 한 자

- **건설기계조종사면허 효력정지처분을 받은 후 건설기계를 계속 조종한 자에 대한 벌칙** : 건설기계조종사면허가 취소되거나 효력정지처분을 받은 후에도 건설기계를 계속하여 조종한 자는 1년 이하의 징역 또는 1천만원 이하의 벌금을 처한다(건설기계관리법 제41조 제18호).

- **등록번호를 부착 · 봉인하지 않거나 가리거나 훼손한 자에게 부과되는 과태료(건설기계관리법 제44조)**
  - 건설기계의 등록번호표를 부착 또는 봉인하지 않은 건설기계를 운행한 자에게는 300만원 이하의 과태료를 부과한다.
  - 등록번호표를 부착·봉인하지 않거나 등록번호를 새기지 않은 자에게는 100만원 이하의 과태료를 부과한다.
  - 등록번호표를 가리거나 훼손하여 알아보기 곤란하게 한 자 또는 그러한 건설기계를 운행한 자에게는 100만원 이하의 과태료를 부과한다.

- **건설기계 조종 중 고의로 인명피해를 입힌 경우** : 건설기계관리법령상 건설기계 조종 중 고의로 인명피해(사망·중상·경상)를 입힌 때는 면허 취소처분을 내린다(건설기계관리법 시행규칙 별표22).
- **건설기계조종사 면허취소 · 효력정지 처분권자** : 시장·군수·구청장은 건설기계조종사가 면허취소 또는 효력정지 사유에 해당하는 경우 건설기계조종사면허를 취소하거나 1년 이내의 기간을 정하여 건설기계조종사면허의 효력을 정지시킬 수 있다(건설기계관리법 제28조).
- **건설기계조종사면허의 취소처분기준(건설기계관리법 시행규칙 별표22)**
  - 거짓이나 부정한 방법으로 건설기계조종사면허를 받은 경우
  - 건설기계조종사면허의 효력정지기간 중 건설기계를 조종한 경우
  - 건설기계의 조종 중 고의로 인명피해(사망·중상·경상)를 입힌 경우
  - 건설기계의 조종 중 과실로「산업안전보건법」에 따른 중대재해가 발생한 경우
  - 건설기계조종사면허증을 다른 사람에게 빌려 준 경우
  - 술에 취한 상태에서 건설기계를 조종하다가 사고로 사람을 죽게 하거나 다치게 한 경우
  - 술에 만취한 상태(혈중알콜농도 0.08퍼센트 이상)에서 건설기계를 조종한 경우
  - 정기적성검사를 받지 않고 1년이 지난 경우와 적성검사에서 불합격한 경우

- **건설기계조종사면허의 정지처분기준(건설기계관리법 시행규칙 별표22)**
  - 건설기계의 조종 중 인명피해를 입힌 경우(사망 1명마다) : 면허 정지 45일
  - 건설기계의 조종 중 인명피해를 입힌 경우(중상 1명마다) : 면허 정지 15일

- 건설기계의 조종 중 인명피해를 입힌 경우(경상 1명마다) : 면허 정지 5일
- 건설기계의 조종 중 재산피해를 입힌 경우(50만원마다) : 면허 정지 1일
- 술에 취한 상태(혈중알콜농도 0.03퍼센트 이상 0.08퍼센트 미만)에서 건설기계를 조종한 경우 : 면허 정지 60일

• **건설기계의 구조변경 및 개조범위(건설기계관리법 시행규칙 제42조)** : 원동기 및 전동기의 형식변경, 동력전달장치의 형식변경, 제동장치의 형식변경, 주행장치의 형식변경, 유압장치의 형식변경, 조종장치의 형식변경, 조향장치의 형식변경, 작업장치의 형식변경, 건설기계의 길이·너비·높이 등의 변경, 수상작업용 건설기계의 선체의 형식변경, 타워크레인 설치기초 및 전기장치의 형식변경
  * 건설기계의 기종 변경×, 가공작업을 수반하지 않고 작업장치를 부착할 경우의 형식변경×

• **특별표지판을 부착하는 대형건설기계(건설기계 안전기준에 관한 규칙 제2조 제33호)**
  - 길이가 16.7m를 초과하는 건설기계
  - 너비가 2.5m를 초과하는 건설기계
  - 높이가 4.0m를 초과하는 건설기계
  - 최소회전반경이 12m를 초과 하는 건설기계
  - 총중량이 40t을 초과하는 건설기계
  - 총중량 상태에서 축하중이 10톤을 초과하는 건설기계(굴착기, 로더 및 지게차는 운전중량 상태에서 축하중이 10톤을 초과하는 경우를 말함)

• **건설기계정비업(건설기계관리법 제2조)** : 건설기계를 분해·조립 또는 수리하고 그 부분품을 가공제작·교체하는 등 건설기계를 원활하게 사용하기 위한 모든 행위(경미한 정비행위 등을 제외함)를 업으로 하는 것을 말한다.

• **건설기계정비업의 범위에서 제외되는 행위(건설기계관리법 시행규칙 제1조의3)** : 건설기계정비업의 범위에서 제외되는 경미한 정비행위 등이란 다음의 행위를 말한다.
  - 오일의 보충
  - 에어클리너엘리먼트 및 휠터류의 교환
  - 배터리·전구의 교환
  - 타이어의 점검·정비 및 트랙의 장력 조정
  - 창유리의 교환

• **트럭지게차** : 2012년 법령 개정으로 특수건설기계로 지정되었다. 특수건설기계란 건설기계관리법 시행령 별표1에 따른 건설기계와 유사한 구조·기능을 가진 기계류로서 국토교통부장관이 따로 정하는 것을 말한다.

04 고장 시 응급처치

- 브레이크가 잘 듣지 않는 원인
  - 휠 실린더 오일 누출
  - 라이닝에 오일이 묻었을 때
  - 브레이크 드럼의 간극이 클 때
  - 브레이크 페달 자유 간극이 클 때

- 베이퍼록이 발생하는 원인
  - 긴 내리막길에서 과도하게 브레이크를 사용하는 경우
  - 브레이크 드럼과 라이닝의 끌림에 의하여 가열되는 경우
  - 불량한 오일을 사용하는 경우
  - 마스터 실린더, 브레이크슈 리턴 스프링의 쇠손에 의해 잔압이 저하된 경우

- 페이드 현상
  - 자동차가 빠른 속도로 달릴 때 제동을 걸면 브레이크가 잘 작동하지 않는 현상
  - 방지책은 드럼의 냉각성능을 향상하고 열팽창률이 적은 재질을 사용하며, 마찰계수 변화가 적은 라이닝을 사용하는 방법 등이 있음

- 경음기 음량이 부족한 원인
  - 경음기 스위치의 접촉·접지 불량, 배선 단선·부식 등으로 인해 전력 공급이 원활하지 않은 경우
  - 전선의 저항이나 접점 불량으로 인한 전압 강하
  - 배터리 전압이 낮거나 발전기 출력이 부족할 경우
  - 경음기 내부 자체 고장이나 손상이 발생(코일, 다이어프램의 손상·고장)
  - 외부 소음이 발생하는 경우
    * 엔진 오일 부족✕, 배선 접지✕

- 종감속 장치에서 열이 발생하는 경우 : 윤활유 오염, 윤활유 부족, 접촉상태 불량

- 변속기에서 기어의 마찰음이 발생하는 경우 : 변속기 오일부족, 변속기 베어링 마모, 기어 백래시 과다 등

- 조향 핸들이 불량한 경우
  - 한쪽으로 쏠리는 원인 : 좌우 타이어 공기압 불균일, 휠 얼라인먼트 조정 불량, 브레이크 라이닝 간극 불균일, 한쪽 베어링의 마모 등
  - 조작이 무거운 원인 : 유압계통에 공기 유입, 타이어 압력이 낮음, 오일 부족 및 유압 낮음, 오일펌프 벨트 파손 및 오일호스 파손, 오일펌프 회전속도가 느림 등

– 유격이 크게 되는 원인 : 조향링키지의 접속부분 헐거움 및 볼 이음 마모, 조향기어의 백래시 큼, 조향 너클이 헐거움, 앞바퀴 베어링 마모 등

• **리프트 실린더의 상승력이 부족한 원인** : 유압 펌프의 불량, 오일 필터 막힘, 리프트 실린더 작동유 누출
  * 킹핀과 결합이 헐거움×, 틸트 로크 밸브의 밀착 불량×, 리프트 레버 불량×

05 교통사고 시 대처

• **지게차의 응급견인방법**
  – 견인은 단거리 이동을 위한 비상견인이고 장거리는 수송트럭을 이용한다.
  – 견인되는 지게차는 핸들과 제동장치를 조작할 수 없고 탑승할 수도 없다.
  – 견인하는 지게차는 견인되는 지게차보다 커야 한다.
  – 고장난 지게차를 경사로 아래로 이동할 때에는 구름을 방지하여야 한다.

• **도로교통법령상 도로에서 교통사고로 사람을 사상한 때 운전자의 조치**
  – 운전자 등은 즉시 정차하여 사상자를 구호하는 등 필요한 조치를 하고, 피해자에게 인적 사항을 제공하여야 한다(도로교통법 제54조).
  – 구호조치 후 경찰공무원 또는 가까운 경찰관서에 지체 없이 신고하여야 한다.
  – 긴급자동차, 부상자를 운반 중인 차, 우편물자동차, 노면전차 등 긴급한 경우에는 동승자 등으로 하여금 조치 및 신고를 하게하고 운전을 계속할 수 있다.

• **교통사고 사상자 발생 시 도로교통법령상 운전자가 취하여야 할 구호절차** : '즉시 정차 → 사상자 구호 → 사고신고'의 순서

• **2차 사고예방을 위한 조치**
  – 고속도로에서는 주간에 최소 100m(야간 200m) 전에 안전 삼각대를 설치하고, 야간에 고장 등으로 운행 불가 시 500m 지점에서 식별할 수 있는 적색의 섬광신호·전기제등 또는 불꽃신호를 설치한다.
  – 차량의 화재 등에 대비하여 소화기, 비상용 망치, 사고 표시용 스프레이 등을 구비한다.
  – 사고 상황을 보존하기 위하여 스프레이로 표시하고 휴대폰·카메라 등으로 촬영해 둔다.

Chapter 02 기출문제(2025~2020년)

01 도로교통법령상 편도 2차로 이상의 고속도로에서 건설기계의 최저속도는 얼마인가?

① 30km/h
② 40km/h
③ 50km/h
④ 60km/h

01 편도 2차로 이상 고속도로에서 건설기계의 최저속도는 50km/h, 최고속도는 80km/h이다.

02 도로교통법령상 편도 2차로 이상 고속도로에서 건설기계의 최저속도와 최고속도는 각각 얼마인가?

① 60km/h, 100km/h
② 50km/h, 80km/h
③ 40km/h, 80km/h
④ 30km/h, 60km/h

02 고속도로에서의 자동차 등의 속도
- 편도 1차로 고속도로 : 최고속도는 매시 80킬로미터, 최저속도는 매시 50킬로미터
- 편도 2차로 이상 고속도로
  - 특수자동차·위험물운반자동차 및 건설기계 : 최고속도는 매시 80킬로미터, 최저속도는 매시 50킬로미터
  - 일반 자동차 : 최고속도는 매시 100킬로미터, 최저속도는 매시 50킬로미터

03 도로교통법령상 최고 속도의 100분의 50으로 감속 운행하여야 하는 경우가 아닌 것은?

① 노면이 얼어붙은 경우
② 비가 내려 노면이 젖어 있는 경우
③ 눈이 20mm 이상 쌓인 경우
④ 폭우·폭설·안개등으로 가시거리가 100미터 이내인 경우

03
- 최고속도의 100분의 50을 줄인 속도로 운행하는 경우 : 폭우·폭설·안개 등으로 가시거리가 100미터 이내인 경우, 노면이 얼어붙은 경우, 눈이 20밀리미터 이상 쌓인 경우
- 최고속도의 100분의 20을 줄인 속도로 운행하는 경우 : 비가 내려 노면이 젖어있는 경우, 눈이 20밀리미터 미만 쌓인 경우

04 도로교통법령상 폭우나 폭설로 가시거리가 100미터 이내일 때 건설기계로 도로운행 시 최고속도는 얼마로 감속하여야 하는가?

① 100분의 70을 줄인 속도
② 100분의 50을 줄인 속도
③ 100분의 30을 줄인 속도
④ 100분의 20을 줄인 속도

04 폭우·폭설·안개 등으로 가시거리가 100미터 이내인 경우, 노면이 얼어붙은 경우, 눈이 20밀리미터 이상 쌓인 경우는 최고속도의 100분의 50을 줄인 속도로 운행하여야 한다.

정답 01 ③ 02 ② 03 ② 04 ②

05 도로교통법상 최고 속도의 100분의 20을 줄인 속도로 운행하여야 할 경우는?

① 노면이 얼어붙은 경우
② 눈이 50mm 쌓인 경우
③ 비가 내려 노면이 젖어 있는 경우
④ 폭우로 가시거리가 100미터 이내인 경우

05 비가 내려 노면이 젖어있는 경우와 눈이 20밀리미터 미만 쌓인 경우는 최고속도의 100분의 20을 줄인 속도로 운행하여야 한다.

06 도로교통법상 최고 속도의 100분의 20을 줄인 속도로 운행하여야 할 경우는?

① 눈이 10밀리미터 쌓인 경우
② 안개로 가시거리가 50미터인 경우
③ 폭우·폭설로 가시거리가 100미터 이내인 경우
④ 노면이 얼어붙은 경우

06
- 최고속도의 100분의 20을 줄인 속도로 운행하는 경우 : 비가 내려 노면이 젖어있는 경우, 눈이 20밀리미터 미만 쌓인 경우
- 최고속도의 100분의 50을 줄인 속도로 운행하는 경우 : 폭우·폭설·안개 등으로 가시거리가 100미터 이내인 경우, 노면이 얼어붙은 경우, 눈이 20밀리미터 이상 쌓인 경우

07 도로교통법령상 차로에 따른 통행구분 중 차로의 순위에 대하여 옳은 것은?

① 도로의 좌·우측으로부터 1차로로 한다.
② 도로의 우측선 쪽에 있는 차로부터 1차로로 한다.
③ 일방통행도로는 도로의 우측으로부터 1차로로 한다.
④ 도로의 중앙선 쪽에 있는 차로부터 1차로로 한다.

07 차로의 순위는 도로의 중앙선 쪽에 있는 차로부터 1차로로 한다. 다만, 일방통행도로에서는 도로의 왼쪽부터 1차로로 한다(도로교통법 시행규칙 제16조).

08 도로교통법령상 편도 2차로 고속도로에서 건설기계는 몇 차로로 통행하여야 하는가?

① 1차로 및 2차로
② 1차로
③ 2차로
④ 갓길

08 편도 2차로 고속도로의 1차로는 원칙상 앞지르기를 하려는 모든 자동차가 통행할 수 있고, 2차로는 모든 자동차가 통행할 수 있으므로, 건설기계는 2차로로 통행하여야 한다.
편도 3차로 이상 고속도로에서는, 1차로에 앞지르기를 하려는 승용자동차 및 앞지르기를 하려는 경형·소형·중형 승합자동차, 왼쪽 차로에 승용자동차 및 경형·소형·중형 승합자동차, 오른쪽 차로에 대형 승합자동차·화물자동차·특수자동차·건설기계 등이 통행할 수 있다.

정답 **05** ③ **06** ① **07** ④ **08** ③

09 차마의 운전자가 길가의 건물이나 주차장에서 도로에 들어갈 때의 통행방법으로 가장 적절한 것은?

① 경음기를 울리며 통과한다.
② 일시정지한 후 안전을 확인하면서 서행한다.
③ 보행자가 있는 경우 신속히 통과한다.
④ 수신호와 함께 진행한다.

09 차마의 운전자는 길가의 건물이나 주차장 등에서 도로에 들어갈 때에는 일단 정지한 후에 안전한지 확인하면서 서행하여야 한다(도로교통법 제18조).

10 일시정지를 하지 않고도 철길건널목을 통과할 수 있는 경우는?

① 차단기를 올려져 있을 때
② 경보기가 울리지 않을 때
③ 앞차가 진행하고 있을 때
④ 신호등이 진행신호 표시일 때

10 운전자는 철길 건널목을 통과하려는 경우에는 일시정지하여 안전한지 확인한 후에 통과하여야 한다. 다만, 신호기 등이 표시하는 신호에 따르는 경우에는 정지하지 않고 통과할 수 있다(도로교통법 제24조).

11 도로교통법령상 안전거리 확보의 정의로 가장 적절한 것은?

① 우측 가장자리로 피하여 진로를 양보할 수 있는 거리
② 주행 중 앞차가 급제동 할 수 있는 거리
③ 앞차가 갑자기 정지하게 되는 경우 충돌을 피할 수 있는 필요한 거리
④ 주행 중 급정지하여 진로를 양보할 수 있는 거리

11 모든 차의 운전자는 같은 방향으로 가고 있는 앞차의 뒤를 따르는 경우에는, 앞차가 갑자기 정지하게 되는 경우 그 앞차와의 충돌을 피할 수 있는 필요한 안전거리를 확보하여야 한다.

12 도로교통법령상 교차로에 이미 진입한 이후 황색등화로 바뀌었을 때 운전자의 행동으로 가장 적절한 것은?

① 신속히 교차로 밖으로 빠져나간다.
② 급제동하여 일시 정지한 후 녹색신호를 기다린다.
③ 그 자리에 정지하고 경적을 울려 진입상태임을 표시한다.
④ 급제동한 후 후진한다.

12 도로교통법령상 교차로에 진입하기 전에 황색신호로 바뀌면 자동차는 정지선 앞에 정지해야 하고, 이미 진입하고 있는 경우에는 신속히 교차로를 빠져 나가야 한다. 차량 신호등이 황색등화일 때, 차마는 정지선이 있거나 횡단보도가 있을 때에는 그 직전이나 교차로의 직전에 정지하여야 하며, 이미 교차로에 일부라도 진입한 경우에는 신속히 교차로 밖으로 진행하여야 한다(도로교통법 시행규칙 별표2).

정답 09 ② 10 ④ 11 ③ 12 ①

13 좌회전을 하기 위하여 교차로 내에 진입되어 있을 때 황색등화로 바뀌면 어떻게 하여야 하는가?

① 좌회전을 중단하고 횡단보도 앞 정지선까지 후진하여야 한다.
② 신속히 좌회전하여 교차로 밖으로 진행한다.
③ 일단 정지하여 정지선으로 후진한다.
④ 그 자리에 정지하여야 한다.

13 도로교통법령상 교차로에 진입하기 전에 황색신호로 바뀌면 자동차는 정지선 앞에 정지해야 하고, 이미 진입하고 있는 경우에는 신속히 교차로를 빠져 나가야 한다.

14 다음 ( )에 해당하는 신호기 또는 차량 신호등으로 옳은 것은?

( ) : 차마는 정지선 또는 횡단보도가 있을 때 그 직전이나 교차로 직전에 일시 정지한 후 다른 교통에 주의하면서 진행할 수 있다.

① 황색등화의 점멸
② 적색등화의 점멸
③ 황색의 등화
④ 적색의 등화

14 ② 적색등화의 점멸 : 차마는 정지선이나 횡단보도가 있을 때에는 그 직전이나 교차로의 직전에 일시정지한 후 다른 교통에 주의하면서 진행할 수 있다.
① 황색등화의 점멸 : 차마는 다른 교통 또는 안전표지의 표시에 주의하면서 진행할 수 있다.
③ 황색의 등화 : 차마는 정지선이 있거나 횡단보도가 있을 때에는 그 직전이나 교차로의 직전에 정지하여야 하며, 이미 교차로에 차마의 일부라도 진입한 경우에는 신속히 교차로 밖으로 진행하여야 한다.
④ 적색의 등화 : 차마는 정지선, 횡단보도 및 교차로의 직전에서 정지해야 한다.

15 다음 중 '관공서용 건물번호판'에 해당하는 것은?

①
②
③
④

15 관공서용 건물번호판은 ①이다. ②는 문화재·관광용이며, ③·④는 일반용 건물번호판이다.

16 도로에 설치되어 있는 '도로명판'이 아닌 것은?

①
②
③
④

16 ①은 건축물의 주된 용도에 따른 건물번호판의 종류(일반용)로, 도로에 설치된 도로명판에 해당하지 않는다. '평촌길'은 도로명이며, '30'은 건물번호이다. ②는 시작지점을 나타내는 도로명판이며, ③은 끝지점, ④는 교차지점을 나타내는 도로명판이다.

17 다음 그림과 같은 '도로명판'에 대한 설명으로 틀린 것은?

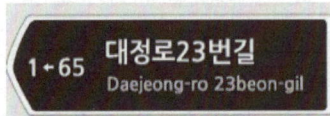

① '대정로23번길'의 도로구간이 끝나는 위치에 설치된 도로명판이다.
② '대정로23번길'의 시작 지점 인근에 설치되어 있다.
③ '대정로23번길'의 도로구간의 총 길이는 약 650m이다.
④ '대정로23번길'이란 '대정로'의 시작지점에서부터 약 230m 지점의 왼쪽방향으로 분기된 도로이다.

17 ② 현 위치는 '대정로23번길'의 끝 지점 인근에 설치되어 있다.
① 도로의 끝 지점(←65)에 설치된 도로명판
③ 도로구간의 총 길이는 650m(65×10m)(1←65)
④ 대정로 시작지점에서부터 약 230m 지점의 왼쪽으로 분기된 도로(대정로23번길)

18 다음 그림의 '도로명판'에 대한 설명으로 틀린 것은?

① 진행방향으로 약 2500m를 직진하면 '사임당로'라는 도로로 진입할 수 있다.
② 도로명판이 설치된 위치는 '사임당로' 시작지점으로부터 약 920m 지점이다.
③ '사임당로'의 전체 도로구간 길이는 약 2500m이다.
④ 앞쪽(진행) 방향을 나타내는 도로명판이다.

18 앞쪽 진행방향을 나타내는 도로명판으로, 도로명판이 설치된 위치는 '사임당로'의 시작지점으로부터 약 920m(92×10m) 지점이다. '사임당로'의 전체 도로구간 길이는 약 2500m이고, 남은 거리는 약 1.5km((250-92)×10m)이다.

19 그림과 같은 '도로명판'에 대한 설명으로 틀린 것은?

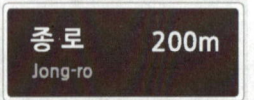

① '예고용' 도로명판이다.
② '종로'는 현 위치에서 앞쪽 진행방향으로 약 200m 지점에서 진입할 수 있는 도로이다.
③ '종로'는 왕복 2차로 이상, 8차로 미만의 도로이다.
④ '종로'의 전체 도로구간 길이는 200m이다.

19 제시된 그림은 예고용 도로명판으로, '200m'는 현재 위치에서 전방 200m에 예고한 도로(종로)가 있음을 나타내는 것이지, '종로'의 전체 도로구간 길이가 200m임을 의미하지는 않는다.

20 다음과 같은 '3방향 도로명표지'에 대한 설명으로 틀린 것은? (단, 차량이 남쪽에서부터 북쪽 방향으로 진행 중이다.)

① 차량을 좌회전하는 경우 '충정로' 도로구간의 시작지점에 진입할 수 있다.
② 차량을 우회전하는 경우 '새문안길' 도로구간의 시작지점에 진입할 수 있다.
③ 연신내역 방향으로 가려는 경우 차량을 직진해야 한다.
④ 차량을 우회전하는 경우 '새문안길'로 진입할 수 있다.

20 도로구간의 시작지점과 끝지점은 남쪽에서 북쪽으로, 서쪽에서 동쪽으로 설정한다. 따라서 좌회전하는 경우 '충정로' 도로구간의 '끝지점'에 진입할 수 있다.

21 차량이 남쪽에서부터 북쪽 방향으로 진행 중일 때, 다음 그림의 '3방향 도로명표지'에 대한 설명으로 틀린 것은?

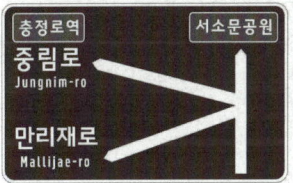

① '만리재로'로 좌회전하면 '충정로역' 방향으로 갈 수 있다.
② 좌회전하는 경우 '중림로' 또는 '만리재로' 도로구간의 끝지점과 만날 수 있다.
③ 좌회전하는 경우 '중림로' 또는 '만리재로'에 진입할 수 있다.
④ 직진하는 경우 '서소문공원' 방향으로 갈 수 있다.

21 차량을 '중림로'로 좌회전하면 '충정로역' 방향으로 갈 수 있다. 도로구간의 시작지점과 끝지점은 남쪽에서 북쪽으로, 서쪽에서 동쪽으로 설정한다. 따라서 좌회전하는 경우 '중림로' 또는 '만리재로' 도로구간의 끝지점과 만날 수 있으며, 직진하는 경우 '서소문공원' 방향으로 갈 수 있다.

22 도로교통법상 교통안전시설이 표시하는 신호와 경찰공무원의 수신호가 서로 다른 경우의 통행방법으로 옳은 것은?

① 운전자 본인이 판단하여 위험이 없다고 생각되면 아무 신호에 따라도 된다.
② 수신호는 보조 신호에 불과하므로 따르지 않아도 좋다.
③ 신호기 신호를 우선적으로 따른다.
④ 경찰공무원의 수신호에 따른다.

22 도로를 통행하는 보행자, 차마 또는 노면전차의 운전자는 교통안전시설이 표시하는 신호 또는 지시와 교통정리를 하는 경찰공무원 또는 경찰보조자의 신호 또는 지시가 서로 다른 경우에는 경찰공무원등의 신호 또는 지시에 따라야 한다(도로교통법 제5조 제2항).

23 도로교통법령상 교차로 통행방법에 대한 설명으로 가장 적절한 것은?

① 우회전 차는 차로에 관계없이 우회전 할 수 있다.
② 교차로 중심 바깥쪽으로 좌회전 한다.
③ 좌·우 회전 시 반드시 경음기를 사용하여 주위에 주의 신호를 한다.
④ 좌회전 차는 미리 도로의 중앙선을 따라 서행으로 진행한다.

24 도로교통법령상 교차로 통행방법이나 보행자의 보호와 관련된 설명으로 옳지 않은 것은?

① 교통정리를 하고 있지 않고 일시정지나 양보를 표시하는 안전표지가 설치되어 있는 교차로에 들어가려고 할 때에는 다른 차의 진행을 방해하지 않도록 일시정지하거나 양보하여야 한다.
② 교차로에서 좌회전할 때에는 교차로의 중심 바깥쪽만을 이용하며, 교차로 안에서는 차선이 없으므로 진행방향을 임의로 바꿀 수 있다.
③ 교차로에서 좌회전할 때에는 미리 도로의 중앙선을 따라 서행한다.
④ 교통정리를 하고 있는 교차로에서 좌회전이나 우회전을 하려는 경우에는 신호기 또는 경찰공무원 등의 신호나 지시에 따라 도로를 횡단하는 보행자의 통행을 방해하여서는 안 된다.

25 교통정리를 하고 있지 않고 일시정지나 양보를 표시하는 안전표지가 설치되어 있는 교차로 진입 시의 운전방법으로 옳은 것은?

① 수신호를 한다.
② 일시정지하거나 양보한다.
③ 차폭등을 켠다.
④ 경음기를 울린다.

23 교차로에서 좌회전을 하려는 경우에는 미리 도로의 중앙선을 따라 서행하면서 교차로의 중심 안쪽을 이용하여 좌회전하여야 한다. 교차로에서 우회전을 하려는 경우에는 미리 도로의 우측 가장자리를 서행하면서 우회전하여야 한다.

24 ②·③ 교차로에서 좌회전을 하려는 경우, 미리 도로의 중앙선을 따라 서행하면서 교차로의 중심 안쪽을 이용하여 좌회전하여야 한다.
① 교통정리를 하고 있지 않고 일시정지나 양보를 표시하는 안전표지가 설치되어 있는 교차로 진입 시는 다른 차의 진행을 방해하지 않도록 일시정지하거나 양보하여야 한다.
④ 모든 차 또는 노면전차의 운전자는 교통정리를 하고 있는 교차로에서 좌회전이나 우회전을 하려는 경우에는 신호기 또는 경찰공무원등의 신호나 지시에 따라 도로를 횡단하는 보행자의 통행을 방해하여서는 안 된다.

25 교통정리를 하고 있지 않고 일시정지나 양보를 표시하는 안전표지가 설치되어 있는 교차로 진입 시의 운전방법은, 다른 차의 진행을 방해하지 않도록 일시정지하거나 양보하여야 한다.

정답 **23** ④ **24** ② **25** ②

26 도로교통법령상 운전자가 반드시 서행하여야 할 장소로 옳은 것은?

① 고속도로 및 자동차 전용도로
② 다리 위
③ 도로의 직선 부근
④ 비탈길의 고갯마루 부근

26 모든 차의 운전자가 서행하여야 하는 장소(도로교통법 제31조)
- 교통정리를 하고 있지 않는 교차로
- 도로가 구부러진 부근
- 비탈길의 고갯마루 부근, 가파른 비탈길의 내리막
- 시·도경찰청장이 도로에서의 위험을 방지하고 교통의 안전과 원활한 소통을 확보하기 위하여 안전표지로 지정한 곳

27 도로에서는 차로별 통행방법에 따라 통행하여야 한다. 다음 중 위반이 아닌 경우는?

① 두 개의 차로를 걸쳐서 운행하는 행위
② 왕복 4차선 도로에서 중앙선을 넘어 추월하는 행위
③ 여러 차로를 연속적으로 가로 지르는 행위
④ 일방통행도로에서 중앙이나 좌측부분을 통행하는 행위

27 도로가 일방통행인 경우나 도로의 파손 등으로 도로의 우측부분을 통행할 수 없는 경우는 도로의 중앙이나 좌측부분으로 통행할 수 있다.
두 개의 차로를 걸쳐서 운행하는 행위, 갑자기 차로를 바꾸어 옆 차로로 끼어드는 행위, 여러 차로를 연속적으로 가로지르는 행위, 진로 변경이 금지된 곳에서 진로를 변경하는 행위 등은 진로변경 위반에 해당한다. 왕복 4차선 도로에서 중앙선을 넘어 추월하는 행위는 중앙선 침범에 해당한다.

28 다음 중 교차로에서 금지되는 행위는?

① 좌·우회전
② 경음기 사용
③ 앞지르기
④ 비상등 점멸

28
- 앞지르기 금지장소(도로교통법 제22조) : 교차로, 터널 안, 다리 위, 도로의 구부러진 곳, 비탈길의 고갯마루 부근, 가파른 비탈길의 내리막, 안전표지로 지정한 곳
- 정차·주차 금지장소(도로교통법 제32조) : 교차로, 횡단보도, 건널목, 보도와 차도가 구분된 도로의 보도(노상주차장은 제외)

29 도로주행 건설기계의 주·정차 방법에 대한 설명으로 틀린 것은?

① 도로에서 정차할 때에는 차도의 우측 가장자리에 정차하여야 한다.
② 차도와 보도의 구분이 없는 도로에서 정차할 때에는 도로 우측 가장자리에 최대한 붙여서 정차해야 한다.
③ 주·정차 시에는 다른 교통에 방해가 되지 않도록 하여야 한다.
④ 도로에서 주차를 하는 때에는 지방경찰청장이 정하는 주차의 장소·시간 및 방법에 따라야 한다.

29 정차 또는 주차의 방법(도로교통법 시행령 제11조)
- 모든 차의 운전자는 도로에서 정차할 때에는 차도의 오른쪽 가장자리에 정차할 것. 다만, 차도와 보도의 구별이 없는 도로의 경우에는 도로의 오른쪽 가장자리로부터 중앙으로 50센티미터 이상의 거리를 두어야 한다.
- 도로에서 주차할 때에는 시·도경찰청장이 정하는 주차의 장소·시간 및 방법에 따라야 한다.
- 정차하거나 주차할 때에는 다른 교통에 방해가 되지 아니하도록 하여야 한다.

정답 26 ④ 27 ④ 28 ③ 29 ②

30 도로교통법령상 교차로에서 우회전하는 방법으로 가장 적절한 것은?

① 신호나 지시에 따라 도로를 횡단하는 보행자의 통행을 방해하여서는 안 된다.
② 우회전은 신호가 필요 없으며, 언제 어느 곳에서나 할 수 있다.
③ 우회전 시 보행자를 피하기 위해 가속하여 진행한다.
④ 정지하지 않고 신호를 행하면서 빠르게 우회전한다.

30 좌회전이나 우회전 시 보행자의 보호(도로교통법 제27조)
- 모든 차 또는 노면전차의 운전자는 교통정리를 하고 있는 교차로에서 좌회전이나 우회전을 하려는 경우에는 신호기 또는 경찰공무원의 신호나 지시에 따라 도로를 횡단하는 보행자의 통행을 방해하여서는 안 된다.
- 모든 차의 운전자는 교통정리를 하고 있지 않은 교차로 또는 그 부근의 도로를 횡단하는 보행자의 통행을 방해하여서는 안 된다.

31 도로교통법령상 정차 및 주차금지 장소에 해당하는 것은?

① 교차로 가장자리로부터 7미터 지점
② 버스정류장 표지판으로부터 15미터 지점
③ 도로의 모퉁이로부터 5미터 지점
④ 건널목 가장자리로부터 12미터 지점

31 정차 및 주차금지 장소(도로교통법 제32조)
- 교차로·횡단보도·건널목이나 보도와 차도가 구분된 도로의 보도
- 교차로의 가장자리나 도로의 모퉁이로부터 5미터 이내인 곳
- 안전지대 사방으로부터 10미터 이내인 곳
- 버스여객자동차 정류지임을 표시하는 기둥이나 표지판으로부터 10미터 이내인 곳
- 건널목의 가장자리 또는 횡단보도로부터 10미터 이내인 곳
- 소방용수시설 또는 비상소화장치가 설치된 곳으로부터 5미터 이내인 곳

32 도로교통법령상 주차·정차가 금지되어 있는 장소에 해당하지 않는 것은?

① 교차로
② 횡단보도
③ 경사로의 정상부근
④ 건널목

32 정차 및 주차금지 장소는 교차로, 횡단보도, 건널목, 보도와 차도가 구분된 도로의 보도(도로교통법 제32조) 등이다.

33 도로교통법상 교차로 가장자리나 도로의 모퉁이로부터 몇 m 이내의 곳에 정차하거나 주차하여서는 안 되는가?

① 5m ② 8m
③ 10m ④ 12m

33 교차로의 가장자리나 도로의 모퉁이로부터 5미터 이내인 곳이 정차 및 주차금지 장소이다.

정답 30 ① 31 ③ 32 ③ 33 ①

34 정차 및 주차금지 장소는 건널목의 가장자리로부터 몇 미터 이내인 곳인가?

① 5m
② 10m
③ 20m
④ 50m

34 건널목의 가장자리 또는 횡단보도로부터 10미터 이내인 곳은 정차 및 주차금지 장소에 해당한다(도로교통법 제32조).

35 도로교통법령상 주차금지 장소가 아닌 곳은?

① 교차로의 가장자리나 도로의 모퉁이로부터 5m 이내
② 소방용수시설 또는 비상소화장치가 설치된 곳으로부터 10m 이내
③ 터널 안 및 다리 위
④ 횡단보도로부터 10미터 이내

35 주차금지 장소(도로교통법 제32조·제33조)
- 교자로·횡단보도·건널목이나 보도와 차도가 구분된 도로의 보도
- 교차로의 가장자리나 도로의 모퉁이로부터 5미터 이내인 곳
- 버스여객자동차의 정류지임을 표시하는 기둥이나 표지판 등으로부터 10미터 이내인 곳
- 건널목의 가장자리 또는 횡단보도로부터 10미터 이내인 곳
- 소방용수시설 또는 비상소화장치가 설치된 곳으로부터 5미터 이내인 곳
- 시장 등이 지정한 어린이 보호구역
- 터널 안 및 다리 위

36 도로교통법상 주차금지 장소로 틀린 것은?

① 화재경보기로부터 5미터 이내인 곳
② 교차로의 가장자리로부터 5미터 이내인 곳
③ 소방용수시설이 설치된 곳으로부터 5미터 이내인 곳
④ 터널 안 및 다리 위

36 화재경보기 인근은 주차금지 장소에 해당되지 않는다.

37 건설기계관리법에서 정의한 '건설기계형식'에 대한 설명으로 가장 적절한 것은?

① 구조·규격·성능 등에 관하여 일정하게 정한 것을 말한다.
② 엔진의 구조 및 기능을 말한다.
③ 높이와 너비, 길이를 말한다.
④ 유압의 성능 및 용량을 말한다.

37 '건설기계형식'이란 건설기계의 구조·규격 및 성능 등에 관하여 일정하게 정한 것을 말한다(건설기계관리법 제2조).

정답 34 ② 35 ② 36 ① 37 ①

38 건설기계관리법령상 건설기계소유자가 건설기계를 등록하려면 건설기계등록신청서를 누구에게 제출하여야 하는가?

① 국토교통부장관
② 소유자 주소지의 검사대행자
③ 소유자 주소지의 시·도지사
④ 소유자 주소지의 경찰서장

38 건설기계의 등록신청 : 건설기계의 소유자가 건설기계 등록을 할 때에는 시·도지사에게 건설기계 등록신청을 하여야 한다(건설기계관리법 제3조). 건설기계를 등록하려는 건설기계의 소유자는 건설기계등록신청서에 관련 서류를 첨부하여 소유자의 주소지 또는 건설기계의 사용본거지를 관할하는 시·도지사에게 제출하여야 한다(건설기계관리법 시행령 제3조).

39 건설기계 소유자는 건설기계등록사항에 변경이 있는 때에는 변경이 있은 날부터 며칠 이내에 변경신고를 하여야 하는가? (다만, 국가비상사태의 경우는 제외함)

① 10일 이내   ③ 15일 이내
② 20일 이내   ④ 30일 이내

39 건설기계의 소유자는 건설기계등록사항에 변경이 있는 때에는 그 변경이 있은 날부터 30일 이내에 건설기계등록사항변경신고서에 필요한 서류를 첨부하여 등록을 한 시·도지사에게 제출하여야 한다. 다만, 전시·사변 기타 이에 준하는 국가비상사태하에 있어서는 5일 이내에 하여야 한다(건설기계관리법 시행령 제5조).

40 건설기계관리법령상 건설기계의 등록말소 사유로 적절하지 않은 것은?

① 거짓이나 부정한 방법으로 등록을 한 경우
② 건설기계의 차대(車臺)가 등록 시의 차대와 다른 경우
③ 건설기계안전기준에 적합하지 않게 된 경우
④ 건설기계조종사 면허가 취소된 때

40 시·도지사의 건설기계 등록말소 사유(건설기계관리법 제6조 제1항)
· 거짓이나 부정한 방법으로 등록을 한 경우
· 건설기계가 천재지변 등으로 사용할 수 없게 되거나 멸실된 경우
· 건설기계의 차대가 등록 시의 차대와 다른 경우
· 건설기계가 건설기계안전기준에 적합하지 않게 된 경우
· 정기검사·수시검사·정비 명령에 따르지 않은 경우
· 건설기계를 수출하는 경우
· 건설기계를 도난당한 경우, 건설기계를 폐기한 경우
· 건설기계를 교육·연구 목적으로 사용하는 경우

41 소유자의 신청이나 시·도지사의 직권으로 건설기계의 등록을 말소할 수 있는 사유로 틀린 것은?

① 건설기계를 장기간 운행하지 않는 경우
② 건설기계를 수출하는 경우
③ 건설기계를 폐기한 경우
④ 건설기계를 교육·연구 목적으로 사용하는 경우

41 건설기계를 장기간 운행하지 않은 경우는 등록말소 사유가 아니다. 건설기계를 수출하는 경우, 건설기계를 도난당한 경우, 건설기계를 폐기한 경우, 건설기계를 교육·연구 목적으로 사용하는 경우는 시·도지사의 등록말소 사유에 해당한다.

정답 38 ③ 39 ④ 40 ④ 41 ①

42 건설기계의 등록 말소 사유로 적절하지 않은 것은?
① 건설기계를 교육·연구목적으로 사용하는 경우
② 건설기계를 정기검사한 경우
③ 건설기계를 도난당한 경우
④ 건설기계의 차대가 등록 시의 차대와 다른 경우

42 건설기계관리법상 건설기계를 정기검사한 경우는 건설기계 등록 말소 사유에 해당하지 않는다.

43 건설기계 등록말소 사유에 해당되지 않는 것은?
① 건설기계의 차대가 등록 시의 차대와 다른 경우
② 건설기계가 멸실될 경우
③ 건설기계를 교육·연구 목적으로 사용하는 경우
④ 정비를 목적으로 해체된 경우

43 정비를 목적으로 해체된 경우는 건설기계 등록말소 사유에 해당하지 않는다.

44 건설기계관리법상 건설기계의 등록말소 사유로 가장 적절한 것은?
① 건설기계의 용도를 변경한 경우
② 건설기계의 구조변경이나 정비를 목적으로 해체하는 경우
③ 건설기계를 교육·연구목적으로 사용하는 경우
④ 건설기계의 정기 검사한 경우

44 건설기계를 교육·연구 목적으로 사용하는 경우는 등록말소 사유에 해당한다. 건설기계의 용도를 변경한 경우와 구조변경이나 정비를 목적으로 해체된 경우, 건설기계를 정기 검사한 경우 등은 등록말소 사유가 아니다.

45 건설기계 소유자는 건설기계를 도난당한 날로부터 얼마 이내의 기간 내에 등록말소를 신청해야 하는가?
① 1개월 이내
② 2개월 이내
③ 3개월 이내
④ 6개월 이내

45 건설기계의 등록말소 신청 기한(건설기계관리법 제6조 제2항)
• 건설기계가 천재지변 또는 사고 등으로 사용할 수 없게 되거나 멸실된 경우, 폐기한 경우, 교육·연구 목적으로 사용하는 경우 : 사유가 발생한 날부터 30일 이내
• 건설기계를 도난당한 경우 : 사유가 발생한 날부터 2개월 이내
• 건설기계를 수출하는 경우 : 수출하는 자가 수출 전까지 등록 말소를 신청하여야 함

정답 42 ② 43 ④ 44 ③ 45 ②

46 건설기계관리법령상 건설기계의 등록 전 임시운행 사유로 틀린 것은?

① 등록신청을 하기 위하여 건설기계를 등록지로 운행하는 경우
② 수출을 하기 위하여 건설기계를 선적지로 운행하는 경우
③ 신개발 건설기계를 시험·연구목적으로 운행하는 경우
④ 장비 구입 전 이상유무 확인을 위해 하루 동안 운행하는 경우

46 등록 전(미등록 건설기계의) 임시운행할 수 있는 경우 (건설기계관리법 시행규칙 제6조)
- 등록신청을 하기 위하여 건설기계를 등록지로 운행하는 경우
- 신규등록검사 및 확인검사를 받기 위하여 건설기계를 검사장소로 운행하는 경우
- 수출을 하기 위하여 건설기계를 선적지로 운행하는 경우
- 수출을 하기 위하여 등록말소한 건설기계를 점검·정비의 목적으로 운행하는 경우
- 신개발 건설기계를 시험·연구의 목적으로 운행하는 경우

47 건설기계관리법령상 미등록 건설기계의 임시운행 사유로 적절하지 않은 것은?

① 등록신청을 하기 위하여 건설기계를 등록지로 운행하는 경우
② 간단한 작업을 위하여 건설기계를 일시적으로 운행하는 경우
③ 신규등록검사 및 확인검사를 받기 위하여 건설기계를 검사장소로 운행하는 경우
④ 신개발 건설기계를 시험, 연구목적으로 운행하는 경우

47 ②는 등록 전(미등록) 건설기계의 임시운행 사유에 해당하지 않는다.

48 건설기계 등록신청을 하기 위하여 일시적으로 등록지로 운행하는 경우 임시운행기간은?

① 3개월 이내
② 1개월 이내
③ 15일 이내
④ 10일 이내

48 미등록 건설기계의 임시운행기간 : 건설기계 등록신청을 하기 위하여 일시적으로 등록지로 운행하는 경우 등의 임시운행기간은 15일 이내로 한다.

49 신개발 건설기계의 시험·연구 목적의 운행을 제외한 미등록 건설기계의 임시운행기간은 며칠 이내인가?

① 20일
② 15일
③ 10일
④ 5일

49 미등록 건설기계의 임시운행기간 : 건설기계 등록신청을 하기 위하여 일시적으로 등록지로 운행하는 경우 등의 임시운행기간은 15일 이내로 한다. 다만, 신개발 건설기계를 시험·연구의 목적으로 운행하는 경우에는 3년 이내로 한다.

정답 46 ④ 47 ② 48 ③ 49 ②

50 건설기계등록번호표에 대한 설명으로 틀린 것은?

① 색상 : 비사업용(자가용)일 경우 흰색 바탕에 검은색 문자를 쓴다.
② 규격 : 두께는 정해져 있고 가로·세로는 임의로 지정할 수 있다.
③ 문자 및 외곽선 : 모든 문자 및 외곽선은 1.5mm 튀어나와야 한다.
④ 재질 : 알루미늄 제판이 사용된다.

50 규격은 가로, 세로, 두께가 지정되어 있다.
건설기계등록번호표의 규격·재질 및 표시방법(건설기계관리법 시행규칙 별표2)
• 규격 : 가로520㎜ × 세로110㎜ × 두께1㎜
• 재질 : 알루미늄 제판
• 색상 : 비사업용(관용·자가용)은 흰색 바탕에 검은색 문자, 대여사업용(영업용)은 주황색 바탕에 검은색 문자
• 문자 및 외곽선 : 등록번호표에 표시되는 모든 문자 및 외곽선은 1.5㎜ 튀어나와야 한다.

51 건설기계관리법령상 비사업용(자가용) 건설기계 등록번호표의 색상 기준으로 옳은 것은?

① 흰색 바탕에 검은색 문자
② 주황색 바탕에 녹색 문자
③ 청색 바탕에 녹색 문자
④ 적색 바탕에 흰색 문자

51 건설기계 등록번호표의 색상 기준
• 비영업용(자가용) 건설기계 : 흰색 바탕에 검은색 문자
• 비영업용(관용) 건설기계 : 흰색 바탕에 검은색 문자
• 영업용(대여사업용) 건설기계 : 주황색 바탕에 검은색 문자

52 건설기계 등록번호표의 번호표 색상이 흰색 바탕에 검은색 문자인 것은?

① 영업용
② 자가용·관용
③ 단기 대여사업용
④ 장기 대여사업용

52 건설기계 등록번호표의 색상 기준
• 비영업용(자가용) 건설기계 : 흰색 바탕에 검은색 문자
• 비영업용(관용) 건설기계 : 흰색 바탕에 검은색 문자
• 영업용(대여사업용) 건설기계 : 주황색 바탕에 검은색 문자

53 건설기계 등록번호표의 색상 기준으로 틀린 것은?

① 수입용 – 적색 판에 흰색 문자
② 자가용 – 녹색 판에 흰색 문자
③ 관용 – 흰색 판에 검은색 문자
④ 영업용 – 주황색 판에 흰색 문자

53 *법 개정(2022년 11월 26일) 전 색상 기준
• 자가용 건설기계 – 녹색 바탕에 흰색 문자
• 관용 건설기계 – 흰색 바탕에 검은색 문자
• 영업용 건설기계 – 주황색 바탕에 흰색 문자

정답 50 ② 51 ① 52 ② 53 ①

54 건설기계관리법령상 건설기계의 등록이 말소된 경우에는 등록번호표를 (　) 이내에 시·도지사에게 반납하여야 하는가?

① 30일　　② 20일
③ 15일　　④ 10일

54 등록번호표의 반납(건설기계관리법 제9조) : 등록된 건설기계의 소유자는 다음의 어느 하나에 해당하는 경우에는 10일 이내에 등록번호표를 시·도지사에게 반납하여야 한다.
- 건설기계의 등록이 말소된 경우
- 건설기계의 등록사항 중 건설기계의 소유자의 주소지 또는 사용본거지의 변경 및 등록번호가 변경된 경우
- 등록번호표의 부착 및 봉인을 신청하는 경우

55 건설기계관리법상 검사의 종류에 해당하지 않는 것은?

① 신규 등록검사
② 구조변경검사
③ 수시검사
④ 기준검사

55 건설기계의 검사(건설기계관리법 제13조) : 신규 등록검사, 정기검사, 구조변경검사, 수시검사

56 건설기계관리법에서 건설기계 대상으로 실시하는 검사에 해당하지 않는 것은?

① 예비검사
② 수시검사
③ 구조변경검사
④ 신규등록검사

56 건설기계검사의 종류(건설기계관리법 제13조) : 신규등록검사, 정기검사, 구조변경검사, 수시검사

57 건설기계관리법령상 건설기계로서 검사유효기간이 끝난 후 계속 운행하고자 할 때 받아야 하는 검사는?

① 신규등록검사
② 정기검사
③ 계속검사
④ 수시검사

57 건설기계의 검사(건설기계관리법 제13조)
- 신규 등록검사 : 건설기계를 신규로 등록할 때 실시하는 검사
- 정기검사 : 건설공사용 건설기계로서 검사유효기간이 끝난 후 계속 운행하려는 경우에 실시하는 검사와 「대기환경보전법」 및 「소음·진동관리법」에 따른 운행차의 정기검사
- 구조변경검사 : 건설기계의 주요 구조를 변경하거나 개조한 경우 실시하는 검사
- 수시검사 : 성능이 불량하거나 사고가 자주 발생하는 건설기계의 안전성 등을 점검하기 위하여 수시로 실시하는 검사와 건설기계 소유자의 신청을 받아 실시하는 검사

정답　54 ④　55 ④　56 ①　57 ②

58 건설기계관리법령상 건설기계를 신규로 등록할 때 실시하는 검사는?

① 구조변경검사 ② 신규검사
③ 예비검사 ④ 정기검사

58 신규등록검사(신규검사)는 건설기계를 신규로 등록할 때 실시하는 검사이다.

59 건설기계관리법령상 성능이 불량하거나 사고가 자주 발생하는 건설기계의 안전성 등을 점검하기 위하여 실시하는 검사는?

① 수시검사 ② 예비검사
③ 정기검사 ④ 구조변경검사

59 수시검사 : 성능이 불량하거나 사고가 자주 발생하는 건설기계의 안전성 등을 점검하기 위하여 수시로 실시하는 검사와 건설기계 소유자의 신청을 받아 실시하는 검사(건설기계관리법 제13조)

60 건설기계관리법령상 건설기계 소유자의 신청을 받아 실시하는 검사는?

① 구조변경검사 ② 신규검사
③ 수시검사 ④ 예비검사

60 수시검사는 성능이 불량하거나 사고가 자주 발생하는 건설기계의 안전성 등을 점검하기 위하여 수시로 실시하는 검사와 건설기계 소유자의 신청을 받아 실시하는 검사이다.

61 건설기계의 수시검사 대상이 아닌 것은?

① 성능이 불량한 건설기계
② 구조를 변경하거나 개조한 건설기계
③ 사고가 자주 발생하는 건설기계
④ 소유자가 검사를 신청한 건설기계

61
- 구조변경검사 : 건설기계의 주요 구조를 변경하거나 개조한 경우 실시하는 검사
- 수시검사 : 성능이 불량하거나 사고가 자주 발생하는 건설기계의 안전성 등을 점검하기 위하여 수시로 실시하는 검사와 건설기계 소유자의 신청을 받아 실시하는 검사

정답 58 ② 59 ① 60 ③ 61 ②

62 건설기계 검사대행자로 지정받은 자의 지정을 취소하거나 사업 정지를 명할 수 있는 경우가 아닌 것은?

① 거짓이나 부정한 방법으로 건설기계를 검사한 경우
② 건설기계 검사의 충실성과 적정성이 다소 부족한 경우
③ 사업정지기간 중에 검사를 한 경우
④ 경영 부실 등의 사유로 업무 이행에 적합하지 않은 경우

62 건설기계 검사대행자의 지정을 취소하거나 사업 정지를 명할 수 있는 경우(건설기계관리법 제14조)
- 거짓이나 부정한 방법으로 지정을 받은 경우
- 기준에 적합하지 않게 된 경우
- 검사대행자 또는 그 소속 기술인력이 준수사항을 위반한 경우
- 경영 부실 등의 사유로 업무를 계속하게 하는 것이 적합하지 않다고 인정될 경우
- 사업정지명령을 위반하여 사업정지기간 중에 검사를 한 경우

63 정기검사 신청을 받은 검사대행자는 신청을 받은 날로부터 며칠 이내에 신청인에게 검사일시와 장소를 지정하여 통지하여야 하는가?

① 15일　　② 10일
③ 7일　　　④ 5일

63 검사신청(타워크레인의 경우 검사업무의 배정을 말함)을 받은 시·도지사 또는 검사대행자는 신청을 받은 날(타워크레인의 경우 검사업무를 배정받은 날)부터 5일 이내에 검사일시와 검사장소를 지정하여 신청인에게 통지해야 한다(건설기계관리법 시행규칙 제23조 제4항).

64 시·도지사는 검사에 불합격된 건설기계에 대해 검사를 완료한 날부터 며칠 이내에 건설기계 소유자에게 정비명령을 해야 하는가?

① 7일　　　② 10일
③ 15일　　④ 30일

64 시·도지사는 검사에 불합격된 건설기계에 대해서는 31일 이내의 기간을 정하여 해당 건설기계의 소유자에게 검사를 완료한 날부터 10일 이내에 정비명령을 해야 한다(건설기계관리법 시행규칙 제31조).

65 건설기계의 수시검사명령서를 통지하는 자는?

① 시·도지사
② 장관
③ 검사대행자
④ 경찰서장

65 시·도지사는 수시검사를 명령하려는 때에는 수시검사 명령의 이행을 위한 검사의 신청기간을 31일 이내로 정하여 건설기계소유자에게 수시검사명령서를 서면으로 통지해야 한다(건설기계관리법 시행규칙 제30조의2).

정답　62 ②　63 ④　64 ②　65 ①

66 건설기계관리법령상 정기검사에서 불합격한 건설기계의 정비명령에 관한 설명으로 틀린 것은?

① 정비명령을 받은 건설기계소유자는 지정된 기간 내에 정비를 하여야 한다.
② 정비명령을 따르지 않으면 해당 건설기계의 등록번호표가 영치될 수 있다.
③ 정비를 마친 건설기계는 다시 검사를 받을 필요 없이 운행이 가능하다.
④ 불합격한 건설기계에 대해서 검사를 완료한 날부터 10일 이내에 정비명령을 하여야 한다.

66 ③ 정비 명령을 받은 건설기계의 소유자는 지정된 기간 안에 건설기계를 정비한 후 정기검사신청서와 정비명령서를 시·도지사에게 제출해야 한다(건설기계관리법 시행규칙 제31조 제4항). *정비 명령을 받은 건설기계소유자는 지정된 기간 안에 건설기계를 정비한 후 다시 검사신청을 해야 한다(법 개정 전 내용).
① 정비 명령을 받은 건설기계의 소유자는 지정된 기간 안에 건설기계를 정비한 후 정비명령서를 시·도지사에게 제출해야 한다.
② 정비 명령에 따르지 않으면 건설기계의 등록이 말소되며, 해당 건설기계의 등록번호표를 영치할 수 있다.
④ 시·도지사는 검사에 불합격된 건설기계에 대해서는 소유자에게 검사를 완료한 날부터 10일 이내에 정비명령을 해야 한다.

67 건설기계관리법령상 건설기계 정기검사를 연기할 수 있는 사유에 해당하지 않는 것은? (단, 특별한 사유로 검사 신청기간 내에 검사를 신청할 수 없는 경우는 제외)

① 건설기계를 도난당했을 때
② 1월 이상에 걸친 정비를 하고 있을 때
③ 건설기계의 사고가 발생했을 때
④ 건설현장에 투입하여 작업이 계속 있을 때

67 건설기계 정기검사 기간의 연장 사유 : 건설기계의 소유자는 천재지변, 건설기계의 도난, 사고발생, 압류, 31일 이상에 걸친 정비 등의 사유로 정기검사 등의 신청기간 내에 검사를 신청할 수 없는 경우에는, 신청기간 만료일까지 연장사유를 증명할 수 있는 서류를 첨부하여 시·도지사에게 제출해야 한다(건설기계관리법 시행규칙 제31조의2).

68 건설기계가 위치한 장소에서 정기검사를 받을 수 있는 경우가 아닌 것은?

① 자체중량이 30톤인 경우
② 너비가 3.5미터인 경우
③ 최고속도가 시간당 25킬로미터인 경우
④ 도서지역에 있는 경우

68 건설기계가 위치한 장소에서 검사를 할 수 있는 경우 (건설기계관리법 시행규칙 제32조)
• 자체중량이 40톤을 초과하거나 축하중이 10톤을 초과하는 경우
• 너비가 2.5미터를 초과하는 경우
• 최고속도가 시간당 35킬로미터 미만인 경우
• 도서지역에 있는 경우

정답 66 ③ 67 ④ 68 ①

69 건설기계관리법령상 건설기계조종사의 적성검사 기준으로 틀린 것은?

① 두 눈을 동시에 뜨고 잰 시력(교정시력을 포함)이 0.8 이상일 것
② 55데시벨(보청기 사용자는 40데시벨)의 소리를 들을 수 있을 것
③ 언어분별력이 80퍼센트 이상일 것
④ 시각은 150도 이상일 것

69 건설기계조종사의 적성검사 기준(건설기계관리법 시행규칙 제76조)
- 두 눈을 동시에 뜨고 잰 시력(교정시력을 포함)이 0.7 이상이고, 두 눈의 시력이 각각 0.3이상일 것
- 55데시벨(보청기를 사용하는 사람은 40데시벨)의 소리를 들을 수 있을 것
- 언어분별력이 80퍼센트 이상일 것
- 시각은 150도 이상일 것

70 건설기계 조종면허에 관한 설명으로 틀린 것은?

① 건설기계 조종을 위해서는 법령에 규정된 면허를 소지하여야 한다.
② 소형건설기계는 관련법에서 지정한 기관에서 실시하는 교육을 이수한 후에 소형건설기계조종면허를 취득할 수 있다.
③ 건설기계조종사면허의 적성검사 판정은 도로교통법상의 제1종 운전면허에 요구되는 신체검사서로 갈음할 수 있다.
④ 자동차운전면허로 조종할 수 있는 건설기계는 없다.

70 ④ 일부 소형건설기계 등은 자동차운전면허로 조종할 수 있다. 소형건설기계 중 3톤 미만의 지게차 등을 조종하고자 하는 자는 자동차운전면허를 소지하여야 한다(건설기계관리법 시행규칙 제73조).
① 건설기계를 조종하려는 사람은 건설기계조종사면허를 받아야 하고, 이는 국토교통부령으로 정하는 바에 따라 건설기계의 종류별로 받아야 한다(건설기계관리법 제26조 제1항·제2항).
② 소형건설기계의 건설기계조종사면허의 경우에는 지정한 교육기관에서 실시하는 소형건설기계의 조종에 관한 교육과정의 이수로 기술자격의 취득을 대신할 수 있다(건설기계관리법 제26조 제4항).
③ 적성검사의 합격여부에 관한 판정은 신체검사서(「도로교통법」에 의한 제1종 운전면허에 요구되는 신체검사서로 갈음할 수 있음)에 의한다(건설기계관리법 시행규칙 제76조).

71 건설기계조종사 면허증 발급 신청 시 첨부서류의 종류가 아닌 것은?

① 주민등록등본
② 신체검사서
③ 소형건설기계조종교육이수증(소형면허 신청 시)
④ 자동차운전면허 정보(3톤 미만 지게차를 조종하는 경우)

71 건설기계조종사 면허증 발급 신청 시 첨부 서류(건설기계관리법 시행규칙 제71조) : 신체검사서, 소형건설기계조종교육이수증(소형면허증 발급신청 시), 건설기계조종사면허증, 6개월 이내에 촬영한 탈모상반신 사진, 국가기술자격증 정보, 자동차운전면허 정보(3톤 미만 지게차를 조종하는 경우)

정답 **69** ① **70** ④ **71** ①

72 건설기계조종사면허를 받은 사람이 면허의 효력이 정지된 때 그 사유가 발생한 날부터 며칠 이내에 주소지를 관할하는 시장·군수 또는 구청장에게 면허증을 반납해야 하는가?

① 10일 이내
② 20일 이내
③ 30일 이내
④ 60일 이내

72 건설기계조종사면허증의 반납(건설기계관리법 시행규칙 제80조) : 건설기계조종사면허를 받은 사람은 면허가 취소된 때, 면허의 효력이 정지된 때, 재교부를 받은 후 잃어버린 면허증을 발견한 때에는 그 사유가 발생한 날부터 10일 이내에 시장·군수 또는 구청장에게 면허증을 반납해야 한다.

73 건설기계 조종사 면허증을 반납하지 않아도 되는 경우는?

① 면허가 취소된 때
② 면허의 효력이 정지된 때
③ 일시적 부상 등으로 건설기계 조종을 할 수 없게 된 때
④ 분실된 면허증을 재교부 받은 후 잃어버린 면허증을 발견한 때

73 건설기계 조종사 면허증의 반납(건설기계관리법 시행규칙 제80조) : 다음의 사유가 발생한 날부터 10일 이내에 시장·군수 또는 구청장에게 반납해야 한다.
• 면허가 취소된 때
• 면허의 효력이 정지된 때
• 면허증의 재교부를 받은 후 잃어버린 면허증을 발견한 때

74 건설기계관리법령상 건설기계조종사의 적성검사에 대한 설명으로 옳은 것은?

① 적성검사에 합격하여야 건설기계조종사면허를 받을 수 있다.
② 정기적성검사는 2년마다 실시한다.
③ 수시적성검사는 수시로 실시하며, 수시적성검사 기간 30일 전까지 통지한다.
④ 정기적성검사는 65세까지만 실시한다.

74 ① 건설기계조종사면허를 받으려는 사람은 「국가기술자격법」에 따른 해당 분야의 기술자격을 취득하고 적성검사에 합격하여야 한다(건설기계관리법 제26조 제3항).
②·④ 건설기계조종사는 10년마다(65세 이상인 경우는 5년마다) 시장·군수·구청장이 실시하는 정기적성검사를 받아야 한다(건설기계관리법 시행규칙 제81조 제1항).
③ 시장·군수·구청장은 수시적성검사를 받아야 하는 사람에게 수시적성검사를 받아야 한다는 사실을 수시적성검사 기간 20일 전까지 통지해야 하며, 수시적성검사를 받지 않은 사람에게는 다시 수시적성검사 기간을 지정하여 수시적성검사 기간 20일 전까지 통지해야 한다(건설기계관리법 시행규칙 제82조 제1항).

75 건설기계조종사면허의 결격사유에 해당되지 않는 것은?

① 파산자로서 복권되지 않은 사람
② 18세 미만인 사람
③ 정신질환자 또는 뇌전증환자
④ 향정신성의약품 또는 알코올 중독자

75 건설기계조종사면허의 결격사유(건설기계관리법 제27조)
• 18세 미만인 사람
• 정신질환자 또는 뇌전증환자로서 국토교통부령으로 정하는 사람
• 앞을 보지 못하는 사람, 듣지 못하는 사람, 그 밖에 국토교통부령으로 정하는 장애인
• 마약·대마·향정신성의약품 또는 알코올중독자로서 국토교통부령으로 정하는 사람
• 건설기계조종사면허가 취소된 날부터 1년이 지나지 아니하였거나 건설기계조종사면허의 효력정지처분 기간 중에 있는 사람

정답 72 ① 73 ③ 74 ① 75 ①

76 건설기계의 정비명령을 이행하지 않은 자에 대한 벌칙은?

① 2년 이하의 징역 또는 2천만원 이하의 벌금
② 1년 이하의 징역 또는 1천만원 이하의 벌금
③ 300만원 이하의 과태료
④ 100만원 이하의 과태료

76 1년 이하의 징역 또는 1천만원 이하의 벌금(건설기계관리법 제41조)
- 거짓이나 부정한 방법으로 등록한 자
- 등록번호를 지워 없애거나 식별을 곤란하게 한 자
- 구조변경검사 또는 수시검사를 받지 아니한 자
- 정비명령을 이행하지 아니한 자
- 사용·운행 중지 명령을 위반하여 사용·운행한 자
- 사업정지기간 중에 검사를 한 자

77 건설기계조종사면허의 효력정지처분을 받은 후에 건설기계를 계속하여 조종한 자에 대한 벌칙은?

① 1백만원 이하의 벌금
② 2백만원 이하의 벌금
③ 1년 이하의 징역 또는 1천만원 이하의 벌금
④ 2년 이하의 징역 또는 2천만원 이하의 벌금

77 건설기계조종사면허가 취소되거나 건설기계조종사면허의 효력정지처분을 받은 후에도 건설기계를 계속하여 조종한 자는 1년 이하의 징역 또는 1천만원 이하의 벌금을 처한다(건설기계관리법 제41조 제18호).

78 건설기계관리법상 건설기계의 등록번호를 부착 또는 봉인하지 아니한 건설기계를 운행한 자에게 부과되는 과태료로 옳은 것은?

① 300만원 이하
② 100만원 이하
③ 50만원 이하
④ 20만원 이하

78 건설기계관리법상 건설기계의 등록번호표를 부착 또는 봉인하지 아니한 건설기계를 운행한 자에게는 300만원 이하의 과태료를 부과한다. 등록번호표를 부착·봉인하지 아니하거나 등록번호를 새기지 아니한 자에게는 100만원 이하의 과태료를 부과한다(건설기계관리법 제44조).

79 건설기계관리법상 건설기계의 등록번호를 가리거나 훼손하여 알아보기 곤란하게 한 자에게 부과하는 과태료로 옳은 것은?

① 100만 원 이하
② 300만 원 이하
③ 500만 원 이하
④ 1000만 원 이하

79 건설기계관리법상 건설기계의 등록번호표를 가리거나 훼손하여 알아보기 곤란하게 한 자 또는 그러한 건설기계를 운행한 자에게는 100만원 이하의 과태료를 부과한다(건설기계관리법 제44조).

정답 76 ② 77 ③ 78 ① 79 ①

80 건설기계관리법령상 고의로 경상 2명의 인명피해를 입힌 건설기계 조종자에 대한 면허 처분 내용으로 옳은 것은?

① 면허효력정지 60일
② 면허효력정지 45일
③ 면허효력정지 30일
④ 면허 취소

80 건설기계 조종 중 고의로 인명피해(사망·중상·경상)를 입힌 경우와 과실로 산업안전보건법에 따른 중대재해를 일으킨 경우는 면허 취소처분을 내린다(건설기계관리법 시행규칙 별표22).

81 건설기계관리법령상 건설기계 조종사가 조종 중 고의로 중상을 입힌 경우 면허 처분 기준은?

① 면허 취소
② 면허 정지 45일
③ 면허 정지 30일
④ 면허 정지 15일

81 건설기계 조종 중 고의로 인명피해(사망·중상·경상)를 입힌 때는 면허 취소처분을 내린다.

82 건설기계관리법령상 건설기계 운전자가 조종 중 고의로 사망 1명의 인명피해를 입힌 경우 면허처분 기준은?

① 면허 취소
② 면허효력 정지 30일
③ 면허효력 정지 20일
④ 면허효력 정지 15일

82 건설기계조종사면허의 취소처분기준(건설기계관리법 시행규칙 별표22)
• 거짓이나 부정한 방법으로 면허를 받은 경우
• 건설기계조종사면허의 효력정지기간 중 건설기계를 조종한 경우
• 건설기계의 조종 중 고의로 인명피해(사망·중상·경상)를 입힌 경우
• 건설기계의 조종 중 과실로 중대재해가 발생한 경우
• 건설기계조종사면허증을 다른 사람에게 빌려 준 경우
• 정기적성검사를 받지 않고 1년이 지난 경우와 적성검사에서 불합격한 경우
• 술에 취한 상태에서 건설기계를 조종하다가 사고로 사람을 죽게 하거나 다치게 한 경우
• 술에 만취한 상태에서 건설기계를 조종한 경우

83 건설기계관리법령상 건설기계조종사 면허취소 또는 효력정지를 시킬 수 있는 자는?

① 경찰서장
② 소방청장
③ 고용노동부장관
④ 시장·군수·구청장

83 시장·군수·구청장은 건설기계조종사가 면허취소 또는 효력정지 사유에 해당하는 경우 건설기계조종사면허를 취소하거나 1년 이내의 기간을 정하여 건설기계조종사면허의 효력을 정지시킬 수 있다(건설기계관리법 제28조).

정답 80 ④ 81 ① 82 ① 83 ④

84 혈중 알콜 농도 0.1%인 상태에서 건설기계를 조종한 자에 대한 처분 내용은?

① 면허 취소
② 면허효력 정지 100일
③ 면허효력 정지 90일
④ 면허효력 정지 60일

84 술에 만취한 상태(혈중 알콜 농도 0.08% 이상)에서 건설기계를 조종한 경우는 면허 취소 처분에 처하며, 혈중 알콜 농도 0.03% 이상 0.08% 미만에서 건설기계를 조종한 경우는 면허 정지 60일에 처한다(건설기계관리법 시행규칙 별표22).

85 건설기계의 조종사 면허취소 사항에 해당하지 않는 것은?

① 정기적성검사를 받지 않거나 적성검사에 불합격한 경우
② 건설기계조종사면허의 효력정지기간 중 건설기계를 조종한 경우
③ 과실로 인명피해(3명의 중상)를 입힌 경우
④ 고의로 인명피해(사망·중상·경상)를 입힌 경우

85 과실로 인명피해를 입힌 경우는 중상 1명마다 면허효력정지 15일을 부과한다.
건설기계조종사면허의 정지처분기준(건설기계관리법 시행규칙 별표22)
- 건설기계의 조종 중 인명피해를 입힌 경우(사망 1명마다) : 면허 정지 45일
- 건설기계의 조종 중 인명피해를 입힌 경우(중상 1명마다) : 면허 정지 15일
- 건설기계의 조종 중 인명피해를 입힌 경우(경상 1명마다) : 면허 정지 5일
- 건설기계의 조종 중 재산피해를 입힌 경우(50만원마다) : 면허 정지 1일

86 건설기계관리법령상 건설기계의 주요 구조변경 및 개조 범위에 해당되지 않는 것은?

① 적재함의 용량증가를 위한 형식변경
② 원동기 및 전동기의 형식변경
③ 제동장치의 형식변경
④ 주행장치의 형식변경

86 건설기계의 구조변경 및 개조범위(건설기계관리법 시행규칙 제42조) : 원동기 및 전동기의 형식변경, 동력전달장치의 형식변경, 제동장치의 형식변경, 주행장치의 형식변경, 유압장치의 형식변경, 조종장치의 형식변경, 조향장치의 형식변경, 작업장치의 형식변경, 건설기계의 길이·너비·높이 등의 변경, 수상작업용 건설기계의 선체의 형식변경, 타워크레인 설치기초 및 전기장치의 형식변경

87 건설기계관리법령상 건설기계의 구조변경 범위에 포함되지 않는 것은?

① 조종장치의 형식변경
② 가공작업을 수반하지 않고 작업장치를 부착할 경우의 형식변경
③ 건설기계의 길이·너비·높이 등의 변경
④ 수상작업용 건설기계 선체의 형식변경

87 가공작업을 수반하지 않고 작업장치를 선택부착하는 경우에는 구조변경으로 보지 않는다.
건설기계의 구조변경 및 개조범위(건설기계관리법 시행규칙 제42조) : 원동기 및 전동기의 형식변경, 동력전달장치의 형식변경, 제동장치·주행장치의 형식변경, 유압장치의 형식변경, 조종장치의 형식변경, 조향장치의 형식변경, 건설기계의 길이·너비·높이 등의 변경, 수상작업용 건설기계의 선체의 형식변경 등

88 건설기계 특별표지판을 부착하지 않아도 되는 것은?

① 길이가 18m인 건설기계
② 높이가 3m인 건설기계
③ 최소회전반경이 13m인 건설기계
④ 총중량이 40톤을 초과하는 건설기계

88 특별표지판을 부착하는 대형건설기계(건설기계 안전 기준에 관한 규칙 제2조)
- 길이가 16.7m를 초과하는 건설기계
- 너비가 2.5m를 초과하는 건설기계
- 높이가 4.0m를 초과하는 건설기계
- 최소회전반경이 12m를 초과 하는 건설기계
- 총중량이 40t을 초과하는 건설기계
- 총중량 상태에서 축하중이 10톤을 초과하는 건설기계 (굴착기, 로더 및 지게차는 운전중량 상태에서 축하중이 10톤을 초과하는 경우를 말함)

89 건설기계관리법령상 건설기계정비업의 범위에서 제외되는 행위는?

① 오일의 보충
② 타이어의 점검
③ 브레이크류의 부품 교환
④ 배터리·전구의 교환

89 건설기계정비업이란 건설기계를 분해·조립 또는 수리하고 그 부분품을 가공제작·교체하는 등 건설기계를 원활하게 사용하기 위한 모든 행위(경미한 정비행위 등)를 업으로 하는 것을 말한다(건설기계관리법 제2조). 경미한 정비 행위 등이란 오일의 보충, 에어클리너엘리먼트 및 휠터류의 교환, 배터리·전구의 교환, 타이어의 점검·정비 및 트랙의 장력 조정, 창유리의 교환 행위를 말한다(건설기계관리법 시행규칙 제1조의3).

90 지게차 중 특수건설기계에 해당하는 것은?

① 전동식 지게차
② 트럭지게차
③ 워키스태커식 지게차
④ 텔레스코픽 지게차

90 트럭지게차는 2012년 법령 개정으로 특수건설기계로 지정되었다. 특수건설기계란 건설기계관리법 시행령 별표1에 따른 건설기계와 유사한 구조·기능을 가진 기계류로서 국토교통부장관이 따로 정하는 것을 말한다.

91 경음기의 음량이 부족할 때 그 원인으로 거리가 가장 먼 것은?

① 회로에서 전압 강하·손실이 많다.
② 접지가 불량하다.
③ 경음기의 배선이 굵다.
④ 전원 전압이 낮다.

91 ③ 경음기 전선이 굵을수록 전류가 더 원활히 흘러 전압 강하가 줄어들어 경음기의 성능이 좋아질 수 있다.
① 전선의 저항이나 접점 불량 등으로 인해 전압이 강하·손실되면 경음기에 도달하는 전압이 낮아져 음량이 줄어든다.
② 접지가 불량하면 전류가 제대로 흐르지 않아 음량이 작아지는 원인이 된다.
④ 배터리 전압이 낮거나 발전기 출력이 부족할 경우, 경음기에 공급되는 전압도 낮아져 음량이 줄어든다.

정답 88 ② 89 ③ 90 ② 91 ③

92 지게차에서 리프트 실린더의 상승력이 부족한 원인과 거리가 먼 것은?

① 유압펌프의 성능 불량
② 오일 필터의 막힘
③ 틸트 로크 밸브의 밀착 불량
④ 리프트 실린더에서 유압유 누출

92 틸트 로크 밸브의 밀착 불량과 리프트 실린더의 상승력 부족은 관련이 없다.
리프트 실린더의 상승력이 부족한 원인 : 유압펌프의 불량, 오일 필터의 막힘, 리프트 실린더 작동유 누출

93 다음 중 도로교통법령상 도로에서 교통사고로 사람을 사상한 때 운전자의 조치로 가장 적절한 것은?

① 경찰관을 찾아 신고하는 것이 가장 우선적 행위이다.
② 중대한 업무를 수행 중인 경우나 긴급자동차인 경우에는 후조치를 할 수 있다.
③ 즉시 정차하여 사상자를 구호하는 등 필요한 조치를 한다.
④ 경찰서에 출두하여 신고한 후 사상자를 구호한다.

93 ③ 운전 등 교통으로 인하여 사람을 사상한 경우에는 그 차의 운전자 등은 즉시 정차하여 사상자를 구호하는 등 필요한 조치를 하고, 피해자에게 인적 사항을 제공하여야 한다(도로교통법 제54조).
①·④ 사상자에 대한 구호조치 후 경찰공무원 또는 가까운 경찰관서에 지체 없이 신고하여야 한다.
② 긴급자동차, 부상자를 운반 중인 차, 우편물자동차 등 긴급한 경우에는 동승자 등으로 하여금 조치 및 신고를 하게하고 운전을 계속할 수 있다.

94 교통사고 시 사상자가 발생하였을 때, 도로교통법령상 운전자가 즉시 취할 조치사항으로 적절한 것은?

① 즉시 정차 - 위해방지 - 증인 확보
② 증인 확보 - 정차 - 사상자 구호
③ 즉시 정차 - 사상자 구호 - 신고
④ 즉시 정차 - 신고 - 위해방지

94 교통사고 사상자 발생 시 운전자가 취하여야 할 구호절차는 '즉시 정차 → 사상자 구호 → 사고신고'의 순서이다.

정답 92 ③ 93 ③ 94 ③

PART

06

장비구조1
(엔진구조·전기장치·전후진주행장치)

Chapter 01 기출핵심정리

01 엔진구조

1. 엔진본체 구조와 기능

- **디젤 기관**
  - 경유를 연료로 하는 내연기관으로, 구조가 크고 튼튼해 대부분의 건설기계에서 사용된다.
  - 연료 자체가 압축 점화되기 때문에 폭발이 발생할 때 가솔린보다 많은 소음과 진동이 발생하나, 가솔린에 비해 쉽게 발화되고 연비 효율과 힘이 좋다.
  - 낮은 엔진 회전수에서도 높은 출력을 낼 수 있어 저속에서도 강한 힘을 낸다.

- **디젤 사이클(정압사이클) 기관의 장점**
  - 열효율이 높고 연료소비율이 낮다(연비가 상대적으로 우수).
  - 토크(회전력)가 풍부하며, 저회전에서도 충분한 힘을 발생시킨다.
  - 공기를 압축·분사하여 연소한다(기관의 압축비가 높음).
  - 인화점이 높아 화재의 위험성이 적고, 탄소 등 유해가스 배출량이 상대적으로 적다.
  - 전기 점화장치가 없어 고장이 적고, 내구성이 뛰어나 수명이 길다.
    * 디젤 기관은 상대적으로 진동과 소음이 커 운전의 정숙성이 떨어짐
    * 디젤 기관은 질소산화물과 입자상 물질 등의 배출로 인한 대기오염 문제가 있음

- **디젤기관의 단점** : 소음 및 진동이 큼, 마력 당 무게가 무거움, 제작비가 비쌈
    * rpm이 높음 ×

- **디젤 기관의 연소실** : 압축된 공기와 분사된 연료가 균일하게 혼합되어 완전 연소시키고 연소가스가 팽창하는 곳으로, 직접분사실식과 예연소실식, 와류실식, 공기실식 등이 있다.

- **디젤기관의 직접 분사실식 연소실의 특성**
  - 열효율이 높고 연료소비율이 적다.
  - 실린더 헤드의 구조가 간단하고 열 변형이 적다.
  - 다공형 분사 노즐을 사용한다.
  - 사용연료에 대한 변화에 매우 민감하다.
  - 연소실 체적에 대한 표면적 비가 작아 냉각에 의한 냉각손실이 적다.
    * 예연소실식의 특징 : 분사압력이 낮음, 예열플러그가 필요함, 예연소실이 주연소실보다 작음

- **디젤기관의 연료를 연소시키는 방법** : 디젤기관은 공기를 실린더 내로 흡입하여 고압축비로 압축한 후, 압축열에 연료를 분사하는 압축 착화(자기 착화) 기관이다.

- **4행정 디젤기관의 작동순서(4행정 사이클 기관의 행정순서)** : 흡입 → 압축 → 동력(폭발, 팽창) → 배기

- **디젤기관에서 인젝터 간 연료 분사량이 일정하지 않을 때 나타나는 현상** : 실린더에 공급되는 연료의 양이 일정하지 않으면 연소가 불균형하게 일어나 연소 폭발음에 차이가 있으며, 기관의 회전이 불안정해져 엔진 떨림 등 부조 현상이 나타난다.

- **디젤엔진에서 연료분사의 주요 조건**
  - 무화가 잘될 것, 분무의 입자가 작고 균일할 것
  - 분무가 잘 분산되고, 분사량 조정이 자유로울 것
  - 분사의 시작과 끝이 확실할 것
    * 일정한 시기에 분사할 것×

- **디젤기관 가동 중 불완전 연소로 검은 매연 발생 시 점검사항** : 공기청정기(에어클리너) 막힘(공기가 부족하지 않는지 점검), 과다한 연료 분사, 분사펌프나 인젝터 점검(연료의 분무 불량 점검), 분사시기 이상 여부 점검(너무 빠르거나 늦으면 검은 매연 발생)

- **디젤기관의 출력을 저하시키는 원인** : 기관의 출력을 저하시키는 직접적인 원인으로는 연료 분사량이 적을 때, 실린더 내 압력이 낮을 때, 노킹이 일어날 때, 흡기계통이 막혔을 때 등이 있다.
  * 기관 오일을 교환하였을 때×, 클러치가 불량할 때×, 점화플러그 간극이 틀릴 때×

- **디젤엔진에서 진동이 발생하는 원인**
  - 인젝터에 불균율이 클 때
  - 분사시기·분사간격이 다를 때(분사시기·분사간격의 불균형)
  - 분사압력과 분사량이 각 실린더별로 다를 때(분사압력·분사량의 불균형)
  - 다실린더 기관에서 한 개의 분사노즐이 막힌 경우
  - 각 피스톤의 중량차가 클 때
    * 진동이 발생하는 원인으로 볼 수 없는 것 : 프로펠러 샤프트의 불균형, 하이텐션 코드(고압 배선)가 불량

- **디젤기관에서 실린더가 마모되었을 때 발생하는 현상**
  - 실린더가 마모되면 압축압력과 폭발압력이 저하된다(출력저하).
  - 블로바이 가스의 배출이 증가한다(실린더 블록이나 틈새로 새어 나옴).
  - 연료 소비량이 증가하고, 윤활유 오염과 소비량이 증가한다.

- **피스톤의 구비 조건**
  - 무게가 가볍고, 피스톤 상호간의 무게 차이가 적을 것
  - 고온·고압가스에 충분히 견딜 수 있을 것(가스·오일의 누출 방지)
  - 내구력·내마모성이 좋고 기계적 손실을 방지하며, 기계적 강도가 클 것
  - 열전도율이 좋고, 열팽창률이 작을 것
  - 블로바이(blow by)가 없을 것, 제작비가 쌀 것

- **피스톤 링**
  - 압축 링과 오일 링이 있다(실린더 헤드 쪽에 있는 것이 압축 링).
  - 압축가스가 새는 것을 막아주며(균일하게 밀착, 기밀유지), 블로바이 가스를 차단한다.
  - 열전도 작용을 한다(열을 받아도 비틀리지 않음).
  - 오일제어 작용을 한다.
    * 연료 분사를 좋게 함×
- **피스톤 링의 구비 조건** : 고온에서도 탄성을 유지하고 기밀성 확보, 열팽창률이 작을 것, 오래 사용하여도 링 자체나 실린더 마멸이 적을 것, 실린더 벽에 균일한 압력을 가할 것
- **피스톤 링의 3대 작용** : 기밀유지작용, 열전도작용, 오일제어작용(엔진오일의 소모 감소)

- **크랭크축의 기능**
  - 커넥팅로드로부터 전달되는 힘을 회전토크로 변환하고, 회전토크의 대부분을 플라이휠을 통하여 클러치에 전달한다.
  - 동력행정 이외의 행정에서는 역으로 피스톤에 운동을 전달하며, 회전토크의 일부를 이용하여 밸브기구·오일펌프·발전기·연료공급장치·냉각펌프 등을 구동한다.
- **크랭크축에서 회전균형을 위해 크랭크 암에 설치하는 것** : 크랭크축은 크랭크 핀, 크랭크 암, 크랭크 저널로 구성되며, 회전 시 균형을 잡기위해 크랭크 암에 밸런스 웨이트(평형추)를 설치한다. 크랭크축은 뒷부분에 장착된 플라이휠을 통하여 동력을 전달하는 역할을 한다.
- **크랭크축 베어링의 구비조건** : 낮은 마찰계수, 높은 내피로성, 매입성(윤활유가 잘 스며들 것), 추종 유동성(축의 움직임에 유연하게 따라가며 밀착될 것) 등

- **기관의 실린더 수가 많을 때의 장·단점** : 가속이 원활하고 신속, 저속 회전이 쉽고 큰 동력을 얻을 있음, 기관의 진동이 적음
- **기관의 실린더 수가 많을 때의 단점** : 구조가 복잡하고 제작비가 비쌈, 연료 소비가 큼

- **실린더 헤드에 균열 발생** : 실린더 헤드에 균열이 생기면 기관이 작동 중 라디에이터 캡 쪽으로 물이 상승하면서 연소가스가 누출되는 원인이 된다.

2. 윤활장치 구조와 기능

- **윤활장치의 구성** : 오일을 저장하는 용기인 오일 팬, 오일 팬에 저장된 오일을 기관의 각 운동부분으로 압송하는 오일펌프, 오일 내에 함유된 불순물을 제거하는 오일 스트레이너, 오일펌프에서 압송된 오일의 압력을 일정한 압력으로 조정하는 밸브장치인 유압조절기로 구성

- **엔진 오일의 교환방법**
  - 엔진에 알맞은 오일을 선택하여 교환 시기에 맞춰 교환한다(슬러지가 생기기 전에 적시에 엔진오일을 교체 해주는 것이 플러싱 오일로 교체하는 것보다 엔진에 더 좋음).
  - 엔진 오일을 순정품으로 교환한다.
  - 오일 레벨게이지의 "F"에 가깝게 오일량을 보충한다.
  - 가혹한 조건에서 지속적으로 운전하였을 경우 교환시기를 조금 앞당겨서 한다.

- **기관에 사용되는 여과장치** : 기계기관에서 사용되는 여과장치로는 공기청정기(에어클리너), 오일 스트레이너, 필터, 관로용필터 등이 있다.
  * 인젝션 타이머는 압축점화기관의 연료분사 시기를 조절하는 타이머

- **여과기(스트레이너)** : 유압기기의 유압유 속에 혼입되어 있는 불순물을 제거하기 위해 사용하는 구성품

- **여과기가 막혔을 경우 엔진윤활 계통에 오일 공급을 가능하게 하는 구성품** : 바이패스 밸브는 기관의 엔진오일 여과기가 막혔을 경우 오일을 기관속으로 직접 공급하는 밸브이다.

- **윤활유의 기능(역할)** : 윤활작용, 냉각작용, 밀봉작용(기밀유지작용), 세정작용, 방청작용(부식방지), 응력분산작용, 마멸방지작용, 소음감쇠작용

- **윤활유의 구비조건**
  - 강인한 유막을 형성하고 응고점이 낮을 것
  - 카본생성의 저항력이 크고 기포발생이 적을 것
  - 점도지수가 커 온도와 점도와의 관계가 적당할 것
  - 인화점 및 발화점이 높을 것, 열전도가 양호할 것
  - 비중과 점도가 적당할 것
  - 산화에 대한 저항성이 클 것

- **윤활방식** : 비산식, 압송식(압력식), 비산 압송식(압력식), 혼기식
  - 비산식 : 커넥팅로드 대단부에 부착된 주걱(오일디퍼)으로 오일 팬 안의 윤활부분에 오일을 분사하는 방식
  - 압송식(압력식) : 오일 펌프를 이용하여 오일 팬 안에 있는 오일을 흡입가압하여 윤활부분에 공급하는 방식
  - 비산 압송식 : 비산식과 압송식을 조합한 방식으로, 현재 가장 많이 사용하는 방식

- **디젤기관의 윤활유 압력이 낮아지는 원인**
  - 윤활유 양이 부족할 때
  - 점도가 낮은 윤활유를 사용할 때
  - 윤활유 펌프의 고장이나 과대 마모, 윤활유 여과기 파손
  - 압력 릴리프밸브가 열린 채 고착되었을 때 등
    * 점도가 높은 오일을 사용하면 윤활유 압력이 높아짐

3. 연료장치 구조와 기능

- **디젤엔진 노킹발생원인** : 기관 과냉, 세탄가가 낮은 연료사용, 낮은 연료의 분사압력, 긴 착화지연시간, 분사노즐 분무상태 불량, 낮은 연소실 온도, 착화 기간에 많은 연료분사량 등
  * 노킹이 엔진에 미치는 영향 : 엔진 과열, 흡기효율 저하, 엔진 회전수 감소, 엔진 출력저하

- **커먼레일 디젤기관의 연료장치 구성부품** : 커먼레일(연료저장축압기), 인젝터(분사노즐), 고압펌프, 연료파이프(고압파이프), 연료필터, 연료탱크, 연료압력조절기 등
  * 분사펌프×, 공급펌프×, 예열플러그×

- **프라이밍 펌프, 분사 펌프, 분사노즐**
  - 프라이밍 펌프 : 연료탱크에서 연료를 분사 펌프까지 공급하는 장치로, 연료 장치 내 공기빼기 작용을 할 때 사용하며 연료 공급펌프에 설치
  - 분사 펌프(인젝션 펌프) : 연료를 고압으로 만들어 분사노즐까지 공급하는 장치
  - 분사노즐(인젝터) : 분사 펌프에서 보내진 고압의 연료를 안개 모양으로 연소실에 분사하는 역할을 수행

- **디젤엔진 연료계통의 공기빼기 순서** : 연료 공급펌프 → 연료여과기 → 분사펌프
- **공기빼기를 하는 경우** : 연료 호스나 파이프 등을 교환한 경우, 연료 필터의 교환 또는 분사펌프를 탈·부착 작업을 한 경우, 연료탱크 내 연료가 결핍되어 보충한 경우 등

- **커먼레일 디젤기관의 연료장치 시스템에서 출력요소** : 커먼레일 디젤엔진의 연료장치 시스템에서 출력요소에 해당하는 것은 인젝터이다. 인젝터란 연료분사방식 엔진에서 연료 탱크로부터 전달된 연료를 공기와 섞기 위해 흡기계통에 뿌려주는 장치를 말한다(연료를 정확하고 일정한 양으로 실린더에 분사). 커먼레일 디젤엔진은 고압연료펌프를 통해 커먼레일에 고압의 연료를 주입하고, 이 연료를 인젝터를 통해 고압으로 연소실에 분사함으로써 엔진의 효율을 높이고 배기가스를 줄이는 엔진이다.

- **커먼레일 디젤 연료장치의 인젝터(injector) 구성 요소** : 급수구(연료입구), 솔레노이드 밸브, 니들 밸브, 노즐, 코일, 플런저 등
  * 고압부×, 어큐뮬레이터×

- **커먼레일 방식 디젤기관에서 크랭킹은 되는데 기관이 시동되지 않을 때 점검부위** : 인젝터, 커먼레일 압력, 연료탱크 유량
  * 딜리버리 밸브×

- **분사펌프 딜리버리 밸브** : 연료의 역류와 분사노즐의 후적을 방지하고, 고압 파이프 안의 잔압을 유지시키는 작용을 한다.
  * 후적이란 연료 분사 후 노즐팁에 연료방울이 생겨 연소실에 떨어지는 것

- **기관의 출력 감소(저하) 원인**
  - 연료분사압력이 낮다(실린더 내의 압력이 낮음).
  - 연료분사량이 적고 분사시기가 늦다.
  - 노킹이 일어난다.
  - 연료탱크가 깨끗하지 못하고 공기청정기가 막힌다(흡입계통·배기계통 막힘).

- **연료계통 고장으로 기관이 부조 중 시동이 꺼지는 원인**
  - 탱크 내 오물이나 이물질이 연료장치에 유입된 경우
  - 연료필터가 막히는 경우
  - 연료 파이프의 손상이나 연결이 불량한 경우 등
    * 프라이밍 펌프의 고장×, 리턴호스 고정클립의 체결 불량×

- **기관의 압축압력이 낮은 원인** : 압축 링이 파손·절손되거나 과다 마모된 경우 엔진의 압축압력이 낮아진다.

4. 흡배기장치 구조와 기능

- **디젤기관의 흡입행정에서 흡입하는 것** : 흡기밸브를 통하여 실린더 내로 공기를 흡입한다.

- **흡·배기 밸브의 구비조건**
  - 열전도율이 좋을 것
  - 열에 대한 저항력이 크고 팽창률이 적을 것
  - 고온고압에서 잘 견딜 것, 고온에서 물리적 성질이 변하지 않을 것
  - 단조와 열처리가 쉬울 것
  - 부식되지 않고 경량일 것
  - 충격과 과부하에 견딜 것

- **밸브 간극** : 밸브 스템 엔드와 로커암 사이의 틈새를 말하며, 온도가 상승함에 따라 밸브기구가 팽창(열팽창)하여 밸브면과 밸브시트가 밀착되지 않는 것을 방지하기 위해 인위적으로 조정하는 간극이다. 밸브 간극은 조정나사로 조정할 수 있다.

- **밸브 간극이 너무 클 때의 영향**
  - 밸브가 늦게 열리고 일찍 닫힌다(운전 온도에서 완전히 열리지 못함).
  - 흡입량이 부족해진다.
  - 배기의 불량으로 엔진이 과열되며, 심한 소음이 발생하고 기구에 충격을 준다.
    * 밸브 간극이 너무 적을 때의 영향 : 밸브가 일찍 열리고 늦게 닫힘, 엔진출력이 감소함

- **과급기(Charger)** : 배기량이 일정한 상태에서 연소실에 강압적으로 많은 공기를 압축하여 공급함으로써 엔진의 흡입효율을 높여 출력과 토크를 증대시키는 장치이다.
  * 배기 터빈 과급기에서는 원심식이 가장 널리 사용됨

- **과급기의 사용 목적**
  - 흡입 공기량이 증가하여 연소효율이 향상되고 체적효율이 증대된다(온도를 낮추어 밀도를 높이고 체적효율 증대를 위해 인터쿨러를 사용).
  - 연료 분사량이 증가하여 엔진의 출력과 토크가 증대된다.
  - 연소실 내의 압력이 높아져 평균유효압력이 향상된다.
  - 회전력을 증가시켜 최고 속도와 가속력이 향상된다(연비 향상).

- **과급기에서 터빈 축 베어링의 윤활 방법** : 과급기의 윤활은 기관 윤활장치에서 보내준 기관오일(윤활유)로 직접 공급된다.

- **밸브 오버랩을 두는 이유** : 실린더의 흡입 행정에서 흡입 효율을 높이고, 배기 행정에서 잔류하는 배기가스를 원활하게 배출하기 위한 것이다.
  밸브 오버랩은 배기 행정과 흡입 행정 사이에서 흡입·배기 밸브가 모두 열려 있는 시기를 말하는데, 그 효과로는 실린더 체적효율의 향상, 배기가스의 완전한 배출을 통한 기관출력 증가, 실린더 냉각효과 향상 등이 있다.

- **연소상태와 배출가스 색**
  - 정상 연소 : 무색 또는 담청색
  - 윤활유 연소 : 회백색
  - 공기청정기 막힘 또는 농후한 혼합비 : 검은색

- **소음기나 배기관 내부에 카본이 부착될 경우 배압 변화** : 소음기나 배기 매니폴드(배기다기관), 배기관 내에 많은 양의 카본이 쌓이면 배기통로가 좁아져 배출이 불충분하므로, 배압이 높아진다.

- **에어클리너(에어필터)**
  - 에어클리너는 외부 공기를 흡입하는 흡기계통의 시작 부분에 부착한다(공기 흡입구에 부착).
  - 연소에 필요한 공기를 실린더로 흡입할 때 먼지·세균 등의 불순물을 제거하여 피스톤 등의 마모를 방지하고, 나쁜 냄새를 제거한다.
  - 흡기 계통에서 발생하는 흡기 소음을 없애는 역할을 한다.
  - 건식, 습식, 원심식(원심분리식)이 있다.

- **원심식(원심분리식)** : 건식 공기청정기로 들어가기 전에 공기를 한 번 더 걸러서 보내주는 방식으로, 기관의 흡입공기를 선회시켜 엘리먼트 이전에 이물질을 제거하는 방식이다.

- **건식 에어클리너의 세척·청소방법** : 압축 공기를 이용하여 오염물질을 에어클리너 안에서 밖으로 불어낸다.

5. 냉각장치 구조와 기능

- **냉각방식** : 공랭식(자연통풍식, 강제통풍식), 수랭식(밀봉압력식, 압력순환식, 자연순환식, 강제순환식)

- **물 재킷(Water jacket)** : 실린더 블록과 실린더 헤드에 설치된 냉각수 순환통로이며, 이곳을 통과하는 냉각수가 실린더 벽, 밸브 시트, 밸브 가이드, 연소실과 접촉하여 열을 흡수(냉각)한다. 보통 실린더 블록 또는 실린더 헤드와 일체로 주조되어 있다. 물 펌프에 의해서 순환되는 냉각수가 엔진의 열을 흡수하고, 흡수한 열이 라디에이터에서 방열된다.

- **라디에이터 구성요소** : 코어, 튜브, 냉각핀, 냉각수 주입구

- **냉각장치에서 라디에이터의 구비 조건**
  - 단위 면적 당 방열량이 클 것
  - 가볍고 작으며 강도가 클 것
  - 공기 흐름 저항과 냉각수 유동 저항이 적을 것

- **압력 밸브와 진공 밸브** : 라디에이터 캡의 안쪽에 설치되어 있으며, 라디에이터 내의 압력을 조절해 주는 역할을 한다.

- **냉각수의 비등점을 높이기 위해 설치된 부품** : 디젤기관 냉각장치에서 냉각수의 비등점을 높이기 위해 설치된 부품은 압력식 캡(압력식 라디에이터 캡)이다. 압력식 캡은 압력을 대기 압력보다 높게 하여 냉각수의 끓는점을 높이고 냉각 효율을 향상시키기 위해 설치한 라디에이터 캡을 말한다.

- **밀봉 압력식 라디에이터 캡을 사용하는 이유** : 냉각장치에서 밀봉 압력식 라디에이터 캡을 사용하는 것은 냉각수의 비등점(비점)을 높이기 위한 것이다. 냉각수의 비점이 높아지면 열이 빨리 전달되어 엔진의 온도를 효과적으로 낮출 수 있으므로, 엔진이 오버히팅되는 것을 방지하고 엔진의 수명을 연장할 수 있다.

- **압력식(가압식) 라디에이터의 장점**
  - 냉각수의 비등점(끓는점)이 높일 수 있다.
  - 방열기를 작게 할 수 있다(방열기의 최소화).
  - 냉각수 손실이 줄어 냉각 효율을 높일 수 있다.

- **라디에이터 캡의 스프링 장력이 약하거나 파손될 때** : 냉각수의 비등점이 낮아져 기관이 과열되기 쉽다.

02 전기장치

1. 시동장치 구조와 기능

- **시동장치** : 건설기계와 같은 기관을 외력으로 구동시키는 장치를 말한다. 건설기계 기관은 자체 구동이 불가능하므로, 시동장치에 의해 외력으로 크랭크축을 회전시켜 기계의 엔진을 구동시키게 된다.

- **기동전동기의 구성품** : 전기자, 정류자, 계자코일, 계자철심, 브러시, 전자석(전자석 스위치), 솔레노이드 스위치, 오버런닝 클러치 등
  * 로터코일×, 과급기×
  - 전기자 : 전동기가 회전하는 주요부로서, 축과 철심, 전기자 코일, 정류자 등으로 구성
  - 계자코일 : 철심에 코일을 감고 전류를 받아 자력선을 형성
  - 브러시 : 정류자를 통해 코일에 전류 공급

- **전기자코일, 계자코일**
  - 회전하는 철심의 홈에 설치된 코일(도선에 해당하는 회전 코일)을 전기자코일(armature coil)이라고 한다.
  - 시동전동기에서는 자기장을 형성하기 위해 프레임에 고정된 철심(폴 코어; pole core)에 코일을 감고 여기에 전류를 흐르게 하여 자기력을 발생시키는데, 이 코일을 계자코일(field coil)이라 한다.

- **기동전동기 원리** : 플래밍의 왼손법칙의 원리를 이용한 건설기계의 시동원리로서, 플래밍의 왼손법칙의 원리를 이용하여 전기자에 전류를 흘려 전류방향에 수직방향으로 힘과 회전력을 발생시켜 구동시키는 원리이다.

- **기동전동기가 회전하지 않은 원인** : 배터리 출력이 낮고 전기자 코일의 단선, 계자 코일의 손상, 기동전동기 소손, 기동 스위치 접촉 및 배선 불량, 브러시와 정류자의 밀착 불량 등
  * 연료 압력이 낮거나 연료가 없는 경우, 기동전동기의 피니언 기어가 손상된 경우, 브러시와 정류자에 밀착된 경우 등은 회전하지 않는 원인과 거리가 멀다.

- **직류 직권 전동기의 특성**
  - 직권 전동기는 전기자 권선과 계자 권선이 직렬로 되어 있다.
  - 전기자 전류, 계자 전류 및 부하전류의 크기는 동일하다.
  - 부하가 걸렸을 때(클 때), 회전속도가 낮아진다.
  - 부하에 따른 회전속도 변화가 크다.
  - 기동 회전력이 분권전동기에 비해 크다.

- **직권식 기동전동기의 전기자 코일과 계자 코일의 연결**
  - 일반적으로 직권식 기동전동기의 전기자 코일과 계자 코일의 결선방법은 기관 시동에 적합한 직류 직권방식을 사용한다.
  - 전동기에는 전기자 코일과 계자 코일을 직렬로 접속한 직권 전동기와 병렬로 접속한 분권 전동기, 직권과 분권의 두 계자 코일을 가지는 복권 전동기가 있다.

- **예열장치**
  - 디젤엔진에 흡입된 공기 온도를 상승시켜 시동을 원활하게 하는 장치(디젤기관의 시동 보조장치)로, 동절기에 주로 사용된다.
  - 예열장치에는 예열 플러그식과 흡기 가열 방식이 있다.
  - 예열 플러그식은 코일형·실드형 예열플러그로 구성된다.
  - 흡기 가열 방식은 실린더 내로 흡입되는 공기를 흡기다기관에서 가열하는 방식으로, 흡기 히터와 히트레인지로 구성된다.

- **예열 플러그의 단선원인**
  - 규정 이상의 과대 전류가 흐를 때
  - 정격이 아닌 플러그를 사용했을 때
  - 예열시간이 너무 길 때 또는 엔진이 과열된 상태에서 빈번한 예열을 한 때
  - 토크의 접지불량

2. 충전장치 구조와 기능

- **직류발전기의 3요소(구조)** : 계자(계자 철심과 계자 코일), 전기자, 정류자를 말하며, 브러시를 포함하여 4요소라고 한다.

- **교류발전기의 주요 구성 요소** : 스테이터(stator; 스테이터 철심, 스테어터 코일), 로터(rotor; 회전자), 다이오드(정류기), 슬립링 및 브러시, 엔드프레임, 전압조정기, 팬 등
  * 계자코일×, 밸브태핏×, 플라이휠×

- **교류(AC)발전기에서 전류가 발생하는 곳** : 전류가 발생하는 곳은 스테이터(stator) 코일이다. 내부 회로도 상의 발전기에서는 교류 전류가 발생한다.

- **다이오드의 기능** : 교류발전기에서 발생한 교류를 직류로 정류하여 외부로 공급하고, 축전지에서 발전기로 전류가 역류하는 것을 방지하는 것이다. 직류발전기에서 교류를 직류로 바꾸어 주는 부분은 정류자이다.

- **히트싱크(Heat sink)** : 다이오드와 같은 부품이 발생시키는 열을 효과적으로 흡수하고 분산시키는 장치이다. 열을 흡수·방출함으로써 다이오드를 냉각하여 온도를 유지하거나 낮추는 역할을 한다.

- **직류발전기와 비교한 교류발전기의 특징**
  - 브러시의 수명이 길고, 정류자에서 불꽃 발생이 적다.
  - 소형·경량이며, 내구성이 있고 출력이 크다.
  - 역류가 없고 공회전이나 저속 시에도 충전이 가능하다.
  - 회전부분에 정류자를 두지 않으므로 허용회전속도의 범위가 넓다.
  - 출력전류의 제어작용을 하고, 조정기의 구조가 간단하다.
  - 실리콘 다이오드로 정류(반도체 정류기 사용)하므로 정류 특성이 좋고 전기적 용량이 크다.
  - 전압 조정기만 필요하다.

- **교류발전기 작동 중 소음 발생 원인**
  - 고정 벨트가 풀림 : 고정 벨트가 풀리면 부품이 떨리거나 발전기가 진동하여 소음이 발생
  - 벨트 장력이 약함 : 벨트가 미끄러지면서 소음이 발생
  - 베어링 손상 : 마찰이 증가하여 소음이 발생
    *축전지 방전×

- **전압 조정기**
  - 발전기의 부하와 회전속도에 관계없이 전압을 항상 일정하게 유지하는 기능을 한다.
  - 전압맥동에 의한 전기장치의 기능장애를 방지하며, 축전지와 전기장치를 과부하로부터 보호한다.
  - 조정기가 고장나면 발전기에서 발전이 되어도 축전지에 충전되지 않는다.
    *전압은 전류를 흐르게 하는 원동력, 즉 전기적인 압력이나 위치 에너지를 말함

- **발전기는 크랭크축과 연동되어 구동** : 충전장치의 발전기는 엔진의 움직임을 전기에너지로 변환하기 위해 구동되는데, 이때 발전기는 크랭크축과 연동되어 구동하게 된다. 크랭크축은 엔진 내부에서 피스톤의 움직임을 회전 운동으로 변환하는 역할을 하기 때문에, 발전기는 크랭크축과 연동되어 엔진의 움직임에 따라 회전하게 된다.

- **저항의 병렬접속 시**
  - 어느 저항에서나 동일한 전압이 흐른다.
  - 저항이 병렬로 접속되어 있을 때 합성저항은 '$\frac{1}{R1} + \frac{1}{R2} + \cdots + \frac{1}{Rn}$'이다.
  - 합성저항은 각 저항의 어느 것보다도 적다.
  - 합성저항이 감소하는 것은 전류가 나누어져 저항 속을 흐르기 때문이다.

- **납산 축전지** : 전해액으로 묽은 황산을 넣은 용기 속에 양극판(과산화납)과 음극판(해면상납)을 넣은 것이다. 충전과 방전은 극판의 화학작용에 의해 이루어진다.

- **12V 축전지에 2Ω, 4Ω, 6Ω의 저항을 직렬로 연결했을 때 전류** : 직렬로 연결하였으므로, 합성저항은 '2 + 4 + 6 = 12(Ω)'이 된다. '전류(I) $\frac{전압(V)}{저항(R)}$'이므로, 회로에 흐르는 전류는 '$\frac{12V}{12\Omega} = 1(A)$'가 된다.

- **전압 12V, 용량 80Ah인 축전지 2개를 직렬 연결 시 전압과 용량** : 동일한 축전지 2개를 직렬로 연결하면 전압은 2배가 된다(12V + 12V = 24V). 전체 전류의 크기는 같으므로 용량은 동일하다(80Ah). 병렬로 연결하면 전압은 불변이고, 용량은 2배가 된다.

- **12V의 납산축전지 셀** : 2V의 셀(shell) 6개가 직렬로 연결된 형태로 구성된다(2V × 6셀 = 12V).

3. 등화장치 및 계기장치 구조와 기능

- **실드 빔 형식** : 반사경·렌즈·필라멘트가 일체로 되어 있고, 필라멘트가 끊어지면 전구 전체를 교환하여야 한다. 실드 빔 형식은 반사경에 필라멘트를 붙이고 여기에 내열성 유리를 성형한 렌즈를 붙인 후, 내부에 불활성 가스를 넣어 그 자체가 1개의 전구가 되도록 한 것이다. 광도의 변화가 적고, 가격이 비싸다는 특징을 지닌다.

- **세미 실드 빔 형식** : 반사경과 렌즈는 일체로 되어 있고 필라멘트는 별개로 되어 있어, 단선되면 전구만 교환하는 형식이다.

- **할로겐 전조등(halogen head lamp)의 특징** : 할로겐 전구를 사용한 세미 실드 빔형으로, 종전의 백열전구에 비하여 다음과 같은 우수한 특징이 있다.
  - 할로겐 사이클로 흑화현상(필라멘트로 사용되고 있는 텅스텐이 증발하여 전구 내부에 부착하는 현상)이 없어 수명을 다할 때까지 밝기가 변하지 않는다.
  - 색 온도가 높아 밝은 백색 빛을 얻을 수 있다.
  - 교행용의 필라멘트 아래에 차광판이 있어서 차측 방향으로 반사하는 빛을 없애는 구조로 되어 있어 눈부심이 적다.
  - 전구의 효율이 높아 밝기가 크고 환하다.

- **전조등이 한쪽만 점등된 경우의 원인** : 전구 불량, 전구 접지불량, 퓨즈의 단선

- **충전 경고등** : 점화 스위치를 켜면 점등되었다가 엔진 시동을 걸면 꺼지는 경고등이다. 시동을 걸 때 잠깐 켜지면 정상이나, 주행 도중에 경고등이 들어오면 문제가 생긴 상태이다. 충전 경고등이 들어오면 엔진을 끄고 보닛을 열고 팬벨트의 상태를 점검해야 한다.

- **퓨즈**
  - 정격용량을 사용하며, 용량은 A로 표시한다.
  - 표면이 산화되면 끊어지기 쉽다.
  - 철사나 구리선으로 대용하지 않아야 한다.

03 전·후진 주행장치

1. 조향장치의 구조와 기능

- **지게차의 구동방식과 조향방식** : 앞바퀴로 구동, 뒷바퀴로 조향

- **지게차의 조작·조향 장치**
  - 조작 레버 : 캐리지를 움직이게 하는 레버
  - 틸트 레버 : 마스트를 앞·뒤로 기울어지게 하는 레버(앞으로 밀면 전경, 뒤로 당기면 후경), 틸트 실린더를 작동시키는 레버
  - 리프트 레버 : 포크를 상승·하강시키는 레버(앞으로 밀면 하강, 뒤로 당기면 상승)
  - 전·후진 레버 : 앞으로 밀면 전진, 뒤로 당기면 후진
  - 저·고속 레버 : 앞으로 밀면 고속, 뒤로 당기면 저속
  - 조향핸들 : 지게차의 방향을 설정할 수 있는 장치

- **조향장치의 구비조건**
  - 조향 조작이 충격이나 원심력 등의 영향을 받지 않고, 경쾌하고 자유로워야 한다.
  - 고속주행에도 핸들이 안정되어야 한다.
  - 회전반경이 작아야 한다.
  - 핸들과 바퀴의 선회차가 크지 않아야 한다.
  - 선회 시 저항이 적고 옆 방향으로 미끄러지지 않아야 한다.
  - 타이어 및 조향장치의 내구성이 크고, 수명이 길며 정비가 용이해야 한다.

- **조향조작력의 전달순서** : 조향핸들 - 조향 축 - 조향기어 - 피트먼 암 - 드래그 링크 - 타이로드 → 조향 암 → 바퀴
- **피트먼 암** : 조향 기어의 회전 운동을 드래그 링크에 전달하는 부품
- **드래그 링크** : 피트먼 암의 운동을 좌우 바퀴를 연결하는 타이로드에 전달하여 바퀴 방향을 바꾸는 역할을 수행
- **타이로드** : 조향핸들의 움직임을 앞바퀴의 조향 너클에 전달하여 바퀴의 방향을 조작할 수 있게 해주는 부품(앞 액슬과 조향 너클을 연결)

- **지게차 조향장치 특징**
  - 뒷바퀴로 조향하며, 뒷바퀴 조향방식은 앞바퀴 방식보다 회전반경을 줄일 수 있다.
  - 유압식 조향장치는 조작력이 작고, 기계식 조향장치는 조작력이 크다.
  - 지게차의 조향장치 형식은 애커먼 장토식이다.

- **조향바퀴의 정렬 요소** : 캠버, 캐스터, 킹핀, 토인, 토아웃.
  * 부스터 ×(힘을 배력시키는 기구)

- **킹핀 경사각**
  - 킹핀 중심선이 노면에 수직인 직선과 만드는 각으로, 대략 5~10° 범위이다.
  - 킹핀 경사각의 필요성은 조향 핸들의 복원력 증대, 주행이나 제동시에 충격 감소, 조향 핸들의 조작력 감소 등이다.

- **벨 크랭크** : 지게차 조향장치에서 드래그링크 또는 조향실린더의 직선운동을 축을 중심으로 한 회전운동으로 바꾸어 주면서, 동시에 좌·우 타이로드에 직선운동을 시켜 주는 기구이다. 차대 앞부분에 설치되어 드래그링크와 타이로드를 연결하여 조향작용을 한다.

2. 변속장치 및 동력전달장치의 구조와 기능

- **변속기의 소음 원인** : 변속 시 기어가 끌리는 소음이 발생하는 원인은 클러치 유격이 너무 클 때, 변속기 오일의 부족, 변속기 베어링의 마모, 변속기 기어의 마모, 기어 백래시의 과다 등이 있다.

- **인칭 페달(인칭조절 페달)** : 트랜스미션 내부에 위치하며, 지게차의 정밀한 작업 시(전·후진 방향으로 서서히 화물에 접근 시)나 유압 장치를 조작하면서 지게차의 속도를 동시에 조절해야하는 경우(유압 작동으로 화물을 상승 또는 적재하는 경우) 사용하는 페달이다.

- **동력원에 의한 지게차 분류** : 전동 지게차, 디젤 지게차, LPG 지게차 등이 있다.
  *복륜식 지게차×(바퀴의 수에 따른 분류)

- **전동 지게차** : 축전지와 전동기를 동력원으로 하여 주행 및 하역을 하는 지게차이다.

- **자동변속기 구성부품** : 유성기어 장치, 토크 변환기(토크 컨버터), 브레이크, 클러치, 유압제어 장치 등

- **자동변속기의 특징**
  - 클러치 페달의 조작 없이 출발이 가능하고, 운전이 간편해진다(운전피로가 적음).
  - 기어의 단수가 바뀔 때 변속 충격이 적어 승차감이 좋다.
  - 소음과 진동이 감소시킬 수 있다(유체가 댐퍼역할을 하므로 엔진에서 바퀴부분으로의 충격 진동을 흡수).
  - 편안하고 안전한 운전이 가능하며 초보자도 쉽게 배울 수 있다.
  - 변속기 오조작 가능성이 낮아 사고 발생이 줄어들고 도로의 소통이 원활해진다.
  - 연비가 수동에 비해 다소 떨어지고(연료 소비율이 높음), 변속기 오일이 빨리 소모된다.
  - 수동에 비해 동력손실이 크고 순발력이 떨어지며, 변속에 필요한 시간이 더 많이 소요된다.
  - 차를 밀거나 끌어서 시동을 걸 수 없다.
  - 구조가 복잡하고 유지관리 비용이 비싸다.

- **지게차 클러치의 구비조건**
  - 회전부분의 무게 평형이 좋고 회전관성이 작을 것
  - 동력 차단이 확실하고 신속할 것(동력의 단속작용이 확실하고 조작이 쉬워야 함)
  - 방열성과 내열성이 좋을 것(과열 방지)
  - 구조가 간단하고 다루기 쉬우며 고장이 적을 것(정비성이 용이)

- **클러치의 필요성**
  - 기관과 변속기 사이에 부착되어 기관의 동력을 연결 및 차단한다.
  - 시동 시 기관을 무부하 상태로 한다(무부하 상태로 공전운전할 수 있게 함).
  - 정차 및 기관의 동력을 서서히 전달한다(동력을 전달할 때 미끄럼을 일으키며 서서히 전달되고, 전달 후에는 미끄러지지 않아야 함).
  - 변속기의 기어 바꿈을 원활하게 한다(변속 시 기관 동력을 차단).
    * 회전토크를 증가×, 플라이휠의 회전력을 증가×, 기관의 출력을 증가×, 속도를 빠르게 함×

- **클러치 페달의 작동** : 페달을 밟으면 클러치가 분리(클러치판이 플라이휠과 분리)되어 동력이 차단되고, 페달을 놓으면 클러치판이 플라이휠과 압착되어 함께 회전하게 되고 엔진의 동력이 변속기와 구동 축으로 전달된다.

- **클러치 유격이 작을 때의 발생하는 현상**
  - 클러치 디스크를 누르는 힘이 약해져 미끄러짐이 발생한다.
  - 클러치 디스크가 과열되어 손상이 발생한다(클러치판이 마멸).
  - 릴리스 베어링이 빨리 마모된다.
  - 클러치에서 소음이 발생한다.

- **지게차 클러치 용량** : 클러치의 용량은 클러치가 전달할 수 있는 회전력의 크기이며, 엔진 회전력보다 약 1.5~2.5배 정도 커야 한다(엔진 최대 출력의 1.5~2.5배). 클러치 용량이 너무 크면 클러치가 엔진 플라이휠에 접속될 때 엔진이 정지되거나 충격이 발생하기 쉬우며, 너무 작으면 클러치가 미끄러져 클러치 디스크의 라이닝 마멸이 촉진된다.

- **출발 시 클러치 페달이 끝부분에서 차량이 출발되는 원인**
  - 클러치 디스크 과대 마모 : 클러치가 완전히 분리되지 않아 차량 출발 시 힘이 필요하므로, 페달을 끝까지 밟아야 출발하게 됨
  - 클러치 자유간극 조정 불량 : 클러치 자유간극이 너무 작으면 클러치가 완전히 분리되지 않아서 차량 출발 시 힘이 많이 필요
  - 클러치 케이블 불량 : 클러치 케이블이 손상되거나 조정 불량이 있으면 클러치가 정상적으로 작동하지 않아서 차량 출발 시 힘이 많이 필요
    * 클러치 오일의 부족×

- **클러치 디스크 라이닝의 구비조건**
  - 내구성·내마멸성과 내식성이 클 것, 내열성이 클 것
  - 온도에 의한 변화가 적을 것
  - 알맞은 마찰계수를 갖출 것

- **토크컨버터**
  - 유체클러치를 개량하여 자동 변속기에 설치된 클러치이다.
  - 일정 이상의 과부하가 걸려도 엔진이 정지되지 않는다(느려짐).
  - 부하에 따라 자동적으로 토크가 조절된다(부하증가 시 터빈속도가 감소).
  - 조작이 용이하고 엔진에 무리가 없다.
  - 기계적인 충격을 흡수하여 엔진의 수명을 연장한다.

- **스톨 포인트**
  - 스톨 포인트는 유체클러치, 토크컨버터를 설치한 자동차에서 터빈 러너가 회전하지 않을 때 전달되는 회전력을 말한다.
  - 펌프는 회전하나 터빈은 회전하지 않는 점으로, 스톨 포인트에서 회전력이 최대가 되며 속도비는 "0"이 된다.
  - 속도비 감소와 함께 회전력이 증가하며, 속도비 0에서 최대값이 되는 점을 말한다.

- **유체 클러치의 구성품** : 임펠러, 터빈(터빈러너, 터빈 샤프트), 펌프(펌프 샤프트), 하우징, 가이드 링 등

- **쿠션 스프링의 역할** : 동력 전달과 차단 시 충격을 흡수하여 클러치판(clutch plate)의 변형, 파손, 한쪽만 마멸되는 것(편마멸)을 방지한다.

- **지게차의 동력전달 순서**
  - 클러치 형 수동변속기 : 기관(엔진) - 클러치(토크컨버터) - 변속기 - 종감속 기어 → 차동장치(차동기어장치) - 차축(앞구동축) - 차륜(앞바퀴)
  - 유압조작 형식(유압식) : 기관(엔진) → 토크컨버터 → 파워 시프트 → 변속기 → 차동장치 → 차축 → 차륜

- **전동지게차의 동력전달 순서** : 축전지 - 제어기구 - 전동기(엔진스타터모터, 구동모터) - 변속기 - 종감속기어 - 차동장치 - 차축 - 차륜

- **차동장치**
  - 주행 시 좌·우 바퀴를 서로 다른 회전속도로 회전시키는 기어장치이다.
  - 노면의 저항을 크게 받는 구동바퀴의 회전속도를 상대적으로 느리게 하고, 저항을 적게 받는 반대쪽 바퀴는 회전속도를 빠르게 한다.
  - 선회 시 안쪽 바퀴는 저항이 증대되어 회전수가 감소하고, 바깥쪽 바퀴는 가속된다.

- **차동장치(차동기어장치)의 동력전달 순서** : 피니언 축 → 구동 피니언 기어 → 링기어 → 차동 기어 케이스(차동 피니언 기어 → 사이드 기어) → 차축

- **지게차의 앞 차축의 기능** : 화물을 적재하였을 때 하중을 지지하고 구동한다(구동 차축).
- **지게차 차축의 스플라인** : 차축 스플라인은 차동장치 내의 사이드 기어와 결합되어 동력을 전달하는 부품이다(축과 기어 사이에 맞물려 동력을 전달하는 역할). 사이드 기어는 차동장치 내에서 피니언 기어와 맞물려 있으며, 스플라인을 통해 차축과 연결된다.

- **팬벨트 장력이 규정보다 작을 때(느슨할 때) 나타나는 현상**
  - 발전기 출력이 저하된다(발전기 충전 불량).
  - 냉각수 순환불량으로 엔진의 냉각능력을 저하되어 기관이 과열된다.
  - 초기 시동 시, 급가속 시 벨트의 미끄럼 현상으로 이상음(금속음)이 발생한다.
    * 팬벨트의 장력이 너무 크면 각 풀리의 베어링 마멸이 촉진되어 발전기와 워터펌프의 베어링 손상을 초래하며, 기관이 과냉되기 쉽다.

3. 제동장치 구조와 기능

- **지게차 제동장치(브레이크)의 구비 조건**
  - 작동이 확실하고 효과가 좋을 것
  - 신뢰성과 내구성이 뛰어날 것
  - 점검 및 조정이 용이할 것
  - 최고속도의 차량 중량에 대해 충분한 제동력을 발휘할 것
  - 조작이 간단하고 피로감을 주지 않을 것

- **지게차 유압식 브레이크의 주요부품** : 마스터 실린더, 휠 실린더, 하이드로 백(하이드로 서보 브레이크, 브레이크 부스터) 등으로 구성됨
  * 드래그링크는 조향장치의 주요부품

- **지게차 브레이크 드럼의 구비 조건**
  - 정적·동적 평형이 잡혀 있을 것
  - 충분한 강성을 갖추고, 무게가 가벼울 것
  - 방열이 잘 될 것(냉각이 잘 되어야 함)
  - 마찰면의 내마모성·내마멸성이 우수할 것

- **탠덤 마스터 실린더** : 지게차의 앞·뒤 바퀴 유압회로에 각각 1개씩 설치되어, 한쪽 회로에서 고장 발생 시 앞·뒤 바퀴의 제동력을 분리시켜 다른 한쪽이 제동력을 발휘할 수 있도록 하는 장치이다.

Chapter 02 기출문제(2025~2020년)

01 경유를 연료로 사용하는 내연기관으로 상대적으로 소음이 다소 크나, 출력이 커서 대부분의 건설기계에 사용하는 내연기관은?

① 가솔린 기관
② 디젤 기관
③ 재열재생 기관
④ 랭킨 기관(증기 기관)

01 디젤 기관은 경유를 연료로 사용하는 내연기관으로, 대부분의 건설기계에서 사용된다. 연료 자체가 압축 점화되기 때문에 폭발이 발생할 때 가솔린보다 많은 소음과 진동이 발생하나, 가솔린에 비해 쉽게 발화되고 연비 효율과 힘이 좋다. 낮은 엔진 회전수에서도 높은 출력을 낼 수 있어 저속에서도 강한 힘을 내는 것이 장점이다.

02 오토 사이클(정적사이클) 기관에 비해 디젤 사이클(정압사이클) 기관의 장점이 아닌 것은?

① 열효율이 높다.
② 화재의 위험이 상대적으로 적다.
③ 연료소비율이 낮고 연비가 우수하다.
④ 운전이 정숙하다.

02 디젤 기관은 상대적으로 진동과 소음이 커 운전의 정숙성이 떨어진다.
디젤 사이클(정압사이클) 기관의 장점
• 열효율이 높고 연료소비율이 낮다(연비가 상대적으로 우수).
• 토크(회전력)가 풍부하며, 저회전에서도 충분한 힘을 발생시킨다.
• 화재의 위험성이 비교적 적고, 내구성이 뛰어나 수명이 길다.
• 탄소 배출량이 상대적으로 적다.
• 공기를 압축·분사하여 연소한다(기관의 압축비가 높음).

03 디젤기관의 단점이 아닌 것은?

① 진동이 크다.
② rpm이 높다.
③ 제작비가 많이 든다.
④ 마력 당 무게가 무겁다.

03 디젤기관의 단점 : 소음 및 진동이 큼, 제작비가 비쌈, 마력 당 무게가 무거움

04 다음은 기관에서 어느 구성품을 형태에 따라 구분한 것인가?

직접분사식, 예연소실식, 와류실식, 공기실식

① 동력전달장치
② 연료분사장치
③ 연소실
④ 점화장치

04 디젤 기관의 연소실 : 압축된 공기와 분사된 연료가 균일하게 혼합되어 완전 연소시키고 연소가스가 팽창하는 곳으로, 직접분사식과 예연소실식, 와류실식, 공기실식 등이 있다.

정답 01 ② 02 ④ 03 ② 04 ③

05 디젤엔진의 직접 분사실식 연소실에 대한 설명 중 틀린 것은?

① 실린더 헤드의 구조가 간단하고 열 변형이 적다.
② 다공형 노즐을 사용한다.
③ 사용연료에 대한 변화에 둔감하다.
④ 냉각에 의한 열 손실이 적다.

05 직접 분사실식 연소실의 특성
- 열효율이 높고 연료소비율이 적다.
- 실린더 헤드의 구조가 간단하고 열 변형이 적다.
- 다공형 분사 노즐을 사용한다.
- 사용연료에 대한 변화에 매우 민감하다.
- 연소실 체적에 대한 표면적 비가 작아 냉각에 의한 냉각 손실이 적다.

06 디젤기관의 연료를 연소시키는 방법으로 옳은 것은?

① 압축 착화
② 전기 착화
③ 마그넷 점화
④ 전기 점화

06 디젤기관은 공기를 실린더 내로 흡입하여 고압축비로 압축한 후 압축열에 연료를 분사하는 압축 착화(자기 착화) 기관이다.

07 4행정 사이클 기관의 행정 순서로 맞는 것은?

① 압축 → 동력 → 흡입 → 배기
② 흡입 → 동력 → 압축 → 배기
③ 흡입 → 압축 → 동력 → 배기
④ 압축 → 흡입 → 동력 → 배기

07 4행정 사이클 기관의 행정순서(4행정 디젤기관의 작동 순서)는 '흡입-압축-동력(폭발, 팽창)-배기'의 순서이다.

08 디젤기관에서 인젝터 간 연료 분사량이 일정하지 않을 때 나타나는 현상은?

① 연료 소비에는 관계가 있으나 기관 회전에는 영향을 미치지 않는다.
② 연소 폭발음의 차이가 있으며 기관은 부조를 하게 된다.
③ 출력은 향상되나 기관은 부조를 하게 된다.
④ 연료 분사량에 관계없이 기관은 순조로운 회전을 한다.

08 실린더에 공급되는 연료의 양이 일정하지 않으면 연소가 불균형하게 일어나 연소 폭발음에 차이가 있으며, 기관의 회전이 불안정해져 엔진 떨림 등 부조 현상이 나타난다.

정답 05 ③ 06 ① 07 ③ 08 ②

09 디젤 엔진에서 연료분사의 조건으로 옳지 않은 것은?

① 무화가 좋을 것
② 분무의 분산이 좋을 것
③ 분사량 조정을 자유로울 것
④ 일정한 시기에 분사할 것

> **09** 디젤 기관의 연료분사 조건으로는 무화가 잘될 것, 분무의 입자가 작고 균일할 것, 분무가 잘 분산될 것, 분사의 시작과 끝이 확실하고 분사량 조정이 자유로울 것 등이 있다.

10 디젤기관 가동 중 검은 매연이 심하게 발생할 때 점검해야 할 사항이 아닌 것은?

① 공기청정기의 막힘 점검
② 연료라인에 공기 혼입 여부 점검
③ 분사펌프의 점검
④ 분사시기 점검

> **10** 연료 속에 공기가 들어가면 연료 분사압력이 낮아지고 분사가 불균일해져 시동 불량, 출력 저하, 백색(또는 회색) 매연 등이 발생한다.
> 디젤기관 가동 중 불완전 연소로 검은 매연 발생 시 점검사항 : 공기청정기(에어클리너) 막힘(공기가 부족하지 않는지 점검), 과다한 연료 분사, 분사펌프나 인젝터 점검(연료의 분무 불량 점검), 분사시기 이상 여부 점검 등

11 디젤기관의 출력이 저하되는 직접적인 원인으로 틀린 것은?

① 연료 분사량이 적을 때
② 실린더 내 압력이 높을 때
③ 노킹이 일어날 때
④ 흡기계통이 막혔을 때

> **11** 디젤기관의 출력을 저하시키는 원인 : 기관의 출력을 저하시키는 직접적인 원인으로는 연료 분사량이 적을 때, 실린더 내 압력이 낮을 때, 노킹이 일어날 때, 흡기계통이 막혔을 때 등이 있다.

12 기관의 출력 저하의 원인이 아닌 것은?

① 분사시기 늦음
② 연료탱크가 깨끗하지 못함
③ 배기계통 막힘
④ 압력계 작동 이상

> **12** 기관의 출력 저하 원인
> • 연료 분사압력이 낮음(실린더 내 압력이 낮음)
> • 연료 분사량이 적고 분사시기가 늦음
> • 노킹이 일어남
> • 연료탱크가 깨끗하지 못하거나 공기청정기가 막힘(흡입·배기계통 막힘)

정답 09 ④ 10 ② 11 ② 12 ④

13 디젤엔진에서 진동이 발생하는 원인으로 볼 수 없는 것은?

① 하이텐션 코드(고압 배선)가 불량할 때
② 인젝터에 불균율이 있을 때
③ 분사압력과 분사량이 실린더별로 차이가 있을 때
④ 4기통 엔진에서 한 개의 분사노즐이 막혔을 때

13 디젤엔진에서 진동이 발생하는 원인으로 볼 수 없는 것은 하이텐션 코드(고압 배선)가 불량할 때이다. 진동이 발생하는 원인으로는 인젝터에 불균율이 클 때, 분사시기·분사간격이 다를 때(분사시기·간격의 불균형), 분사압력과 분사량이 각 실린더별로 다를 때(분사압력·분사량의 불균형), 다실린더 기관에서 한 개의 분사노즐이 막힌 경우, 각 피스톤의 중량차가 클 때 등이 있다.

14 디젤기관에서 실린더가 마모되었을 때 발생할 수 있는 현상이 아닌 것은?

① 압축압력의 증가
② 블로바이 가스의 배출 증가
③ 연료 소비량 증가
④ 윤활유 소비량 증가

14 실린더가 마모되면 압축압력과 폭발압력이 저하된다. 또한, 블로바이 가스의 배출이 증가하고(실린더 블록이나 틈새로 새어 나옴), 연료 소비량이 증가하며, 윤활유 오염과 소비량이 증가한다.

15 건설기계 기관에서 사용하는 피스톤의 구비 조건이 아닌 것은?

① 고온·고압가스에 충분히 견딜 수 있어야 한다.
② 열전도율이 좋고 열팽창률의 적어야 한다.
③ 블로바이(blow by)가 없어야 한다.
④ 강성이 없고 무게가 무거워야 한다.

15 피스톤의 구비 조건
• 무게가 가볍고, 피스톤 상호간의 무게 차이가 적을 것
• 고온·고압가스에 충분히 견딜 수 있을 것
• 강도가 크고 내구력·내마모성이 좋을 것
• 열전도율이 좋고, 열팽창률이 작을 것
• 블로바이(blow by)가 없을 것
• 제작비가 쌀 것

16 기관의 피스톤 링에 대한 설명 중 틀린 것은?

① 압축 링과 오일 링이 있다.
② 기밀유지의 역할을 한다.
③ 열전도 작용을 한다.
④ 연료 분사를 좋게 한다.

16 피스톤 링
• 압축 링과 오일 링이 있다.
• 압축가스가 새는 것을 막아준다(균일하게 밀착, 기밀유지).
• 열전도 작용을 한다.
• 오일제어 작용을 한다.

정답 13 ① 14 ① 15 ④ 16 ④

17 기관의 피스톤 링의 구비 조건으로 틀린 것은?
① 고온에서도 탄성을 유지할 것
② 실린더 벽에 균일한 압력을 가하지 말 것
③ 오래 사용하여도 링 자체나 실린더 마멸이 적을 것
④ 열팽창률이 작을 것

17 피스톤 링의 구비 조건
• 고온에서도 탄성을 유지하고 기밀성을 확보
• 오래 사용하여도 링 자체나 실린더 마멸이 적을 것(내구성을 높임)
• 열팽창률이 작을 것
• 실린더 벽에 균일한 압력을 가할 것(편심된 압력은 실린더 벽 마모를 유발)

18 디젤엔진에서 피스톤 링의 작용으로 틀린 것은?
① 기밀유지작용
② 응력분산작용
③ 오일제어작용
④ 열전도작용

18 피스톤 링의 3대 작용 : 기밀유지작용, 열전도작용, 오일제어작용

19 기관의 크랭크축 베어링의 구비조건으로 틀린 것은?
① 마찰계수가 클 것
② 내피로성이 클 것
③ 매입성이 있을 것
④ 추종 유동성이 있을 것

19 크랭크축 베어링의 구비조건 : 낮은 마찰계수, 높은 내피로성, 매입성(윤활유가 잘 스며들 것), 추종 유동성(축의 움직임에 유연하게 따라가며 밀착될 것) 등

20 크랭크축에서 회전균형을 위해 크랭크 암에 설치하는 것은?
① 저널
② 밸런스 웨이트
③ 크랭크 핀
④ 크랭크 베어링

20 크랭크축은 회전 시 균형을 잡기위해 크랭크 암에 밸런스 웨이트(평형추)를 설치한다. 크랭크축은 크랭크 핀, 크랭크 암, 크랭크 저널로 구성된다.

정답 17 ② 18 ② 19 ① 20 ②

21 기관의 실린더 수가 많을 때의 장점이 아닌 것은?

① 가속이 원활하고 신속하다.
② 저속 회전이 용이하고 큰 동력을 얻을 수 있다.
③ 기관의 진동이 적다.
④ 연료 소비가 적고 큰 동력을 얻을 수 있다.

22 기관이 작동 중 라디에이터 캡 쪽으로 물이 상승하면서 연소가스가 누출되는 원인에 해당되는 것은?

① 분사노즐의 동 와셔가 불량하다.
② 라디에이터 캡이 불량하다.
③ 실린더 헤드의 균열이 생겼다.
④ 물 펌프에 누설이 생겼다.

23 엔진 오일의 교환 시기 및 방법에 대한 설명으로 틀린 것은?

① 엔진 오일을 순정품으로 교환하였다.
② 레벨게이지의 'F'와 'L' 사이에서, 'F'에 가깝게 오일량을 보충하였다.
③ 규정된 엔진 오일보다 플러싱 오일로 교체하여 사용한다.
④ 가혹한 조건에서 지속적으로 운전하였을 경우 교환 시기를 조금 앞당긴다.

24 기관에 사용되는 여과장치에 해당되지 않는 것은?

① 공기청정기
② 인젝션 타이머
③ 오일 스트레이너
④ 오일 필터

---

21 • 기관의 실린더 수가 많을 때의 장점 : 가속이 원활하고 신속, 저속 회전이 쉽고 큰 동력을 얻을 수 있음, 기관의 진동이 적음
• 기관의 실린더 수가 많을 때의 단점 : 구조가 복잡하고 제작비가 비쌈, 연료 소비가 큼

22 실린더 헤드에 균열이 생기면 기관이 작동 중 라디에이터 캡 쪽으로 물이 상승하면서 연소가스가 누출된다.

23 엔진에 알맞은 오일을 선택하여 교환 시기에 맞춰 교환하여야 한다. 엔진 오일 슬러지가 생기기 전에 적시에 교체해 주는 것이 플러싱 오일로 교체하는 것보다 엔진에 더 좋다.

24 건설기계기관에서 사용되는 여과장치로는 공기청정기(에어클리너), 오일 스트레이너, 필터, 관로용필터 등이 있다. 인젝션 타이머는 압축점화기관의 연료분사 시기를 조절하는 타이머이다.

정답 21 ④ 22 ③ 23 ③ 24 ②

25 유압기기의 유압유 속에 혼입되어 있는 불순물을 제거하기 위해 사용하는 구성품은?

① 연료파이프
② 릴리프 밸브
③ 여과기
④ 유압 펌프

25 유압유에 포함된 불순물은 유압기기를 손상시킬 수 있기 때문에 불순물을 제거하기 위해 유압펌프 흡입관에 설치하는 구성품은 여과기(스트레이너)이다.

26 기관의 엔진오일 여과기가 막혔을 경우 엔진윤활 계통에 오일 공급을 가능하게 하는 구성품은?

① 바이패스 밸브
② 오일 디퍼
③ 체크 밸브
④ 오일 팬

26 바이패스 밸브는 불순물이 많아서 여과기가 막혔을 경우 오일을 기관속으로 직접 공급하는 밸브이다.

27 엔진 윤활유의 주요 기능으로 틀린 것은?

① 기밀작용(기밀유지)
② 냉각작용
③ 산화작용
④ 방청작용

27 윤활유의 기능(역할) : 밀봉작용(기밀유지작용), 윤활작용, 방청작용(부식방지), 냉각작용, 응력분산작용, 마멸방지작용, 세척작용 등
*산화작용×, 연소작용×

28 기관의 윤활방식 중 커넥팅로드 대단부에 주걱을 설치하여 오일 팬 내의 오일을 분사하는 방식은?

① 비산압송식
② 원심식
③ 압송식(압력식)
④ 비산식

28 기관의 윤활방식
• 비산식 : 커넥팅로드 대단부에 부착된 주걱(오일디퍼)으로 오일 팬 안의 윤활부분에 오일을 분사하는 방식
• 압송식(압력식) : 오일 펌프를 이용하여 오일 팬 안에 있는 오일을 흡입가압하여 윤활부분에 공급하는 방식
• 비산 압송식 : 비산식과 압송식을 조합한 방식으로, 현재 가장 많이 사용하는 방식

정답 25 ③ 26 ① 27 ③ 28 ④

29 디젤기관의 윤활유 압력이 낮은 원인이 아닌 것은?
① 점도가 높은 오일을 사용하였다.
② 윤활유의 양이 부족하다.
③ 오일펌프가 과대 마모되었다.
④ 윤활유 압력 릴리프밸브가 열린 채 고착되었다.

29 점도가 높은 오일을 사용하면 윤활유 압력이 높아진다. 디젤기관의 윤활유 압력이 낮아지는 원인은 점도가 낮은 윤활유를 사용할 때, 윤활유 양이 부족할 때, 윤활유 펌프의 고장이나 과대 마모, 윤활유 여과기 파손, 압력 릴리프밸브가 열린 채 고착되었을 때 등이다.

30 윤활유 교환 후 윤활유 압력이 높아졌다면 원인으로 가장 적절한 것은?
① 오일회로 내 누설이 발생하였다.
② 오일 점도가 높은 것으로 교환하였다.
③ 압력 릴리프 밸브가 열린 채 고착되었다.
④ 엔진오일 교환 시 연료가 혼입되었다.

30 오일 점도가 높은 것으로 교환하면 윤활유 압력이 높아진다.

31 디젤엔진의 노킹 발생원인과 거리가 먼 것은?
① 기관이 과도하게 냉각되었다.
② 세탄가가 높은 연료를 사용하였다.
③ 분사노즐의 분무상태가 불량하다.
④ 착화 기간 중 분사량이 많다.

31 디젤엔진 노킹발생원인 : 기관엔진 과냉, 세탄가가 낮은 연료사용, 낮은 연료의 분사압력, 긴 착화지연시간, 분사노즐 분무상태 불량, 낮은 연소실 온도, 착화 기간에 많은 연료분사량 등

32 커먼레일 디젤엔진의 연료장치 구성부품이 아닌 것은?
① 고압펌프
② 커먼레일
③ 분사펌프
④ 인젝터

32 분사펌프나 공급펌프는 커먼레일 디젤엔진의 연료장치 구성부품에 해당하지 않는다.

정답 29 ① 30 ② 31 ② 32 ③

33 커먼레일 디젤기관에서 연료장치 구성부품이 아닌 것은?
① 연료파이프   ② 공급펌프
③ 연료필터   ④ 인젝터

33 연료장치의 구성부품 : 커먼레일(연료저장축압기), 인젝터(분사노즐), 고압펌프, 연료파이프(고압파이프), 연료필터, 연료압력조절기 등

34 디젤 엔진에서 연료를 고압으로 연소실에 분사하는 것은?
① 분사노즐
② 인젝션 펌프
③ 프라이밍 펌프
④ 조속기

34 ① 분사노즐(인젝터) : 디젤 엔진에서 분사 펌프에서 보내진 고압의 연료를 안개 모양으로 연소실에 분사하는 장치
② 분사 펌프(인젝션 펌프) : 연료를 고압으로 만들어 분사노즐까지 공급하는 장치
③ 프라이밍 펌프: 연료탱크에서 연료를 분사 펌프까지 공급하는 장치로, 연료 장치 내 공기빼기 작용을 할 때 사용하며 연료 공급 펌프에 설치
④ 조속기 : 엔진 회전수를 제어하는 장치

35 디젤 엔진에서 연료계통의 공기빼기 순서로 옳은 것은?
① 공급펌프 → 분사노즐 → 분사펌프
② 연료여과기 → 공급펌프 → 분사펌프
③ 연료여과기 → 분사펌프 → 공급펌프
④ 공급펌프 → 연료여과기 → 분사펌프

35 디젤엔진 연료계통의 공기빼기 순서 : 연료 공급펌프 → 연료여과기 → 분사펌프

36 디젤기관 연료계통에 공기빼기를 해야 하는 경우로 틀린 것은?
① 연료 호스나 파이프 등을 교환한 경우
② 연료 필터의 교환 또는 분사 펌프 탈·부착 작업을 한 경우
③ 예열플러그를 교환한 경우
④ 연료탱크 내의 연료가 결핍되어 보충한 경우

36 ③ 예열플러그는 연료계통과는 관계가 없으므로 예열플러그를 교환한 경우는 공기 빼기를 할 필요가 없다.
① 연료 호스나 파이프를 교환하면 내부에 공기가 유입될 수 있으므로 공기빼기가 필요하다.
② 연료 필터를 교환하거나 분사 펌프를 탈·부착한 경우 연료라인이 개방되므로 공기가 유입될 수 있다.
④ 연료가 떨어진 후 연료탱크 내에 연료를 보충했다면 라인 내 공기가 유입되었을 가능성이 높다.

정답 33 ② 34 ① 35 ④ 36 ③

37 커먼레일 디젤기관의 연료장치 시스템에서 출력요소는?

① 인젝터
② 브레이크 스위치
③ 공기 유량 센서
④ 엔진 ECU

37 커먼레일 디젤엔진의 연료장치 시스템에서 출력요소에 해당하는 것은 인젝터이다. 커먼레일 디젤엔진은 고압 연료펌프를 통해 커먼레일에 고압의 연료를 주입하고, 이 연료를 인젝터를 통해 고압으로 연소실에 분사함으로써 엔진의 효율을 높이고 배기가스를 줄이는 엔진이다.

38 전자제어 커먼레일 디젤 연료장치의 인젝터(injector) 구성 요소가 아닌 것은?

① 어큐뮬레이터
② 솔레노이드 밸브
③ 니들 밸브
④ 노즐

38 커먼레일 디젤 연료장치의 인젝터(injector) 구성 요소 : 급수구(연료입구), 솔레노이드 밸브, 니들 밸브, 노즐, 코일, 플런저 등

39 커먼레일 방식 디젤기관에서 크랭킹은 되는데 기관이 시동되지 않는다. 점검부위로 가장 거리가 먼 것은?

① 분사펌프 딜리버리 밸브
② 연료탱크 유량
③ 레일 압력
④ 인젝터

39 커먼레일 방식 디젤기관에서 크랭킹은 되는데 기관이 시동되지 않을 때 점검부위로는 인젝터, 커먼레일 압력, 연료탱크 유량 등이 있다. 딜리버리 밸브는 연료의 역류와 분사노즐의 후적을 방지하고, 고압 파이프 안의 잔압을 유지시키는 작용을 한다. 후적이란 연료 분사 후 노즐팁에 연료방울이 생겨 연소실에 떨어지는 것으로, 후적이 발생하면 배압이 발생되어 엔진 출력이 저하된다.

40 디젤 기관 인젝션 펌프에서 딜리버리 밸브의 기능으로 틀린 것은?

① 역류 방지
② 유량 조정
③ 후적 방지
④ 잔압 유지

40 딜리버리 밸브는 연료의 역류와 분사노즐의 후적을 방지하고, 고압 파이프 안의 잔압을 유지시키는 작용을 한다.

정답 37 ① 38 ① 39 ① 40 ②

41 연료계통의 고장으로 기관이 부조를 하다가 시동이 꺼지는 원인으로 가장 거리가 먼 것은?
① 탱크 내에 이물질이 연료장치에 유입
② 연료필터 막힘
③ 리턴호스 고정클립 체결 불량
④ 연료파이프 연결 불량

41 연료계통 고장으로 기관이 부조 중 시동이 꺼지는 원인으로는 탱크 내 오물이나 이물질이 연료장치에 유입되거나 연료필터가 막히는 경우, 연료 파이프의 손상이나 연결이 불량한 경우 등이 있다. 프라이밍 펌프의 고장이나 리턴호스 고정클립의 체결 불량 등은 원인과 거리가 멀다.

42 기관의 압축압력이 낮은 원인으로 옳은 것은?
① 압축 링이 절손 또는 과다 마모되었다.
② 축전지의 출력이 높다.
③ 연료의 세탄가가 높다.
④ 연료계통의 프라이밍 펌프가 손상되었다.

42 압축 링이 파손·절손되거나 과다 마모된 경우 엔진의 압축압력이 낮아진다.

43 디젤기관의 흡입행정에서 흡입하는 것은?
① 경유   ② 등유
③ 공기   ④ 가솔린

43 디젤기관의 흡입행정에서는 흡기밸브를 통하여 실린더 내로 공기를 흡입한다.

44 흡·배기 밸브의 구비조건이 아닌 것은?
① 열전도율이 좋을 것
② 내부식성의 좋아야 할 것
③ 열에 대한 저항력이 작을 것
④ 열에 대한 팽창률이 적을 것

44 열에 대한 저항력이 크고, 팽창률이 적어야 한다.
흡·배기 밸브의 구비조건
• 열전도율이 좋을 것
• 열에 대한 저항력이 크고 팽창률이 적을 것
• 고온고압에서 잘 견딜 것, 고온에서 물리적 성질이 변하지 않을 것
• 단조와 열처리가 쉬울 것
• 부식되지 않고 경량일 것
• 충격과 과부하에 견딜 것

정답 41 ③ 42 ① 43 ③ 44 ③

45 기관에서 밸브스템엔드와 로커암(태핏) 사이의 간극을 무엇이라 하는가?

① 로커암 간극
② 캠 간극
③ 스템 간극
④ 밸브 간극

45 밸브 간극은 밸브 스템 엔드와 로커암 사이의 틈새를 말하며, 온도가 상승함에 따라 밸브기구가 팽창(열팽창)하여 밸브면과 밸브시트가 밀착되지 않는 것을 방지하기 위해 인위적으로 조정하는 간극이다.

46 디젤엔진의 배기량이 일정한 상태에서 연소실에 흡입 공기량을 증가시켜 흡입효율을 높이기 위한 장치는?

① 과급기
② 냉각 압축 펌프
③ 에어 컴프레셔
④ 연료 압축기

46 과급기(Charger)는 배기량이 일정한 상태에서 연소실에 강압적으로 많은 공기를 압축하여 공급함으로써, 엔진의 흡입효율을 높여 출력과 토크를 증대시키는 장치이다.

47 기관에서 흡입효율을 높이는 장치는?

① 압축기   ② 과급기
③ 기화기   ④ 소음기

47 과급기(Charger)는 엔진의 흡입효율을 높여 출력과 토크를 증대시키는 장치이다.

48 디젤기관에서 과급기를 설치하는 주된 목적은?

① 기관의 회전수를 일정하게 하기 위해서
② 배기 소음을 줄이기 위해서
③ 기관의 압력을 낮추기 위해서
④ 기관의 출력을 증대시키기 위해서

48 과급기는 배기량이 일정한 상태에서 연소실에 강압적으로 많은 공기를 압축하여 공급함으로써 엔진의 흡입효율을 높여 출력과 토크를 증대시키는 장치이다.

정답 45 ④ 46 ① 47 ② 48 ④

49 디젤기관에서 과급기의 사용 목적으로 틀린 것은?

① 냉각효율이 증대된다.
② 체적효율이 증대된다.
③ 출력이 증가한다.
④ 회전력이 증가한다.

49 과급기(Charger)의 사용 목적
- 흡입 공기량이 증가하여 연소효율이 향상되고 체적효율이 증대된다(온도를 낮추어 밀도를 높이고 체적효율 증대를 위해 인터쿨러를 사용함).
- 연료 분사량이 증가하여 엔진의 출력과 토크가 증대된다.
- 연소실 내의 압력이 높아져 평균유효압력이 향상된다.
- 회전력을 증가시켜 최고 속도와 가속력이 향상된다(연비 향상).

50 디젤기관의 과급기에 대한 설명으로 틀린 것은?

① 과급기를 설치하면 엔진 중량과 출력이 감소된다.
② 흡입 공기에 압력을 가해 기관에 공기를 공급한다.
③ 체적효율을 높이기 위해 인터쿨러를 사용한다.
④ 배기 터빈 과급기는 원심식이 가장 많이 사용된다.

50 ① 과급기를 설치하면 엔진 출력은 증대되며, 엔진 중량은 약간 증가할 수 있다.
② 압력을 가해 기관에 흡입 공기량을 증가시킨다.
③ 인터쿨러를 사용하는 것은 과급 공기의 온도를 낮추어 밀도를 높이고 체적효율을 높이기 위해서이다.
④ 배기 터빈 과급기에서 원심식이 가장 널리 사용된다.

51 배기터빈 과급기에서 터빈 축 베어링의 윤활 방법으로 옳은 것은?

① 기관오일로 급유
② 기어오일을 급유
③ 오일리스 베어링 사용
④ 그리스로 윤활

51 과급기의 윤활은 기관 윤활장치에서 보내준 기관오일(윤활유)로 직접 공급된다.

52 기관 밸브기구에서 밸브 오버랩을 두는 이유는?

① 흡입 효율을 증대시킨다.
② 압축 압력을 높여준다.
③ 밸브 개폐를 쉽게 한다.
④ 연료 소모를 줄여준다.

52 밸브 오버랩을 두는 이유는 실린더의 흡입 행정에서 흡입 효율을 높이고, 배기 행정에서 잔류하는 배기가스를 원활하게 배출하기 위한 것이다. 밸브 오버랩은 배기 행정과 흡입 행정 사이에서 흡입·배기 밸브가 모두 열려 있는 시기를 말하는데, 그 효과로는 실린더 체적효율의 향상, 배기가스의 완전한 배출을 통한 기관출력 증가, 실린더 냉각효과 향상 등이 있다.

정답 49 ① 50 ① 51 ① 52 ①

53 소음기나 배기 매니폴드, 배기관 내에 카본이 많이 쌓이면 배압은 어떻게 되는가?

① 높아진다.
② 저속에서 낮아졌다가 고속에서는 높아진다.
③ 낮아진다.
④ 영향을 미치지 않는다.

53 소음기나 배기 매니폴드(배기다기관), 배기관 내에 많은 양의 카본이 쌓이면 배기통로가 좁아져 배출이 불충분하므로 배압이 높아진다.

54 연소에 필요한 공기를 실린더로 흡입할 때 먼지 등의 불순물을 여과하여 피스톤 등의 마모를 방지하는 역할을 하는 장치는?

① 플라이휠   ② 냉각장치
③ 에어 클리너 ④ 과급기

54 에어클리너는 엔진이 흡입하는 공기 속에 들어 있는 먼지 등을 제거하여 피스톤 등의 마모를 방지하고, 흡기계통에서 발생하는 흡기 소음을 없애는 역할을 한다.

55 기관의 에어클리너에 대한 설명으로 틀린 것은?

① 에어클리너는 공기 흡입구에 부착되어 있다.
② 실린더 내에 흡입되는 공기에 포함된 먼지를 제거한다.
③ 흡기계통에서 발생하는 흡기 소음을 줄여주는 역할을 한다.
④ 에어클리너는 연소실에 부착되어 있다.

55 ④·① 에어클리너는 외부 공기를 흡입하는 흡기계통의 시작 부분에 부착한다(흡입구에 부착).
② 연소에 필요한 공기를 실린더로 흡입할 때 먼지·세균 등의 불순물을 제거한다.
③ 흡기계통에서 발생하는 흡기 소음을 없애는 역할을 한다.

56 기관의 흡입 공기를 선회시켜 엘리먼트 이전에 이물질을 제거하는 에어클리너 방식은?

① 원심식(원심분리식)
② 건식
③ 습식
④ 비스커스식

56 원심식(원심분리식) : 건식 공기청정기로 들어가기 전에 공기를 한 번 더 걸러서 보내주는 방식으로, 기관의 흡입 공기를 선회시켜 엘리먼트 이전에 이물질을 제거하는 방식이다.

정답 53 ① 54 ③ 55 ④ 56 ①

57 건식 에어클리너의 세척 또는 청소방법으로 가장 적절한 것은?

① 압축 오일로 에어클리너 밖에서 안으로 불어낸다.
② 압축 오일로 에어클리너 안에서 밖으로 불어낸다.
③ 압축 공기로 에어클리너 안에서 밖으로 불어낸다.
④ 압축 공기로 에어클리너 밖에서 안으로 불어낸다.

57 건식 에어클리너는 압축 공기를 이용하여 오염물질을 에어클리너 안에서 밖으로 불어낸다.

58 실린더 벽, 밸브 시트, 밸브 가이드, 연소실 등의 열을 냉각시키는 냉각수 순환통로이며, 실린더 헤드와 블록에 설치되는 것은?

① 라디에이터   ② 물 재킷
③ 구동 벨트   ④ 커플링

58 물 재킷(Water jacket) : 실린더 블록과 실린더 헤드에 설치된 냉각수 순환통로이며, 이곳을 통과하는 냉각수가 실린더 벽, 밸브 시트, 밸브 가이드, 연소실과 접촉하여 열을 흡수(냉각)한다. 보통 실린더 블록 또는 실린더 헤드와 일체로 주조되어 있다.

59 냉각장치에 사용되는 라디에이터의 구성품이 아닌 것은?

① 코어   ② 물재킷
③ 냉각핀   ④ 냉각수 주입구

59 물재킷은 실린더 블록과 실린더 헤드에 설치된 냉각수 순환통로이며, 보통 실린더 블록 또는 실린더 헤드와 일체로 주조되어 있다.
라디에이터 구성요소 : 코어, 튜브, 냉각핀, 냉각수 주입구 등

60 냉각장치에서 라디에이터의 구비 조건으로 적절한 것은?

① 무겁고 강도가 클 것
② 방열량이 클 것
③ 공기 흐름 저항이 클 것
④ 냉각수 유동 저항이 클 것

60 ② 단위 면적 당 방열량이 클 것
① 가급적 가볍고 작으며, 강도가 클 것
③ 공기 흐름 저항이 적을 것
④ 냉각수 유동 저항이 적을 것

정답 57 ③ 58 ② 59 ② 60 ②

61 라디에이터 캡의 안쪽에 설치되어 있는 밸브는?

① 압력 밸브와 진공 밸브
② 진공 밸브와 체크 밸브
③ 체크 밸브와 압력 밸브
④ 부압 밸브와 체크 밸브

> **61** 압력 밸브와 진공 밸브는 라디에이터 캡의 안쪽에 설치되어 있으며, 라디에이터 내의 압력을 조절해 주는 역할을 한다.

62 기관 냉각장치에서 비등점을 높이기 위해 설치된 부품은?

① 압력식 캡
② 물 펌프
③ 팬 벨트
④ 물 재킷

> **62** 디젤기관 냉각장치에서 냉각수의 비등점을 높여주기 위해 설치된 부품은 압력식 캡이다. 압력식 캡은 압력을 대기 압력보다 높게 하여 냉각수의 끓는점을 높이고 냉각 효율을 향상시키기 위해 설치한 라디에이터 캡을 말한다.

63 밀봉 압력식 라디에이터 캡을 사용하는 이유로 가장 적합한 것은?

① 워밍업을 빠르게 할 때
② 압력밸브가 고장일 때
③ 엔진온도를 낮게 할 때
④ 냉각수의 비등점을 높일 때

> **63** 냉각장치에서 밀봉 압력식 라디에이터 캡을 사용하는 것은 냉각수의 비등점(비점)을 높이기 위한 것이다. 냉각수의 비점이 높아지면 열이 빨리 전달되어 엔진의 온도를 효과적으로 낮출 수 있으므로, 엔진이 오버히팅되는 것을 방지하고 엔진의 수명을 연장할 수 있다.
> 압력식 라디에이터의 장점 : 냉각수 비등점을 높임, 냉각수의 손실이 적음(냉각장치의 효율을 높임), 방열기의 최소화

64 가압식 라디에이터의 장점으로 틀린 것은?

① 냉각수의 비등점을 높일 수 있다.
② 냉각수의 순환속도가 빠르다.
③ 방열기를 작게 할 수 있다.
④ 냉각장치의 효율을 높일 수 있다.

> **64** 가압식(압력식) 라디에이터는 냉각수를 가압하여 사용하기 때문에 냉각수의 비등점(끓는점)을 높일 수 있고 방열기를 작게 할 수 있으며(방열기의 최소화), 외부와의 온도차가 커져 냉각 효율을 높일 수 있고 냉각수 손실이 적어지는 장점이 있다.

정답 61 ① 62 ① 63 ④ 64 ②

65 라디에이터 캡의 압력스프링 장력이 약화되었을 때 나타나는 현상은?
① 출력 저하
② 기관 과냉
③ 배압 발생
④ 기관 과열

65 라디에이터 캡의 스프링 장력이 약하거나 파손되면 냉각수의 비등점이 낮아져 기관이 과열되기 쉽다. 냉각장치에서 냉각수의 비등점을 높이기 위해 밀봉 압력식 라디에이터 캡(압력식 캡)을 사용한다.

66 건설기계 기관을 외력으로 구동시키는 장치는?
① 시동장치
② 점화장치
③ 냉각장치
④ 흡기장치

66 건설기계와 같은 기관을 외력으로 구동시키는 장치를 시동장치라고 한다. 건설기계 기관은 자체 구동이 불가능하므로, 시동장치에 의해 외력으로 크랭크축을 회전시켜 기계의 엔진을 구동시키게 된다.

67 다음 중 기동전동기의 구성품이 아닌 것은?
① 전기자
② 솔레노이드 스위치
③ 과급기
④ 계자코일

67 기동전동기의 구성품 : 전기자, 정류자, 계자코일, 계자철심, 브러시, 전자석(전자석 스위치), 솔레노이드 스위치(마그네틱 스위치), 오버러닝 클러치, 브레이크 기구 등
*과급기×, 로터코일×

68 기동 전동기의 구성품 중 전류를 받아 자력선을 형성하는 것은?
① 전기자
② 계자 코일
③ 브러시
④ 슬립링

68 ② 계자코일 : 철심에 코일을 감고 전류를 받아 자력선을 형성
① 전기자 : 전동기가 회전하는 주요부로서, 축과 철심, 전기자 코일, 정류자 등으로 구성
③ 브러시 : 정류자를 통해 코일에 전류 공급
④ 슬립링(로터리 조인트, 로터리 커넥터) : 회전하는 장비에 전원·신호라인을 공급할 때 전선의 꼬임없이 전달가능한 일종의 회전형 커넥터

정답 65 ④ 66 ① 67 ③ 68 ②

69 다음의 'ㄱ', 'ㄴ'에 알맞은 말은?

> 시동 전동기는 프레임에 고정된 철심(pole core)에 코일을 감고 여기에 전류를 흐르게 하여 자력을 발생하는데, 이 코일을 (ㄱ)이라 하고, 정류자편에 납땜되어 회전하는 철심의 홈에 설치된 코일을 (ㄴ)이라고 한다.

① ㄱ: 여자코일　　ㄴ: 점화코일
② ㄱ: 전기자코일　ㄴ: 계자코일
③ ㄱ: 계자코일　　ㄴ: 전기자코일
④ ㄱ: 점화코일　　ㄴ: 여자코일

69 시동 전동기에서는 자기장을 형성하기 위해 프레임에 고정된 철심(폴 코어)에 코일을 감고 여기에 전류를 흐르게 하여 자기력을 발생하는 전자석을 사용하는데, 이 코일을 계자코일(field coil)이라 한다. 회전하는 철심의 홈에 설치된 코일(도선에 해당하는 회전 코일)을 전기자코일(armature coil)이라고 한다. 전기자(armature)란 전동기축과 코어에 전기자코일을 감고 정류자를 붙인 것으로, 전동기의 회전 부분이 된다.

70 건설기계의 시동원리와 관련된 것으로, 플래밍의 왼손법칙의 원리를 이용하여 전류를 흘려 전류방향에 수직방향으로 힘과 회전력을 발생시켜 구동하는 장치는?

① 과급기　　　② 기동전동기
③ 여과기　　　④ 조속기

70 기동 전동기 원리 : 플래밍의 왼손법칙의 원리를 이용한 건설기계의 시동원리로서, 플래밍의 왼손법칙의 원리를 이용하여 전기자에 전류를 흘려 전류방향에 수직방향으로 힘과 회전력을 발생시켜 구동시키는 원리이다.

71 기동 전동기가 회전하지 않는 원인으로 틀린 것은?

① 배터리의 용량이 작다.
② 배선과 스위치가 손상되었다.
③ 기동 전동기가 소손되었다.
④ 기동 전동기의 피니언 기어가 손상되었다.

71 기동 전동기의 피니언 기어가 손상된 경우, 브러시와 정류자에 밀착된 경우 등은 기동 전동기가 회전하지 않는 원인과 거리가 멀다.

72 기동 전동기가 회전하지 않는 원인과 가장 거리가 먼 것은?

① 배터리 출력이 낮다.
② 계자 코일이 손상되었다.
③ 기동 스위치 접촉 및 배선이 불량하다.
④ 브러시가 정류자에 밀착되어 있다.

72 기동 전동기가 회전하지 않는 원인으로는 배터리 출력이 낮고 전기자 코일의 단선, 계자 코일의 손상, 기동 전동기 소손, 기동 스위치 접촉 및 배선 불량, 브러시와 정류자의 밀착 불량인 경우 등이 있다. 연료 압력이 낮거나 연료가 없는 경우, 기동 전동기의 피니언 기어가 손상된 경우, 브러시와 정류자에 밀착된 경우 등은 회전하지 않는 원인과 거리가 멀다.

정답　69 ③　70 ②　71 ④　72 ④

73 직류 직권 전동기에 대한 설명 중 틀린 것은?

① 부하를 걸렸을 때, 회전속도가 낮아진다.
② 부하에 관계없이 회전속도가 거의 일정하다.
③ 회전속도의 변화가 크다.
④ 기동 회전력이 분권전동기에 비해 크다.

73 직류 직권 전동기의 특성
- 직권 전동기는 전기자 권선과 계자 권선이 직렬로 되어 있다.
- 전기자 전류, 계자 전류 및 부하전류의 크기는 동일하다.
- 부하가 걸렸을 때(클 때), 회전속도가 낮아진다.
- 부하에 따른 회전속도 변화가 크다.
- 기동 회전력이 분권전동기에 비해 크다.

74 직권식 기동 전동기의 전기자 코일과 계자 코일의 연결은?

① 직렬로 연결되어 있다.
② 병렬로 연결되어 있다.
③ 계자 코일은 병렬, 전기자 코일은 직렬로 연결되어 있다.
④ 계자 코일은 직렬, 전기자 코일은 병렬로 연결되어 있다.

74 일반적으로 직권식 기동 전동기의 전기자 코일과 계자 코일의 결선방법은 기관 시동에 적합한 직류 직권방식을 사용한다. 전동기에는 전기자 코일과 계자 코일을 직렬로 접속한 직권 전동기와 병렬로 접속한 분권 전동기, 직권과 분권의 두 계자 코일을 가지는 복권 전동기가 있다.

75 디젤기관 연소실의 공기 온도를 상승시켜 시동을 원활하게 하는 장치는?

① 고압분사장치   ② 예열장치
③ 연료장치   ④ 충전장치

75 예열장치는 디젤엔진에 흡입된 공기 온도를 상승시켜 시동을 원활하게 하는 장치(디젤기관의 시동 보조장치)이다. 동절기에 주로 사용된다.

76 디젤기관의 시동을 돕기 위해 설치된 부품으로 맞는 것은?

① 히트레인지   ② 발전기
③ 과급장치   ④ 디퓨저

76 디젤기관의 시동 보조장치인 예열장치는 예열 플러그식과 흡기 가열 방식이 있다. 예열 플러그식은 코일형 예열 플러그와 실드형 예열플러그로 구성되며, 흡기 가열 방식은 실린더 내로 흡입되는 공기를 흡기다기관에서 가열하는 방식으로, 흡기 히터와 히트레인지로 구성된다.

정답 73 ② 74 ① 75 ② 76 ①

77 직류 발전기의 구성 부품은?
① 계자, 정류자 코일, 스테이터
② 전기자, 정류자, 로터
③ 계자, 계자 철심, 스테이터
④ 계자코일, 전기자, 정류자

77 직류발전기의 구조(3요소) : 계자(계자 철심과 계자 코일), 전기자, 정류자가 있으며, 브러시를 포함하여 4요소라고 한다.

78 교류발전기의 주요 구성 요소가 아닌 것은?
① 스테이터
② 로터
③ 다이오드
④ 플라이휠

78 교류발전기의 주요 구성 요소 : 스테이터(스테이터 철심, 스테이터 코일), 로터(rotor, 회전자), 다이오드(정류기), 슬립링 및 브러시, 엔드프레임, 전압조정기, 팬 등
*계자코일×, 밸브 태핏×, 플라이휠×

79 교류발전기에서 전류가 발생하는 곳은?
① 로터 코일
② 계자 코일
③ 스테이터 코일
④ 전기자 코일

79 교류(AC)발전기에서 전류가 발생하는 곳은 스테이터 코일이다. 내부 회로도 상의 발전기에서 교류 전류가 발생한다.

80 교류발전기에서 교류를 직류로 바꾸어 주는 것은?
① 슬립링
② 계자
③ 다이오드
④ 브러시

80 교류발전기에서 다이오드의 기능은 스테이터 코일에서 발생한 교류를 직류로 정류하여 외부로 공급하고, 축전지에서 발전기로 전류가 역류하는 것을 방지하는 것이다. 직류발전기에서 교류를 직류로 바꾸어 주는 부분은 정류자이다.

정답 77 ④ 78 ④ 79 ③ 80 ③

81 교류발전기에서 교류를 직류로 정류하여 외부로 공급하고 축전지에서 발전기로 전류가 역류하는 것을 방지하는 부품은?

① 다이오드
② 전압 조정기
③ 로터
④ 유압 실린더

81 교류발전기에서 다이오드는 스테이터 코일에서 발생한 교류를 직류로 정류하여 외부로 공급하고, 축전지에서 발전기로 전류가 역류하는 것을 방지한다.

82 교류발전기에 사용되는 부품인 다이오드를 냉각하기 위한 것은?

① 히트싱크
② 유체클러치
③ 엔드 프레임에 설치된 오일장치
④ 냉각튜브

82 히트싱크(Heat sink)는 다이오드와 같은 부품이 발생시키는 열을 효과적으로 흡수하고 분산시키는 장치이다. 열을 흡수·방출함으로써 다이오드를 냉각하여 온도를 유지하거나 낮추는 역할을 한다.

83 건설기계에 사용되는 교류발전기의 특징으로 옳지 않은 것은?

① 소형 경량이며 내구성이 있다.
② 전류 조정기를 사용한다.
③ 공회전이나 저속 시에도 충전이 가능하다.
④ 다이오드로 정류하므로 정류 특성이 좋다.

83 교류발전기의 특징
- 브러시의 수명이 길고, 정류자에서 불꽃발생이 적다.
- 소형·경량이며, 내구성이 있고 출력이 크다.
- 역류가 없고 공회전이나 저속 시에도 충전이 가능하다.
- 회전부분에 정류자를 두지 않으므로 허용회전속도의 한계가 높다.
- 출력전류의 제어작용을 하고, 조정기의 구조가 간단하다.
- 전압 조정기만 필요하다.
- 다이오드로 정류하므로 정류 특성이 좋고 전기적 용량이 크다.

84 직류발전기와 비교하여 교류발전기의 특징에 대한 설명으로 옳은 것은?

① 발전기의 수명이 비교적 짧다.
② 사이즈가 크고 무겁다.
③ 허용회전속도의 범위가 넓다.
④ 기관 공회전 시에는 충전이 어렵다.

84 교류발전기는 회전부분에 정류자를 두지 않으므로 허용회전속도 범위가 넓다.

정답 81 ① 82 ① 83 ② 84 ③

85 교류발전기에서 작동 중 소음 발생 원인으로 가장 거리가 먼 것은?

① 축전지가 방전되었다.
② 고정 볼트가 풀렸다.
③ 벨트 장력이 약하다.
④ 베어링이 손상되었다.

85 ① 축전지의 방전은 소음 발생과 직접적 관련이 없다. 교류발전기는 전기를 생산하며, 축전지는 생산된 전기를 공급받아 저장·작동한다.
② 고정 벨트가 풀리면 부품이 떨리거나 발전기가 진동하여 소음이 발생할 수 있다.
③ 벨트 장력이 약하면 벨트가 미끄러지면서 소음이 발생한다.
④ 베어링이 손상되면 마찰이 증가하여 소음이 발생할 수 있다.

86 전압(voltage)에 대한 설명으로 가장 적절한 것은?

① 자유전자가 도선을 통하여 흐르는 것을 말한다.
② 도체의 저항에 의해 발생되는 열을 나타낸다.
③ 전기적인 높이, 즉 전기적인 압력을 말한다.
④ 물질에 전류가 흐를 수 있는 정도를 나타낸다.

86 전압은 회로 내에서 전류를 흐르게 하는 원동력, 즉 전기적인 압력이나 위치 에너지를 말한다. 전압이 높을수록 전류가 더 잘 흐른다.

87 충전장치에서 발전기는 어떤 축과 연동되어 구동되는가?

① 변속기 입력축
② 캠축
③ 크랭크축
④ 추진축

87 충전장치에서 발전기는 엔진의 움직임을 전기에너지로 변환하기 위해 구동되는데, 이때 발전기는 크랭크축과 연동되어 구동된다. 크랭크축은 엔진 내부에서 피스톤의 움직임을 회전 운동으로 변환하는 역할을 하기 때문에, 발전기는 크랭크축과 연동되어 엔진의 움직임에 따라 회전하게 된다.

88 전기 회로에서 저항의 병렬 접속방법에 대한 설명 중 틀린 것은?

① 전류가 나누어져 저항 속을 흐르기 때문에 합성저항이 감소한다.
② 병렬 접속 시 어느 저항에서나 동일한 전압이 흐른다.
③ 합성저항은 각 저항의 어느 것보다도 적다.
④ 합성저항은 'R=R1+R2+R3+……+Rn'이다.

88 저항이 병렬로 접속되어 있을 때 합성저항은 '$\frac{1}{R1} + \frac{1}{R2} + \cdots + \frac{1}{Rn}$'이다.

89 12V 축전지에 2Ω, 4Ω, 6Ω의 저항을 직렬로 연결했을 때 회로에 흐르는 전류는?

① 1A
② 2A
③ 3A
④ 4A

89 직렬로 연결하였으므로, 합성저항은 '2 + 4 + 6 = 12(Ω)'가 된다. '전류(I) = $\frac{전압(V)}{저항(R)}$'이므로, 회로에 흐르는 전류는 '$\frac{12V}{12Ω}$ = 1A'가 된다.

90 12V의 동일한 용량의 축전지 2개를 직렬로 연결하면 어떤 현상이 발생하는가?

① 저항이 감소한다.
② 용량이 감소한다.
③ 전압이 높아진다.
④ 용량이 증가한다.

90 동일한 용량의 축전지 2개를 직렬로 연결하면 전압은 2배가 된다(12V + 12V = 24V). 전체 전류의 크기는 같고 용량은 동일하며, 합성저항은 '12 + 12 = 24(Ω)'가 되어 증가한다.

91 전압 12V, 용량 80Ah인 축전지 2개를 직렬 연결하면 전압과 용량은?

① 12V, 80Ah가 된다.
② 24V, 80Ah가 된다.
③ 24V, 160Ah가 된다.
④ 12V, 160Ah가 된다.

91 동일한 축전지 2개를 직렬로 연결하면 전압은 2배가 된다(12V + 12V = 24V). 전체 전류의 크기는 같으므로 용량은 동일하다(80Ah). 동일한 축전지 2개를 병렬 연결하면 전압은 불변이고, 용량은 2배가 된다.

92 건설기계에 사용되는 12V 납산축전지의 구성은?

① 셀(cell) 3개를 직렬로 접속
② 셀(cell) 6개를 직렬로 접속
③ 셀(cell) 3개를 병렬로 접속
④ 셀(cell) 6개를 병렬로 접속

92 12V의 납산축전지는 셀 6개가 직렬로 연결된 형태로 구성된다.

정답 89 ① 90 ③ 91 ② 92 ②

93 건설기계에 사용되는 12V의 납산축전지의 셀 구성에 대한 설명으로 맞는 것은?

① 2V의 셀 6개가 병렬로 접속되어 있다.
② 2V의 셀 6개가 직렬로 접속되어 있다.
③ 2V의 셀 6개가 직렬과 병렬로 혼용하여 접속되어 있다.
④ 4V의 셀 3개가 직렬과 병렬로 혼용하여 접속되어 있다.

93 12V의 납산축전지는 2V의 셀(shell) 6개가 직렬로 연결된 형태로 구성된다.

94 실드 빔식 전조등에 대한 설명으로 옳은 것은?

① 렌즈와 반사경을 분리하여 제작한 것
② 렌즈와 반사경 및 전구를 일체로 제작한 것
③ 반사경과 전구를 분리하여 제작한 것
④ 렌즈, 반사경 및 전구를 분리하여 제작한 것

94 실드 빔 형식은 반사경·렌즈·필라멘트가 일체로 되어 있고, 필라멘트가 끊어지면 전구 전체를 교환하여야 한다. 실드 빔 형식은 반사경에 필라멘트를 붙이고 여기에 내열성 유리를 성형한 렌즈를 붙인 후, 내부에 불활성 가스를 넣어 그 자체가 1개의 전구가 되도록 한 것이다. 광도의 변화가 적고, 가격이 비싸다는 특징을 지닌다.

95 전조등의 형식 중 내부에 불활성 가스가 들어있으며, 광도의 변화가 적은 것은?

① 로우 빔식
② 하이 빔식
③ 세미 실드 빔식
④ 실드 빔식

95 실드 빔식은 반사경·렌즈·필라멘트가 일체로 되어 있는 형식으로, 내부에 불활성 가스가 들어가 있으며, 광도의 변화가 적고 가격이 비싸다는 특징을 지닌다.

96 할로겐 전조등의 특징에 대한 설명으로 틀린 것은?

① 할로겐 사이클로 흑화현상이 있어 수명이 다할 때 밝기가 변한다.
② 색 온도가 높아 밝은 백색 빛을 얻을 수 있다.
③ 필라멘트 아래에 차광판이 있어 차측 방향으로 반사하는 빛을 없애는 구조로 되어있다.
④ 전구의 효율이 높아 밝기가 크다.

96 할로겐 전조등(halogen head lamp)의 특징
- 할로겐 사이클로 흑화현상(필라멘트로 사용되고 있는 텅스텐이 증발하여 전구 내부에 부착하는 현상)이 없어 수명을 다할 때까지 밝기가 변하지 않는다.
- 색 온도가 높아 밝은 백색 빛을 얻을 수 있다.
- 교행용의 필라멘트 아래에 차광판이 있어서 차측 방향으로 반사하는 빛을 없애는 구조로 되어 있어 눈부심이 적다.
- 전구의 효율이 높아 밝기가 크고 환하다.

정답 93 ② 94 ② 95 ④ 96 ①

97 퓨즈에 대한 설명 중 틀린 것은?

① 퓨즈는 정격용량을 사용한다.
② 퓨즈는 철사로 대용하여도 된다.
③ 퓨즈 용량은 A로 표시한다.
④ 퓨즈는 표면이 산화되면 끊어지기 쉽다.

97 퓨즈는 정격용량을 사용하고, 철사나 구리선으로 대용하지 않아야 한다.

98 지게차의 구동방식에 대한 설명으로 옳은 것은?

① 중간차축에 의해 구동된다.
② 뒷바퀴로 구동된다.
③ 앞·뒷바퀴로 구동된다.
④ 앞바퀴로 구동된다.

98 지게차는 앞바퀴로 구동한다.

99 지게차의 특징에 대한 설명으로 옳지 않은 것은?

① 포크는 L자형의 2개이며, 핑거보드에 체결되어 화물을 받쳐 드는 부분이다.
② 완충장치가 없으므로 도로조건이 나쁜 곳에서는 불리하다.
③ 엔진의 동력이 뒷바퀴에 전달되는 후륜구동 방식이다.
④ 후륜 조향방식으로 회전반경이 작다.

99 지게차는 전륜(앞바퀴)으로 구동하고, 후륜(뒷바퀴)으로 조향을 한다.

100 지게차의 일반적인 조향 방법으로 옳은 것은?

① 4륜 조향 ② 전자 조향
③ 전륜 조향 ④ 후륜 조향

100 지게차는 후륜 조향 방식이다.

정답 97 ② 98 ④ 99 ③ 100 ④

101 지게차의 일반적인 조향방식은?

① 앞바퀴 조향방식이다.
② 허리꺾기(굴절) 조향방식이다.
③ 가변방식으로 작업조건에 따라 다르다.
④ 뒷바퀴 조향방식이다.

101 지게차의 조향방식은 뒷바퀴(후륜)로 조향한다.

102 지게차 조향장치에 대한 설명 중 틀린 것은?

① 뒷바퀴 조향방식은 앞바퀴 방식보다 회전반지름이 크다.
② 지게차는 뒷바퀴 조향방식을 채택하고 있다.
③ 유압식 조향장치는 조작력이 작다.
④ 기계식 조향장치는 조작력이 크다.

102 지게차는 뒷바퀴로 조향하며, 뒷바퀴 조향방식은 앞바퀴 방식보다 회전반지름을 줄일 수 있다. 유압식 조향장치는 조작력이 작고, 기계식 조향장치는 조작력이 크다.

103 지게차에서 조향 기어 회전 운동을 드래그 링크에 전달하는 부품은?

① 조향 실린더
② 피트먼 암
③ 타이로드
④ 벨 크랭크

103 지게차 조향장치에서 조향 기어의 회전 운동을 드래그 링크에 전달하는 부품은 피트먼 암이다.

104 지게차의 조향장치에서 앞 액슬과 조향 너클을 연결하는 것은?

① 타이로드
② 킹핀
③ 피트먼 암
④ 드래그 링크

104 타이로드 : 조향핸들의 움직임을 앞바퀴의 조향 너클에 전달하여 바퀴의 방향을 조작할 수 있게 해주는 부품으로, 앞 액슬과 조향 너클을 연결한다.

105 지게차의 조향장치 원리는 무슨 형식인가?

① 애커먼 장토식
② 포토래스형
③ 빌드업형
④ 전부동식

105 지게차의 조향장치는 뒷바퀴를 움직여 조향하는 방식으로, 현재 사용되는 형식은 애커먼식을 개량한 애커먼 장토식이다.

정답 101 ④ 102 ① 103 ② 104 ① 105 ①

106 지게차 조향바퀴의 얼라인먼트(정렬) 요소가 아닌 것은?

① 캠버
② 토인
③ 캐스터
④ 부스터

106 조향바퀴의 정렬 요소는 캠버, 캐스터, 킹핀, 토인, 토아웃이 있다. 부스터(Booster)는 배력 기구이다.

107 조향장치의 드래그링크 직선운동을 축을 중심으로 한 회전운동으로 바꾸어 주고 동시에 타이로드에 직선운동을 시키는 장치는?

① 앞 드래그링크
② 너클 암
③ 벨 크랭크
④ 뒤 드래그링크

107 조향장치에서 드래그링크 또는 조향실린더의 직선운동을 축을 중심으로 한 회전운동으로 바꾸어 주면서 동시에 좌·우 타이로드에 직선운동을 시키는 것은 벨 크랭크이다. 차대 앞부분에 설치되어 드래그링크와 타이로드를 연결하여 조향작용을 한다.

108 수동변속기에서 변속할 때 기어가 끌리는 소음이 발생하는 원인으로 옳은 것은?

① 기어 백래시의 과다
② 브레이크 라이닝의 마모
③ 클러치 판의 마모
④ 변속기 출력축의 속도계 구동기어 마모

108 기어 백래시(backlash)의 과다 현상이 발생하면 변속 시 기어가 끌리는 소음이 발생한다.
변속기의 소음 원인 : 클러치 유격이 너무 클 때, 변속기 오일의 부족, 변속기 베어링의 마모, 변속기 기어의 마모, 기어 백래시(backlash)의 과다 등

109 수동변속기에서 변속할 때 기어가 끌리는 소음이 발생하는 원인으로 옳은 것은?

① 클러치판의 마모
② 브레이크 라이닝의 마모
③ 클러치가 유격이 너무 클 때
④ 변속기 출력축의 속도계 구동기어 마모

109 클러치 페달의 유격이 너무 크면 변속 시 기어가 끌리는 소음이 발생한다.

110 지게차를 전·후진 방향으로 서서히 화물에 접근시키거나 빠른 유압작동으로 신속히 화물을 상승 또는 적재시킬 때 사용하는 것은?

① 인칭 페달
② 파킹 페달
③ 메인 페달
④ 브레이크 페달

110 인칭 페달(인칭조절 페달)은 트랜스미션 내부에 위치하며, 지게차를 전·후진 방향으로 서서히 화물에 접근시키거나 빠른 유압작동으로 신속히 화물을 상승 또는 적재시킬 때 사용하는 페달이다.

111 지게차의 분류 중 동력원에 따른 분류에 해당하지 않는 것은?

① 디젤 지게차
② 복륜식 지게차
③ LPG 지게차
④ 전동 지게차

111 복륜식 지게차는 바퀴의 수에 따른 분류이다.
동력원에 따른 지게차 분류 : 디젤 지게차, 전동 지게차, LPG 지게차

112 축전지와 전동기를 동력원으로 하는 지게차는?

① 유압 지게차
② 엔진 지게차
③ 수동 지게차
④ 전동 지게차

112 축전지와 전동기를 동력원으로 하여 주행 및 하역을 하는 지게차는 전동 지게차이다. 동력원에 의한 지게차 분류에는 전동 지게차, 디젤 지게차, LPG 지게차 등이 있다.

113 지게차의 자동변속기 구성품이 아닌 것은?

① 유성기어유닛
② 토크 변환기
③ 유압제어장치
④ 싱크로메시 기구

113 자동변속기 구성품 : 유성기어장치, 토크 변환기, 브레이크, 클러치, 유압제어장치 등

정답 110 ① 111 ② 112 ④ 113 ④

114 자동 변속기의 특징에 해당되지 않는 것은?
① 클러치 페달의 조작 없이 출발이 가능하다.
② 수동 변속기에 비해 연료 소비율이 적다.
③ 소음과 진동이 감소시킬 수 있다.
④ 차를 밀거나 끌어서 시동을 걸 수 없다.

114 자동변속기의 특징
- 클러치 페달의 조작 없이 출발이 가능하고, 운전이 간편해진다.
- 기어의 단수가 바뀔 때 변속 충격이 적어 승차감이 좋다.
- 소음과 진동이 감소한다(유체가 충격 진동을 흡수).
- 변속기 오조작 가능성이 낮아 사고 발생이 줄어든다.
- 연비가 수동에 비해 다소 떨어진다(연료 소비율이 높음).
- 수동에 비해 동력손실이 크고 순발력이 떨어진다.
- 차를 밀거나 끌어서 시동을 걸 수 없다.
- 구조가 복잡하고 유지관리 비용이 비싸다.

115 지게차 클러치의 구비조건에 대한 설명으로 틀린 것은?
① 동력 차단이 확실하고 신속하여야 한다.
② 냉각이 잘 되어 과열이 방지되어야 한다.
③ 구조가 간단하고 고장이 적다.
④ 회전부분은 평형이 좋고 관성이 크다.

115 지게차 클러치의 구비조건
- 회전부분의 무게 평형이 좋고 회전관성이 작을 것
- 동력 차단이 확실하고 신속할 것(동력의 단속작용이 확실하고 조작이 쉬워야 함)
- 방열성과 내열성이 좋을 것(과열 방지)
- 구조가 간단하고 다루기 쉬우며 고장이 적을 것(정비성이 용이)

116 지게차 클러치의 필요성으로 가장 적절하지 않은 것은?
① 기관의 동력을 연결·차단하기 위해
② 기관의 시동 시 무부하 상태로 하기 위해
③ 기관의 동력을 서서히 전달하기 위해
④ 플라이휠의 회전력을 증가시키기 위해

116 클러치의 필요성
- 기관과 변속기 사이에 부착되어 기관의 동력을 연결 및 차단한다.
- 시동 시 기관을 무부하 상태로 한다.
- 정차 및 기관의 동력을 서서히 전달한다.
- 변속기의 기어 바꿈을 원활하게 한다(변속 시 기관동력을 차단).

117 지게차 클러치 페달의 작동에 대한 설명 중 옳지 않은 것은?
① 페달을 밟으면 클러치판이 플라이휠과 압착된다.
② 페달을 놓으면 클러치판이 플라이휠과 함께 회전한다.
③ 페달을 밟으면 동력이 차단된다.
④ 페달을 놓으면 동력이 전달된다.

117 클러치 페달의 작동 : 페달을 밟으면 클러치가 분리(클러치판이 플라이휠과 분리)되어 동력이 차단되고, 페달을 놓으면 클러치판이 플라이휠과 압착되어 함께 회전하게 되고 엔진의 동력이 변속기와 구동축으로 전달된다.

정답 114 ② 115 ④ 116 ④ 117 ①

118 클러치 유격이 작을 때의 발생하는 현상이 아닌 것은?

① 클러치 미끄러짐이 적어진다.
② 클러치판이 마멸된다.
③ 릴리스 베어링이 빨리 마모된다.
④ 클러치에서 소음이 발생한다.

118 클러치 유격이 작을 때 클러치 디스크를 누르는 힘이 약해져 미끄러짐이 발생하고, 디스크가 과열되어 손상이 발생한다.

119 지게차의 클러치 용량은 엔진의 최대 출력의 몇 배로 설계하는 것이 적당한가?

① 0.5 ~ 1.5배
② 1.5 ~ 2.5배
③ 3 ~ 4배
④ 5 ~ 6배

119 클러치의 용량은 엔진의 최대 토크보다 약 1.5~2.5배 정도 커야 한다.

120 지게차 클러치의 용량은 엔진 회전력의 몇 배이며, 클러치 용량이 클 때 나타나는 현상은 무엇인가?

① 3.5~4.5배 정도이며, 클러치가 미끄러져 클러치 디스크 라이닝 마멸이 촉진된다.
② 3.5~4.5배 정도이며, 클러치가 엔진 플라이휠에서 분리될 때 엔진이 정지되기 쉽다.
③ 1.5~2.5배 정도이며, 클러치가 엔진 플라이휠에 분리될 때 충격이 오기 쉽다.
④ 1.5~2.5배 정도이며, 클러치가 엔진 플라이휠에 접속될 때 엔진이 정지되기 쉽다.

120 클러치 용량이란 클러치가 전달할 수 있는 회전력의 크기이며, 클러치의 용량은 엔진 회전력보다 약 1.5~2.5배 정도 커야 한다. 클러치 용량이 너무 크면 클러치가 엔진 플라이휠에 접속될 때 엔진이 정지되거나 충격이 발생하기 쉬우며, 너무 작으면 클러치가 미끄러져 클러치 디스크의 라이닝 마멸이 촉진된다.

121 출발 시 클러치 페달이 거의 끝부분에서 지게차가 출발되는 원인으로 틀린 것은?

① 클러치 디스크 과대 마모
② 클러치 자유간극 조정 불량
③ 클러치 오일의 부족
④ 클러치 케이블 조정 불량

121 클러치 오일이 부족하면 마찰력이 증가하여 차량이 출발하기 어려워지나 페달을 끝까지 밟아야 차량이 출발되는 것은 아니다.
출발 시 클러치 페달이 끝부분에서 차량이 출발되는 원인
• 클러치 디스크 과대 마모 : 클러치가 완전히 분리되지 않아 차량 출발 시 힘이 필요하므로, 페달을 끝까지 밟아야 출발하게 됨
• 클러치 자유간극 조정 불량 : 클러치 자유간극이 너무 작으면 클러치가 완전히 분리되지 않아서 차량 출발 시 힘이 많이 필요
• 클러치 케이블 불량 : 클러치 케이블이 손상되거나 조정 불량이 있으면 클러치가 정상적으로 작동하지 않아서 차량 출발 시 힘이 많이 필요

정답 118 ① 119 ② 120 ④ 121 ③

122 지게차에서 클러치 디스크 라이닝의 구비조건에 대한 설명 중 틀린 것은?

① 내마멸성·내구성과 내열성이 클 것
② 온도에 의한 변화가 적을 것
③ 내식성이 클 것
④ 마찰계수가 작을 것

122 클러치 디스크 라이닝의 구비조건 : 내구성·내마멸성과 내열성이 클 것, 온도에 의한 변화가 적을 것, 알맞은 마찰계수를 갖출 것, 내식성이 클 것

123 동력전달장치에서 토크컨버터에 대한 설명으로 틀린 것은?

① 일정 이상의 과부하가 걸리면 엔진이 정지한다.
② 부하에 따라 자동적으로 토크가 조절된다.
③ 기계적인 충격을 흡수하여 엔진의 수명을 연장한다.
④ 조작이 용이하고 엔진에 무리가 없다.

123 토크컨버터는 유체클러치를 개량하여 자동 변속기에 설치된 클러치로, 일정 이상의 과부하가 걸리면 엔진이 정지하지 않고 느려진다.

124 지게차의 토크컨버터에서 회전력이 최대가 되는 상태를 지칭하는 용어는?

① 회전력
② 스톨 포인트
③ 유체충돌 손실비
④ 토크변환비

124 스톨 포인트는 펌프는 회전하나 터빈은 회전하지 않는 점으로, 스톨 포인트에서 회전력이 최대가 되며 속도비는 0이 된다. 즉, 속도비 감소와 함께 회전력이 증가하며, 속도비 0에서 최대값이 되는 점을 말한다. 스톨 포인트는 유체클러치, 토크컨버터를 설치한 자동차에서 터빈 러너가 회전하지 않을 때 펌프 임펠러에 전달되는 회전력을 말한다.

125 지게차 유체 클러치의 구성 부품이 아닌 것은?

① 터빈러너   ② 스테이터
③ 펌프   ④ 가이드 링

125 유체 클러치의 구성품 : 임펠러, 터빈(터빈러너, 터빈 샤프트), 펌프(펌프 샤프트), 하우징, 가이드 링 등

126 지게차 클러치판(clutch plate)의 변형을 방지하는 것은?

① 압력판
② 쿠션 스프링
③ 토션 스프링
④ 릴리스레버 스프링

126 쿠션 스프링은 동력 전달과 차단 시 충격을 흡수하여 클러치판이 변형·파손, 편(한쪽만) 마멸되는 것을 방지한다.

정답 122 ④ 123 ① 124 ② 125 ② 126 ②

127 지게차의 동력전달 순서 중 (   )안에 들어갈 내용을 차례대로 나열한 것은?

클러치 → 변속기 → 추진축 → (   ) → (   ) → 차축 → 바퀴

① 차동기어장치, 차동 피니언 기어
② 차동기어장치, 종감속 기어
③ 구동 피니언 기어, 종감속 기어
④ 종감속 기어, 차동기어장치

127 지게차의 동력전달 순서는 '엔진 – 클러치 – 변속기 – 추진축 – 종감속기어(종감속장치) – 차동장치 – 차축 – 차륜'순이다.

128 유압식(유압조작 형식) 지게차의 동력 전달 순서는?

① 엔진 → 변속기 → 토크컨버터 → 차축 → 차동장치 → 앞바퀴
② 엔진 → 토크컨버터 → 변속기 → 차동장치 → 차축 → 앞바퀴
③ 엔진 → 토크컨버터 → 변속기 → 차축 → 차동장치 → 앞바퀴
④ 엔진 → 변속기 → 토크컨버터 → 차동장치 → 차축 → 앞바퀴

128 지게차의 동력전달 순서
- 클러치 형 수동변속기 : 기관(엔진) – 클러치(토크컨버터) – 변속기 – 종감속 기어 → 차동장치(차동기어장치) – 차축(앞구동축) – 차륜(앞바퀴)
- 유압조작 형식(유압식) : 기관(엔진) → 토크컨버터 → 파워 시프트 → 변속기 → 차동장치 → 차축 → 차륜

129 동력전달장치에 사용되는 차동장치에 대한 설명으로 옳은 것은?

① 노면의 저항을 크게 받는 구동바퀴의 회전속도를 느리게 한다.
② 노면의 저항을 적게 받는 구동바퀴의 회전속도를 느리게 한다.
③ 노면의 저항과 상관없이 구동바퀴의 회전속도를 동일하게 한다.
④ 노면의 저항을 크게 받는 구동바퀴의 회전속도를 빠르게 한다.

129 차동장치는 노면의 저항을 크게 받는 구동바퀴의 회전속도를 상대적으로 느리게 하고(회전수 감소), 저항을 적게 받는 반대쪽 바퀴는 회전속도를 빠르게 한다(회전수 증가). 차동장치는 주행 시 좌·우 바퀴를 서로 다른 회전속도로 회전시키는 기어장치이다. 선회 시 안쪽 바퀴는 저항이 증대되어 회전수가 감소하고, 바깥쪽 바퀴는 가속된다.

정답 127 ④ 128 ② 129 ①

130 다음은 전동지게차의 동력전달순서이다. ( ) 안에 들어갈 부품으로 알맞은 것은?

> 축전지 → 제어기구 → ( ) → 변속기 → 종감속기어 → 차동장치 → 앞바퀴

① 구동모터
② 앞차축
③ 발전기
④ 엔진

131 지게차 차축에 관한 설명으로 틀린 것은?
① 앞 차축의 기능에는 조향 기능이 있다.
② 차축 하우징 속에 종감속 기어 및 차동기어 장치와 연결되어 있다.
③ 앞 차축의 기능은 하중을 지지하고 구동을 한다.
④ 대형 지게차 양 끝에 최종 감속기어와 제동장치가 설치된다.

132 지게차 차축의 스플라인은 차동장치 어느 기어와 결합되어 있는가?
① 구동 피니언 기어
② 링기어
③ 차동 피니언 기어
④ 차동 사이드 기어

133 팬벨트 장력이 규정보다 작을 때 나타나는 현상으로 틀린 것은?
① 발전기 출력이 저하된다.
② 엔진이 과열되기 쉽다.
③ 벨트가 미끄러지면서 금속성 소음이 발생한다.
④ 각 풀리의 베어링 마모가 촉진된다.

---

130 전동지게차의 동력전달 순서는 '축전지 – 제어기구 – 전동기(엔진스타터모터, 구동모터) – 변속기 – 종감속기어 – 차동장치 – 차축 – 차륜' 순이다.

131 지게차의 앞 차축은 화물을 적재하였을 때 하중을 지지하고 구동한다(구동 차축). 조향 기능은 뒷바퀴의 기능이다.

132 지게차 차축의 스플라인 : 차축 스플라인은 차동장치 내의 사이드 기어와 결합되어 동력을 전달하는 부품이다(축과 기어 사이에 맞물려 동력을 전달하는 역할). 사이드 기어는 차동장치 내에서 피니언 기어와 맞물려 있으며, 중앙 부분의 스플라인을 통해 차축과 연결된다.

133 팬벨트의 장력이 너무 크면 각 풀리의 베어링 마멸이 촉진되어 발전기와 워터펌프의 베어링 손상을 초래하며, 기관이 과냉되기 쉽다.
팬벨트 장력이 규정보다 작을 때(느슨할 때) 나타나는 현상
• 발전기 출력이 저하(발전기 충전 불량)
• 냉각수 순환불량으로 엔진의 냉각능력을 저하되어 기관이 과열
• 초기 시동 시·급가속 시 벨트의 미끄럼 현상으로 이상음(금속음)이 발생

정답 130 ① 131 ① 132 ④ 133 ④

134 지게차 제동장치(브레이크)가 갖추어야 할 조건으로 틀린 것은?

① 큰 힘으로 작동될 것
② 작동이 확실하고 효과가 클 것
③ 신뢰성과 내구성이 우수할 것
④ 점검이나 조정이 용이할 것

134 지게차 제동장치(브레이크)의 구비 조건
• 작동이 확실하고 효과가 좋을 것
• 신뢰성과 내구성이 뛰어날 것
• 점검 및 조정이 용이할 것
• 최고속도의 차량 중량에 대해 충분한 제동력을 발휘할 것
• 조작이 간단하고 피로감을 주지 않을 것

135 지게차 유압식 브레이크의 주요 부품에 해당하지 않는 것은?

① 마스터 실린더
② 드래그 링크
③ 휠 실린더
④ 하이드로 백

135 드래그 링크는 조향장치의 주요부품이다. 유압식 브레이크의 주요 부품으로는 마스터 실린더, 휠 실린더, 하이드로 백(하이드로 서보, 브레이크 부스터) 등이 있다.

136 브레이크 드럼의 구비 조건 중 틀린 것은?

① 정적·동적 평형이 잡혀있어야 한다.
② 방열이 잘 되어야 한다.
③ 견고하고 무게가 무거워야 한다.
④ 마찰면의 내마멸성이 우수해야 한다.

136 지게차 브레이크 드럼의 구비조건
• 정적·동적 평형이 잡혀있어야 한다.
• 방열이 잘 되어야 한다(냉각이 잘 되어야 함).
• 충분한 강성을 갖추고, 무게가 가벼워야 한다.
• 마찰면의 내마모성·내마멸성이 우수해야 한다.

137 지게차의 앞·뒤 바퀴 유압회로에 1개씩 설치되어 한쪽 바퀴의 제동력이 고장 나도 다른 쪽 바퀴는 정상적으로 작동되도록 하는 장치는?

① 제한 속도 장치
② 로드 센싱 밸브
③ 감속 브레이크
④ 탠덤 마스터 실린더

137 탠덤 마스터 실린더는 유압 브레이크 장치에서 한쪽 회로에 고장 발생 시 앞·뒤 바퀴의 제동력을 분리시켜 다른 한쪽이 제동력을 발휘할 수 있도록 하는 장치이다.

정답 134 ① 135 ② 136 ③ 137 ④

PART

07

장비구조2
(유압장치·작업장치)

Chapter 01 기출핵심정리

01 유압장치

1. 유압펌프 구조와 기능

- **유압장치의 작동원리가 바탕을 둔 이론** : 유압장치의 작동원리는 파스칼의 원리로부터 출발한다. 유압장치란 압력에너지를 힘이나 동력과 같은 기계적 일로 변환시켜주는 장치를 말한다. 파스칼의 원리는 한 점에 가한 압력이 다른 점에서 동일한 압력으로 나타난다는 것을 의미하므로, 유체압력의 전달원리라 이해되기도 한다.
- **유압장치의 특징**
  - 높은 출력과 빠른 응답성을 가진다(공압에 비해 응답속도가 느리지 않음).
  - 고속·저속·정밀한 제어가 가능하며 정확하다(속도·방향 제어가 용이하며, 정밀작업에 적합).
  - 유량의 조절로 무단변속이 가능하다.
  - 유체의 압력을 제어하여 정밀하고 연속적인 힘 조절이 가능하다(힘의 연속적 제어가 용이).
  - 구조가 간단하고 소형화·원격조작이 가능하다(밸브 조작만으로 원격 조작이 가능).
  - 에너지의 축적이 가능하며, 필요한 시점에 방출하여 즉각적인 동작이 가능하다.

- **유압장치의 기본 구성요소**
  - 유압발생부
    - 유압펌프 : 기계적 에너지를 유압에너지로 변환, 액체(작동유)를 시스템으로 보냄
    - 오일탱크 : 유량확보, 적정온도유지, 기포발생방지 등, 액체(작동유)를 담고 있음
    - 부속장치 : 오일냉각기(오일 쿨러), 필터, 압력계 등
  - 유압제어부
    - 방향제어밸브 : 작동유의 방향을 제어
    - 압력제어밸브 : 일정한 유압유지 및 최고압력제한
    - 유량조절밸브 : 유량 조절
  - 유압작동부(유압작동기)
    - 유압모터 : 회전운동을 하는 기어, 베인, 플런저 등
    - 요동모터 : 요동운동을 하는 베인형 요동모터와 피스톤형 요동모터
    - 유압실린더 : 직선운동을 하는 단동형·복동형 실린더
    - *차동장치×, 종감속 기어×, 유니버설 조인트×

- **유압펌프**
  - 엔진의 기계적 에너지를 유체의 압력 에너지로 전환한다.
  - 건설기계의 유압펌프는 엔진의 플라이휠에 의해 구동된다(엔진 또는 모터의 동력으로 구동).

- 유압탱크의 오일을 흡입하여 컨트롤 밸브로 송유(토출)한다.
- 동력원이나 엔진이 회전하는 동안에는 항상 회전한다.
- 일정한 힘과 토크를 낼 수 있고 힘의 증폭이 용이하다(작동압력을 높이면 출력과 토크 향상 가능).
- 유압기기의 작동속도를 높이기 위해서는 유압펌프의 토출유량을 증가시킨다.
- 유압식 무단변속기 작동에 사용되며, 고압에서 누유의 위험이 있다.

- **건설기계의 유압펌프 구동** : 유압펌프는 엔진의 플라이휠(플라이휠 쪽의 캠축)에 의해 구동

- **기어식 유압펌프의 특징**
  - 제작이 간단하고, 구조가 간단하여 고장이 적다.
  - 다루기 쉽고 가격이 저렴하다.
  - 유압 작동유의 오염에 비교적 강한 편이다.
  - 고속회전이 가능하며, 흡입저항이 적어 공동현상의 발생이 적다.
  - 소음과 토출량의 진동이 크고, 플런저 펌프에 비해 효율이 낮다.
  - 정용량형 펌프이다.

- **기어 펌프**
  - 가장 간단한 유형의 유압 펌프로, 두 개의 맞물리는 기어를 케이싱 안에서 회전시켜 유압을 발생시키는 펌프이다. 케이싱 내부에서 회전하는 두 개의 맞물리는 기어로 구성된다.
  - 가변용량 펌프로, 날개깃에 의해 펌핑작용을 한다.
  - 흡입력이 좋아서 탱크를 가압하지 않아도 다른 펌프에 비해 토출이 잘된다.
  - 소형이고 구조가 간단하며, 흡입저항이 적어 공동현상의 발생이 적다.
  - 단점으로는 소음과 진동이 크고 초고압에는 사용이 곤란하며, 점도에 따라 효율의 변화가 크고 수명이 짧다는 것이다.

- **외접형 기어펌프의 폐입 현상** : 외접형 기어펌프에서 토출된 유량의 일부가 입구 쪽으로 되돌려져 토출량 감소, 축 동력의 증가, 케이싱 마모 등의 원인을 유발하는 현상
  - 소음과 진동의 원인이 된다.
  - 폐입된 부분의 기름은 압축이나 팽창을 받는다.
  - 보통 기어 측면에 접하는 펌프 측판(side plate)에 릴리프 홈을 만들어 방지한다.

- **플런저 펌프(피스톤 펌프)**
  - 고속 및 고압의 유압장치에 적합하다.
  - 누설이 적어 다른 유압펌프에 비해 효율이 높다.
  - 가변용량형 펌프로 많이 사용된다.
  - 맥동이 작고 진동·소음이 적다.
  - 구조가 복잡하고 가격이 고가이다.
  - 흡입성능이 가장 낮다.

- **베인 펌프의 일반적인 특징**
  - 수명이 길고 장시간 안정된 성능을 발휘할 수 있다.
  - 비교적 구조가 간단하고 효율이 좋다.
  - 소형·경량이며, 맥동과 소음이 적다.
  - 주요 구성요소로는 베인(vane), 로터(rotor, 회전자), 캠링(cam ring), 샤프트(shaft) 등이 있다.

- **오일펌프로 가장 많이 사용되는 유압펌프** : 오일 팬에 있는 오일을 흡입하여 기관의 각 운동부분에 압송하는 오일펌프로 가장 많이 사용되는 것은 로터리 펌프, 기어 펌프, 베인 펌프이다. 로터리 펌프는 기어나 로터의 회전에 의해 펌프실의 용적이 이동하면서 압력을 발생시키는 것으로, 기어 펌프와 베인 펌프를 로터리 펌프의 일종으로 보기도 한다. 일반적으로는 유압 분야에서 기어 펌프와 베인 펌프, 피스톤 펌프가 가장 널리 사용된다.

- **고압펌프 구동에 사용되는 것** : 고압펌프는 엔진의 캠축에 의해 구동되며, 저압펌프에서 공급된 연료를 고압으로 형성하여 커먼레일에 토출한다. 고압펌프는 엔진의 구동에 필요한 고압을 발생시키고 커먼레일 내에 고압의 연료를 지속적으로 공급하는 역할을 한다. 커먼레일은 직접 분사식 디젤엔진을 뜻하는 말로써, 초고압으로 압축한 연료를 인젝터 개폐를 통해 분사토록 하는 것을 말한다.

- **공동현상의 발생 영향**
  - 유압펌프의 토출량 감소, 펌프의 성능 저하(토출량·양정 감소, 효율 저하)
  - 관벽에 손실을 주고 소음과 진동 발생, 급격한 압력파로 충격 발생
  - 체적 효율 저하로 관내 부식

- **체적 유량을 나타내는 단위** : 'm^3/s' 또는 'L/s' 등이 있다. 체적 유량은 유체가 단위 시간당 통과하는 체적(유체의 부피)을 말한다.

- **오일 쿨러(Oil cooler, 오일냉각기)** : 가열된 오일을 물이나 공기로 냉각시켜 오일의 온도를 적정하게 유지시켜 주는 열교환 부품이다.
- **오일 쿨러의 점검** : 오일량은 정상인데 유압유가 과열되는 경우 가장 우선적으로 오일 쿨러를 점검해야 한다.

2. 유압 실린더 및 모터 구조와 기능

- **유압작동부(액추에이터)**
  - 유압 에너지를 기계적 에너지를 바꾸어 주는 장치(작동기)이다.
  - 직선 왕복운동을 하는 유압 실린더와 회전운동을 하는 유압 모터로 구분된다.

- **유압 실린더의 주요 구성부품** : 실린더, 실(seal), 피스톤, 피스톤 로드, 쿠션기구 등
  * 축압기×, 커넥팅 로드×

- **유압 실린더의 일반적인 종류** : 단동 실린더(피스톤형, 램형), 복동 실린더(싱글 로드형, 더블 로드형), 다단 실린더

- **유압 복동 실린더** : 싱글 로드형과 더블 로드형(양로드형)이 있다. 피스톤의 양방향으로 유압을 받아 늘어난다.
  * 수축이 자중이나 스프링에 의해서 이루어지는 방식은 단동 실린더

- **유압 실린더를 지지하는 방식** : 플랜지형, 트러니언형, 푸트형, 클레비스형
  * 유압 실린더를 지지하는 방식이 아닌 것 : 유니언형, 핸드형, 플랜트형, 베인형

- **더스트 실** : 유압장치의 피스톤 로드에 있는 먼지 또는 오염물질 등의 이물질이 실린더로 침입하거나 혼입되는 것을 방지하는 역할을 한다.

- **유압모터의 종류** : 기어 모터, 베인 모터, 플런저(피스톤) 모터

- **유압모터의 일반적인 특징**
  - 전동 모터에 비하여 급속정지가 쉽고, 광범위한 무단변속이 가능하다.
  - 속도와 방향제어, 힘의 연속제어가 용이하다(시동·정지·변속·역전 제어가 용이).
  - 자동제어와 원격조작이 가능하다.
  - 고속에 적합하고, 큰 출력을 낸다(강력한 힘을 얻을 수 있음).
  - 소형이고 경량이며 구조가 간단한다.
  - 회전체의 관성이 작아 응답성이 빠르다.

- **유압모터의 장점**
  - 소형·경량으로서 큰 출력을 낼 수 있고 고속 차종에 적용이 가능하다.
  - 속도나 방향의 제어가 용이하다.
  - 릴리프 밸브를 달면 전동 모터에 비해 급속정지가 용이하다.
  - 시동이나 정지, 변속, 역전 제어가 용이하다.
    * 유압 모터는 작동유 내에 먼지와 공기 등이 침투하면 작업 성능이 저하됨

- **유압모터 선택 시 고려사항**
  - 체적 및 효율이 우수할 것
  - 모터로 필요한 동력을 얻을 수 있을 것
  - 주어진 부하에 대한 내구성이 클 것
    * 점도는 유압유 선택 시 고려할 사항

- **유압모터에서 소음·진동이 발생하는 원인** : 내부 부품의 파손, 체결 볼트 이완, 유압유에 공기 유입, 이물질의 침입, 펌프 흡입 불량 등
    * 펌프의 최고 회전속도 저하×

- **플런저 모터(피스톤 모터)의 특징**
  - 사용 압력이 높고 고압 작동에 적합하다.
  - 출력 토크가 크고, 평균 효율이 가장 높다.
  - 내부 누설이 적다.
  - 구조가 복잡하고 비싸며, 수리가 어려워 유지관리에 주의가 필요하다.

3. 컨트롤 밸브 구조와 기능

- **유압장치에서 유압을 제어하는 방법** : 유압제어 밸브에는 크게 압력제어 밸브와 방향제어 밸브, 유량제어 밸브가 있다.
    * 밀도제어나 속도제어 등은 유압의 제어방법이 아니다.

- **유압시스템에서 유압유 제어기능** : 방향제어, 압력제어, 유량제어, 차단제어 등
    * 온도제어(유온제어)×

- **방향제어 밸브의 종류** : 체크 밸브, 방향 변환 밸브, 셔틀 밸브, 스풀 밸브, 감속 밸브 등
    * 교축 밸브×(유량제어 밸브)

- **방향제어 밸브**
  - 유압장치 회로 내의 유체의 흐름 방향을 변환하고, 유체의 흐름을 한쪽으로만 허용하는 밸브이다.
  - 오일의 흐름을 규제함으로써 필요한 액추에이터에 동력을 확실하게 접속하는 역할을 하며, 액추에이터(유압실린더나 유압모터)의 작동방향을 바꿔준다.
    * 액추에이터의 속도를 제어×, 유압실린더의 이동속도를 부하에 관계없이 일정하게 함×(유량제어밸브의 기능)

- **체크 밸브** : 작동유의 흐름을 한쪽 방향으로만 흐르게 하고 역류를 방지하며, 회로 내 잔압을 유지하는 밸브이다.
- **셔틀 밸브** : 두 개의 공급포트와 하나의 출력포트를 가진 밸브로서, 출력포트가 고압을 공급하는 포트에 반드시 접속되고 저압측의 포트를 닫도록 동작하는 밸브이다.
- **스풀 밸브** : 내부의 스풀을 움직임으로써 오일의 흐름 경로(유로) 여닫는 방식의 밸브이다.
    * 시프트 밸브(변속 밸브) : 자동변속기에서 변속레버의 조작에 따라 유압의 흐름(오일 유로)을 전환시켜 전진·후진·중립·고속·저속 등 기어를 선택할 수 있도록 제어하는 밸브

- **압력제어 밸브의 종류** : 릴리프 밸브, 감압 밸브(리듀싱밸브), 시퀀스 밸브(순차밸브), 언로더 밸브(무부하밸브), 카운터 밸런스 밸브 등

- **릴리프 밸브** : 유압장치 내의 압력을 일정하게 유지하고 최고압력을 제한하여 회로를 보호해주는 밸브이다. 즉, 계통 내의 최대 압력을 설정함으로서 계통을 보호하는 밸브를 말한다. 유압회로 내의 압력이 설정압력에 도달하면 펌프에 토출된 오일의 일부 또는 전량을 직접 탱크로 돌려보내 회로의 압력을 설정 값으로 유지한다.

- **압력제어밸브 중 상시 닫혀 있다가 일정조건이 되면 작동하는 밸브가 아닌 것** : 리듀싱(감압) 밸브는 상시 개방상태로 되어 있다가, 출구(2차 쪽)의 압력이 감압 밸브의 설정 압력보다 높아지면 밸브가 닫힌다.

- **리듀싱 밸브(감압 밸브)**
  - 유체의 압력을 감소시켜주는 밸브로, 입구의 주 회로에서 출구의 감압회로로 유압유가 흐른다.
  - 유압장치에서 회로 일부의 압력을 릴리프 밸브 설정압력 이하로 하고 싶을 때 사용한다.
  - 상시 개방상태로 되어 있다가, 출구(2차 쪽)의 압력이 감압 밸브의 설정 압력보다 높아지면 밸브가 작동하여 유로를 닫는다.
  - 분기회로에서 쓰이며, 1차측 입구의 높은 압력을 조절하여 2차측 출구 압력을 원하는 압력으로 낮춰주는 역할을 한다.

- **시퀀스 밸브** : 순차 작동 밸브라고도 하며, 유압실린더 등이 2개 이상의 분기 회로를 가질 때 각 유압실린더를 일정 순서로 순차 작동시키는 밸브이다. 하나가 작동을 완료한 후 다음 작동이 이루어지도록 하는 밸브로, 회로 안의 작동 순서를 압력에 의해 제어한다(유압회로의 압력에 따라 액추에이터의 작동 순서를 제어).

- **언로더 밸브(무부하 밸브)** : 유압회로의 압력이 설정 치에 도달하면 펌프로부터 전 유량을 직접 탱크로 되돌려 보내 유압펌프가 무부하가 되도록 하여 동력을 절감하고 유온 상승을 방지하는 밸브이다.

- **카운터 밸런스 밸브(Counterbalance Valve)** : 한쪽 방향의 흐름에 설정된 배압을 부여하여 자유 낙하를 방지하는 밸브이다.

- **유량제어 밸브** : 유압회로 내의 유량을 조절함으로써 액추에이터의 속도를 제어할 수 있는 밸브이다.
- **유량제어 밸브의 종류** : 교축 밸브(스로틀밸브), 니들 밸브, 분류 밸브, 압력보상 유량제어 밸브, 온도 압력보상 유량제어 밸브 등

- **교축 밸브(스로틀밸브)** : 가장 간단한 유량제어 밸브로, 단순히 관로를 교축시켜 유량을 제어하는 밸브이다.

- **지게차의 유압 작동순서**
  - '유압탱크 → 유압펌프 → 제어밸브 → 작동실린더'의 순서대로 작동한다.
  - 유압탱크로부터 유압펌프가 오일을 흡입하여 제어밸브로 송출하고, 제어밸브에서 유체의 압력·방향·속도를 조절하여 유압실린더 보내면, 여기에서 유체에너지가 기계에너지로 바뀌게 된다.

4. 유압탱크 구조와 기능

- **유압탱크(오일탱크)의 구성품** : 배플(칸막이), 스트레이너, 유면계, 드레인 플러그, 격리판, 여과망
  * 유압 실린더×, 압력조절기×

- **유압탱크(작동유탱크)의 구비조건**
  - 발생한 열을 발산할 수 있어야 한다(탱크의 체적은 열 방산에 충분한 용적일 것).
  - 오일에 이물질이 들어가지 않도록 밀폐되어 있어야 한다.
  - 작동유를 빼낼 수 있는 드레인 플러그를 탱크 아래쪽에 설치한다.
  - 유면계를 설치하여 유면의 정상 값을 확인한다(유면은 F에 가깝게 유지할 것).
  - 적당한 크기의 주유구 및 스트레이너를 설치한다.
  - 흡입관과 리턴 파이프 사이에 격판이 있어야 한다.

- **유압탱크의 기능**
  - 유압 유체의 저장 및 계통 내 필요한 유량 확보
  - 배플 격판(차폐장치)에 의한 기포 발생 방지 및 분리·제거
  - 탱크 외벽의 방열에 의한 온도 조정 및 적정온도 유지
  - 흡입관 측에 스트레이너 설치로 회로 내 불순물 혼입 방지

- **유압유 탱크의 특징**
  - 계통(유압회로) 내의 필요한 유량 확보
  - 격판에 의한 기포 발생방지 및 분리·제거
  - 스트레이너 설치로 회로 내 불순물 혼입 방지
  - 탱크 외벽의 방열에 의해 적정온도 유지 등

5. 유압유(작동유)

- **일반적인 유압유의 구비조건**
  - 열을 방출할 수 있을 것(방열성이 클 것)
  - 인화점·발화점이 높을 것(열 안정성과 내열성이 클 것)
  - 온도에 따른 점도 변화가 작고 점도지수가 높을 것(적정한 유동성·점성)
  - 화학적으로 안정될 것(산화안정성 및 내유화성)
  - 소포성(기포방지성)과 윤활성·방청성·방식성이 좋을 것
  - 비중이 적당하고 비압축성일 것(압축성이 적을 것) 등

- **유압유(작동유)의 주요 기능** : 윤활작용·동력전달작용·냉각작용(열을 방출)을 한다. 유압 작동유는 비압축성이어야 한다.

- **유압유가 넓은 온도범위에서 사용되기 위한 조건** : 유압유가 넓은 온도범위에서 사용되기 위해서는 점도지수가 높아야 한다.

- **유압유(작동유)의 온도 상승 원인** : 점도가 높은 경우(점도 불량), 내부마찰 증가, 작동유의 부족, 유압 손실이 클 때, 유압장치의 작동불량, 공동현상(캐비테이션)의 발생, 릴리프 밸브의 과도한 사용, 오일 냉각기의 냉각핀 불량, 과부하상태에서 연속작업 시 등

- **작동유(유압유)의 열화를 판정하는 방법**
  - 색깔의 변하나 침전물의 유무를 확인한다.
  - 수분의 유무를 확인한다.
  - 냄새로 확인한다.
  - 점도 상태로 확인한다.
  - 흔들었을 때 거품이 없어지는 양상을 확인한다.

- **유압유의 점도가 높을 때 발생하는 현상**
  - 점도가 높을 경우는 유압이 높아지는 원인이 된다.
  - 유동 저항의 증가로 압력손실이 커지므로 동력손실도 증가하고 기계효율이 저하된다.
  - 내부 마찰이 증가해 마찰열에 의한 온도상승이 발생하고, 유압기기의 작동이 활발하지 못하다.
  - 공동현상(캐비테이션) 및 소음이 발생한다.

- **유압 작동유의 점도가 지나치게 낮을 때 나타나는 현상**
  - 누유·누설이 증가하여 유압실린더의 속도가 저하된다.
  - 유압펌프나 모터의 용적 효율이 저하된다(펌프 효율 저하).
  - 특정 압력 유지가 어렵고 계통(회로) 내 압력 저하가 발생한다.
  - 유동저항이 감소하고 윤활유로서의 역할을 하기 어려우며, 마모와 융착의 위험이 증가한다.
    * 시동 저항 증가×
    * 유압장치에서 오일의 점도가 낮을 경우 나타나는 현상 : 유압 계통(회로) 내의 압력 저하, 실린더 및 컨트롤 밸브에서 누출·누설 현상, 유압펌프 효율의 저하, 유압실린더의 속도 저하 등이 나타난다. 오일의 점도가 낮을수록 흐름성이 좋기 때문에 시동 시나 이동하는데 저항이 적어진다.

- **유압유의 점도단위** : mm^2/s

- **점도지수** : 온도에 따른 점도의 변화를 나타내는 수치로, 일반적으로 온도가 올라가면 점도는 떨어진다. 점도지수가 크면 점도변화가 작고, 점도지수가 작으면 점도변화가 크다.

- **유압회로 내 기포 발생 시 일어날 수 있는 현상** : 소음증가, 액추에이터의 작동불량, 공동현상, 오일탱크의 오버플로우 등이 있다.
  * 유압유의 누설저하는 관련이 없음

- **유압회로 내 유압이 상승되지 않을 때의 점검사항** : 오일 누출 여부, 유압회로의 누유상태, 유압 펌프로부터 유압이 발생되는지 여부, 펌프의 토출량, 오일 탱크의 오일량, 릴리프 밸브의 고장 여부 등을 점검한다.
  * 자기탐상법에 의한 작업장치의 균열 점검×, 펌프설치 고정 볼트의 강도 점검×

- **오일 · 윤활유의 압력(유압)이 낮아지는 원인** : 윤활유의 양이 부족할 때, 계통 내에서 누설이 있을 때, 윤활유 압력 릴리프밸브가 열린 채 고착될 때, 윤활유 점도가 너무 낮을 때, 오일펌프가 마모가 심할 때, 오일펌프의 흡입구가 막혔을 때

- **유체 관로에 공기 혼입 시 발생하는 현상** : 실린더 숨돌리기 현상, 공동현상, 유압유의 열화 촉진현상

6. 기타 부속장치

- **유압호스 연결 시 가장 많이 사용되는 것** : 유니언 조인트
  * 엘보 조인트는 90도로 꺾이는 곳에 사용하고, 니플 조인트와 소켓 조인트는 다른 유압장치를 연결하여야 하는 경우 사용됨

- **디셀러레이션 밸브** : 액추에이터의 속도를 서서히 감속 또는 증속시키는 경우에 사용되며, 일반적으로 캠(cam)으로 조작된다. 디셀러레이션 밸브는 행정에 대응하여 통과 유량을 조정하며 원활한 감속 또는 증속을 하도록 되어있다.

- **어큐뮬레이터(축압기)의 종류 중 가스-오일식** : 가스-오일식(압축식) 축압기에는 블래더형, 다이어프램형, 피스톤형, 인라인형 등이 있다.

- **어큐뮬레이터(축압기)의 기능 및 용도**
  - 충격 압력 흡수·완충, 압력 보상, 유압회로 내 압력 제어·관리 및 안정화
  - 유압 에너지(압력유) 축적·저장, 에너지 보존
  - 유압펌프 맥동현상(서징현상) 흡수·감쇄
  - 사이클 시간단축, 펌프 대용 및 안전장치 역할, 인화성 액체 수송 등
    * 유압회로 내 압력상승×, 유압유의 여과·냉각×, 유량 분배·제어×, 릴리프 밸브 제어×, 유체 누설 방지×

- **펌프의 이상 현상**
  - 서징현상(맥동현상, surging) : 펌프의 압력·유량·회전수 등이 주기적으로 변동해 발생하는 진동현상으로, 펌프의 운전 중에 압력계기의 눈금이 어떤 주기를 가지고 큰 진폭으로 흔들림과 동시에 흡입 및 토출배관의 주기적인 진동과 소음을 수반하는 현상이다.
  - 공동현상(공기고임현상, cavitation) : 펌프 흡입구에서 유로 변화로 인하여 압력강하가 생겨 그 부분의 압력이 포화증기압보다 낮아지면 표면에 증기가 발생되어 액체와 분리되어 기포로 나타나는 현상으로, 펌프의 손상 및 소음을 유발한다.

- 수격현상(워터 해머링) : 배관 내를 흐르고 있는 물의 유속(유동)이 급격히 바뀌면 관내압력이 이상 상승하게 되어 배관과 펌프에 손상을 주는 현상(배관, 배관지지대, 기기 등에 큰 동하중이 유발)이다.
- 과열현상 : 체절상태 운전으로 펌프 토출량이 0이 되거나 또는 극소의 상태로 운전하면 펌프 효율이 현저하게 저하되고 구동장치로부터의 동력은 대부분이 열로 되어 수온을 상승시키는 현상이다. 펌프 운전 시 구동장치에 의한 동력은 액체를 펌핑과 기계손실 등에 소비되는 것 외에 펌핑 액체를 가열시키는데 일부일지라도 사용된다.
- 폐입현상 : 두개의 기어가 물리기 시작하여 끝날 때까지 둘러싸인 공간에 흡입측 또는 토출측에 통하지 않는 용적이 생길 때 작동유의 출구가 막혀 갇히게 되는 현상으로, 공동현상과 함께 발생한다. 폐입현싱은 소음과 진동의 원인이 되며 토출량 감소, 축 동력의 증가, 케이싱 마모 등을 유발한다. 폐입된 부분의 기름은 압축이나 팽창을 받는다.

• **유압장치의 오일탱크에서 펌프 흡입구의 설치**
- 오일탱크의 바닥으로부터 관경의 2~3배 이상 떨어져야 한다(펌프 흡입구와 오일탱크 바닥면의 거리를 벌림으로써 이물질이 혼입이나 이물질이 바닥에서 일어나는 것을 방지함)
- 펌프 흡입구에는 스트레이너(오일 여과기)를 설치한다.
- 펌프 흡입구는 탱크로의 귀환구(복귀부)로부터 될 수 있는 한 멀리 떨어진 위치에 설치한다.
- 펌프 흡입구와 탱크로의 귀환구 사이에는 격리판(baffle plate)을 설치한다.

• **유압 오일 실(seal)의 종류 중 O-링의 구비조건**
- 내압성과 내열성이 클 것
- 피로강도가 크고, 비중이 적을 것
- 탄성이 양호하고, 압축변형이 작을 것
- 정밀가공면을 손상시키지 않을 것
- 설치하기가 쉬울 것

• **유압기기 고정부위에서의 누유 방지** : 유압기기의 고정부위에서는 대부분 O-링을 사용하여 누유를 방지한다.

• **유압장치의 기호 회로도에 사용되는 기호의 표시방법**
- 기호에는 각 기기의 구조나 작용압력을 표시하지 않는다.
- 각 기기의 기호는 정상상태 또는 중립상태를 표시한다.
- 기호에는 흐름의 방향을 표시한다.
- 기호에는 회전 표시를 할 수 있다.

7. 유압기호

• 유압기호 표시

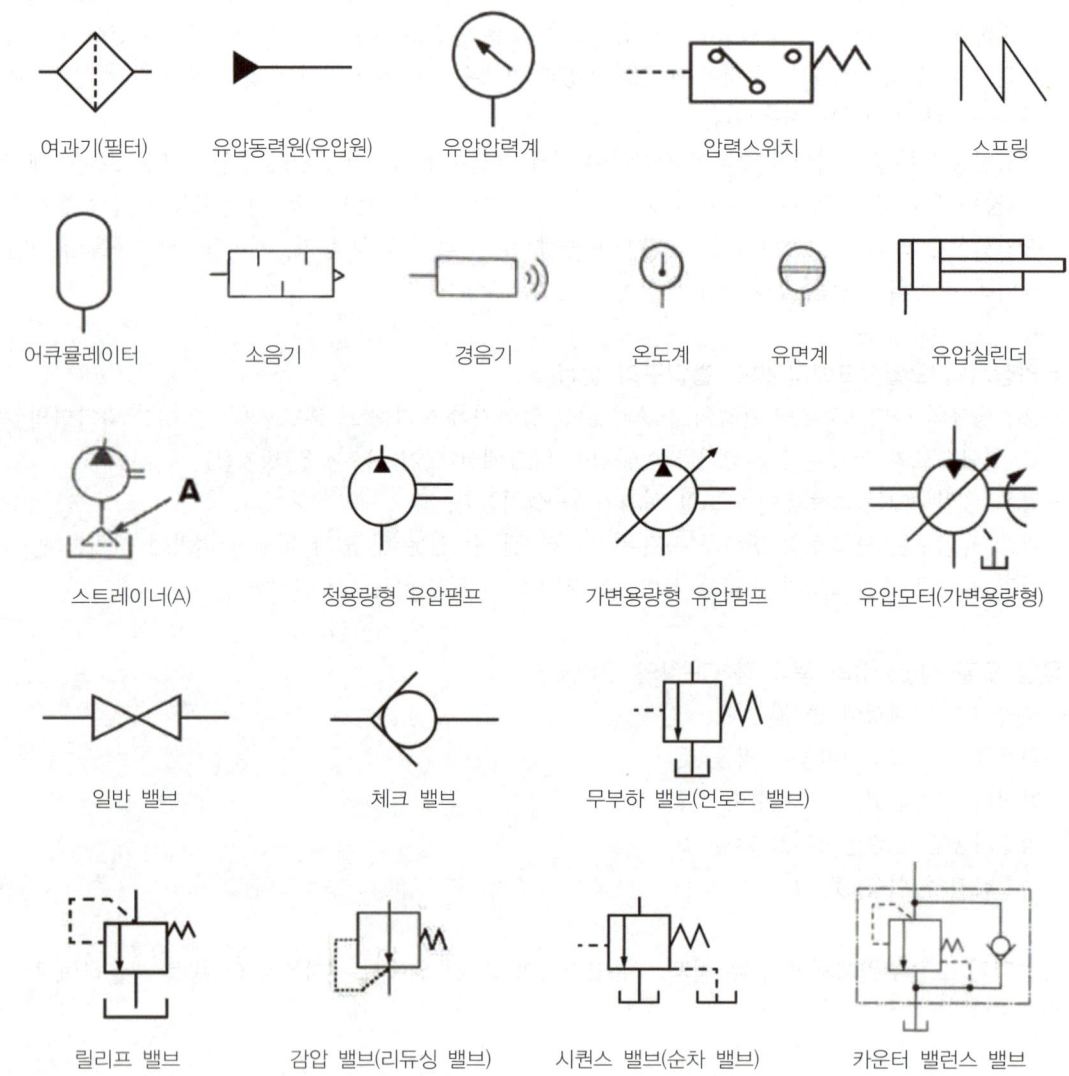

• **스트레이너** : 오일을 빨아들이는 흡입구로, 오일에 항상 잠겨 있고 이물질 제거를 위한 여과망이 있다.

02 작업장치

1. 마스트 및 체인 구조와 기능

- **일반적인 지게차의 특성**
  - 지게차는 전륜(앞바퀴)으로 구동하고, 후륜(뒷바퀴)으로 조향을 한다.
  - 후륜 조향방식으로 회전반경이 작다.
  - 포크 화물을 기울어진 지면에 맞추고, 흔들리거나 떨어지지 않도록 틸트 장치를 둔다.
  - 포크는 L자형으로 2개이며, 핑거보드에 체결되어 화물을 받쳐 드는 부분이다.
  - 완충장치가 없기 때문에 도로조건이 나쁜 곳은 불리하다.
  - 엔진은 뒤쪽에 위치하는데, 이는 운전자의 시야를 향상시키고 포크 및 리프팅 장치를 원활하게 움직여 작업 공간을 확보하기 위해서이다.

- **지게차 작업장치의 구성품(구성 장치)** : 마스트, 포크, 포크 캐리지, 백 레스트, 핑거보드, 리프트 체인, 리프트 실린더, 틸트 실린더, 밸런스 웨이트 등
  *헤드가드×, 프론트 범퍼×, 변속기×, 클러치×, 트렌치 호×, 스캐리파이어×

- **마스트** : 마스트는 포크를 올리고 내리는 지게차 작업장치의 기둥 부분으로, 핑거 보드와 백 레스트가 리프트 롤러(가이드 롤러)를 통하여 상·하 미끄럼 운동을 하는 레일 부분
- **마스트의 적재능력 규격** : 마스트가 수직(90°)일 때 측정(가장 안정적인 상태에서 측정)
- **마스트의 구성품** : 백 레스트, 핑거보드, 가이드 롤러(리프트 롤러), 리프트 체인(트랜스퍼 체인), 포크, 포크 프레임, 마스트 베어링, 틸트 실린더, 리프트 실린더, 가이드 바, 아웃 마스트, 이너 마스트

- **트리플 스테이지 마스트** : 마스트가 3단으로 늘어난 것으로, 천장이 높은 장소나 출입구가 제한되어 있는 장소에서 짐을 적재하는데 적합한 작업장치이다.

- **리프트 체인** : 포크의 좌·우 수평 높이를 조정하고, 리프트 실린더와 함께 포크의 상하 작용을 도와준다. 지게차의 포크에서부터 지면까지의 수직거리를 측정한 결과 좌·우측이 달라 포크가 한쪽으로 기울어지는 것은 한쪽 체인이 늘어난 경우로, 체인을 조정하면 된다.
- **리프트 체인의 점검사항** : 체인 링크나 핀은 마모·손상이 안 될 것(양호한 상태 유지), 체인 세트는 정확하고 동일한 장력일 것, 녹·부식·흠집·균열이 없을 것, 윤활제로 전용 체인오일이나 산업용 윤활제를 사용할 것(경유를 윤활유로 사용할 수 없음)

2. 포크 및 가이드 구조와 기능

- **지게차를 주차할 때 포크 상태** : 평지에 주차하고, 포크를 지면에 닿도록 내려놓는 것이 안전하다. 포크의 끝 선단이 지면에 닿도록 마스트를 전방으로 경사시킨다.

- **지게차 작업장치의 구성품 중 포크의 주된 역할** : 포크는 화물을 싣고 내리는데 사용되는 부품으로, 주된 역할은 화물을 받쳐 드는 것이다.

- **백 레스트** : 포크의 화물 뒤쪽을 받쳐주는 부분이다. 마스트를 뒤로 기울일 때 포크 위에 실린 짐이 마스트 후방으로 쏟아지는 것을 방지하기 위해 설치하는 짐받이 틀을 말한다.

- **리프트 실린더**
  - 지게차의 포크를 상승 또는 하강시키는 유압 실린더로, 리프트 레버를 앞으로 밀면 포크는 하강하고 뒤로 당기면 상승한다.
  - 포크가 상승할 경우 실린더에 유압유를 공급하고, 포크가 하강할 경우 실린더에 유압유를 공급하지 않는다.
  - 포크 상승 시 유압이 가해지고 하강 시 포크 및 적재물의 자중으로 하강되는 단동 실린더를 사용한다.
    *틸트 실린더는 마스트를 전경 또는 후경시키는 실린더로, 복동식 실린더를 사용함

- **포크 간격 조정장치(포크 포지셔너, 포크 스프레더)** : 지게차에서 화물의 너비에 따라 포크의 좌·우 간격을 조정하는 장치는 포크 간격 조정장치이다. 이 장치는 포크 간의 좌·우 간격을 화물의 너비에 맞춰 조정할 수 있게 해주며, 다양한 크기의 화물을 안전하게 들어 올리고 이동할 수 있도록 돕는다.

- **카운터 웨이트(Counter Weight; 평형추)** : 지게차의 구성품 중 메인 프레임 맨 뒤쪽에 설치되어 화물을 실었을 때 쏠리는 것을 방지해주고, 무게중심을 잡아 전복을 방지하는 균형추

3. 조작레버 구조와 기능

- **지게차의 포크 조작과 관련된 레버**
  - 틸트 레버 : 마스트의 전경각과 후경각을 조종사가 적절하게 조정하는 레버로, 레버를 당기면 조종자 몸 쪽으로 마스트가 기울고 밀면 앞으로 기운다. 포크의 앞·뒤 각도를 조절하는 레버이며, 마스트를 전·후경 시킬 때 실린더에 유압유가 공급된다.
    *틸트 레버 당길 때 마스트 이동 방향 : 운전자의 몸 쪽 방향(뒤쪽 방향)으로 기움
  - 리프트 레버 : 포크를 상·하로 작동시켜 화물을 올리고 내리는데 쓰는 레버로, 레버를 뒤로 당기면 포크가 상승하고 앞으로 밀면 하강한다. 포크가 상승할 경우 실린더에 유압유를 공급하고, 포크가 하강할 경우 실린더에 유압유를 공급하지 않는다. 일반적으로 리프트 컨트롤 밸브는 유체의 흐름을 제어하는 스풀형 밸브이다.

- **지게차의 조종 레버 기능** : 틸트 레버, 리프트 레버, 전·후진 레버, 주차 브레이크 레버 등
  - 틸팅 : 마스트를 앞뒤로 기울임, 짐을 기울일 때 사용
  - 리프팅 : 포크 상승, 짐을 올릴 때 사용
  - 로어링 : 포크 하강, 짐을 내릴 때 사용

4. 기타 지게차의 구조와 기능

• **구동륜의 형태에 따른 지게차 분류**
  - 단륜식 : 기동성을 위주로 사용되는 지게차로서 앞바퀴가 좌·우 각각 1개이다.
  - 복륜식 : 중량이 무거운 화물을 들어 올릴 때 사용하는 지게차로서, 앞바퀴가 좌·우 각각 2개이고 안쪽 바퀴에 브레이크가 설치된다.

• **작업 용도에 따른 지게차 · 장비 분류**
  - 고마스트(High mast; 하이 마스트) : 마스트가 2단으로 늘어나게 되어 있고 높은 위치에 물건을 쌓거나 내리는데 적당하며, 작업 공간을 최대한 활용할 수 있음
  - 프리 리프트 마스트(Free lift mast) : 창고의 출입문이나 천정이 낮은 공장 내에서 적재·적하 작업에 용이
  - 3단 마스트(Triple stage mast; 트리플 스테이지 마스트) : 마스트가 3단으로 늘어나게 되어 천정이 높은 장소에서 짐을 높이 쌓는 작업에 적당(천정이 높은 장소와 출입구가 제한 되어 있는 장소의 작업에 유리)
  - 로테이팅 클램프(Rotating clamp) : 포크에 360° 회전이 가능한 로테이터를 부착하여, 지게차로 하기 힘든 원추형의 화물을 좌우로 조이거나 회전시켜 운반 또는 적재하거나 용기에 담긴 화물을 쏟아 붓는 작업을 수행
  - 로테이팅 포크(Rotating fork) : 포크를 좌·우로 360° 회전시킬 수 있어서 제품을 운반하고 부리기에 편리한 장치
  - 드럼 클램프 : 각종 드럼통을 운반 또는 적재하는 작업을 안전하고 신속하게 해주는 것으로, 석유·화학·도료·식품 운송 및 주류 등을 취급하는 업체에서 주로 사용
  - 롤 클램프 : 컨테이너 안쪽 또는 지게차가 닿지 않는 작업범위에 있는 둥근 형태의 화물(비닐, 원단 등)을 취급하는 특수지게차의 일종
  - 사이드 클램프 : 받침판 없이 경량·대형 단위의 화물(솜·양모·펄프·종이) 등의 운반 및 적재에 적합
  - 사이드 시프트(Side shift) : 차제(지게차의 방향)를 이동시키지 않고도 백레스트와 포크를 좌·우로 움직여 파렛트와 화물을 적재 또는 하역작업을 하는데 사용
  - 블록 클램프 : 직접 쌓는 콘크리트 블록이나 벽돌 등을 받침대로 사용하지 않고 한 번에 20~30개를 조여 운반하며, 클램프 안쪽에 고무판이 있어 물건이 빠지는 것을 방지
  - 힌지드 버킷(Hinged bucket) : 지게차의 포크에 버킷을 끼워 흘러내리기 쉽거나 흐트러진 물건(석탄·소금·비료·모래 등)을 트럭에 상차 또는 운반하거나, 화학제품을 대량으로 취급·운반하는데 쓰는 작업장치로 화학제품 공장 및 하치장에서 주로 사용
  - 힌지드 포크(Hinged fork) : 포크의 행거 부분이 상·하 방향으로 경사시켜 둥근 목재나 파이프 등의 적재작업을 하는데 사용
  - 스키드 포크(Skid fork) : 포크에 적재된 화물이 주행 중 또는 하역작업 중에 미끄러져 떨어지지 않도록 화물 위쪽을 지지할 수 있는 장치(클램프)가 있는 지게차

- 로드 스태빌라이저(Load stabilizer) : 백레스트 위부분에 압착판(누름판)이 설치되어 있고 화물을 아래로 누르고 있어 화물의 낙하를 방지하며 요철이 심한 노면에서 깨지기 쉬운 화물 운반에 쓰임(고르지 못한 노면이나 경사지 등에서 깨지기 쉬운 화물이나 불안정한 화물의 낙하를 방지하기 위하여 포크 상단에 상하 작동할 수 있는 압력판을 부착한 지게차)

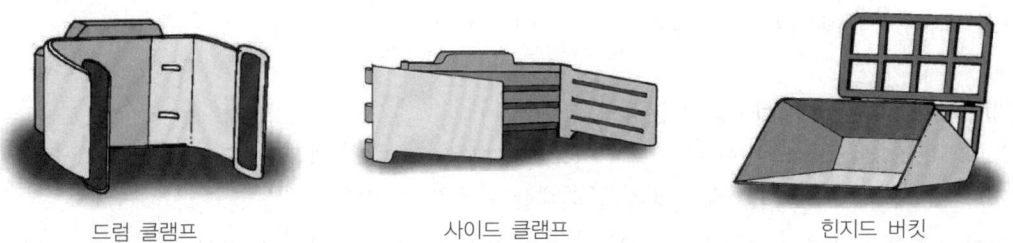

드럼 클램프   사이드 클램프   힌지드 버킷

• 지게차 구조 관련 용어
- 최대인상높이(최대올림높이) : 마스트가 수직인 상태에서 최대의 높이로 포크를 올렸을 때 지면으로부터 포크의 윗면까지의 높이, 지게차의 기준 무부하상태에서 지면과 수평상태로 포크(쇠스랑)를 가장 높이 올렸을 때 지면에서 포크(쇠스랑) 윗면까지의 높이(건설기계 안전기준에 관한 규칙 제19조)
- 프리 리프트 높이(자유인상높이) : 기준 무부하 상태에서 마스트를 수직으로 하되 마스트의 높이를 변화시키지 않은 상태에서 포크의 높이를 최저 위치에서 최고 위치로 올릴 수 있는 높이(포크를 들어 올릴 때 내측 마스트가 돌출되는 시점에 있어서 지면으로부터 포크 윗면까지의 높이)
- 전장 : 포크(쇠스랑)의 앞부분 끝단에서부터 지게차 후부의 제일 끝부분까지의 길이
- 전고 : 마스트를 수직으로 하고 타이어의 공기압이 규정치인 상태에서 포크를 지면에 내려놓을 때 지면으로부터 마스트 상단까지의 높이
- 최소회전반경 : 무부하 상태에서 최대 조향각(핸들을 최대로 꺾고 선회)으로 운행할 경우 가장 바깥쪽 바퀴의 접지자국 중심점이 그리는 원의 반경, 즉 지게차가 최저속도로 최소의 회전을 할 때 가장 바깥 부분이 그리는 원의 반경
- 최소선회반경 : 무부하 상태에서 최소회전반경과 같이 최소의 회전을 할 때 후륜(뒷바퀴)이 그리는 원의 반경
- 최저지상고 : 지면에서부터 포크와 타이어를 제외한 가장 낮은 부위까지의 높이
- 윤간거리 : 지게차를 전면에서 보았을 때 양쪽바퀴의 중심과 중심사이의 거리
- 최소직각교차 통로폭 : 직각통로에서 직각회전할 수 있는 통로의 최소폭(지게차의 전폭이 작을수록 통로폭도 작아짐)

Chapter 02 기출문제(2025~2020년)

01 유압장치의 작동원리는 어떤 이론에 바탕을 둔 것인가?
① 보일의 법칙
② 열역학 제1법칙
③ 샤를의 법칙
④ 파스칼의 원리

01 유압장치의 작동원리는 밀폐된 용기 속에 담겨 있는 액체에 주어진 압력은 같은 크기로 각 부분에 골고루 전달된다는 파스칼의 원리를 이용한 것이다. 유압장치란 압력에너지를 힘이나 동력과 같은 기계적 일로 변환시켜주는 장치를 말한다.

02 유압장치의 특징으로 옳지 않은 것은?
① 공압에 비해서 응답속도가 느리다.
② 제어가 용이하며 비교적 정확하다.
③ 구조가 간단하고 원격조작이 가능하다.
④ 에너지의 축적이 가능하다.

02 유압장치의 특징
- 높은 출력과 빠른 응답성을 가진다(공압에 비해 응답속도가 느리지 않음).
- 고속·저속·정밀한 제어가 가능하며 정확하다(속도·방향 제어가 용이하며, 정밀작업에 적합).
- 구조가 간단하고 소형화·원격조작이 가능하다(밸브 조작만으로 원격 조작이 가능).
- 에너지의 축적이 가능하며, 필요한 시점에 방출하여 즉각적인 동작이 가능하다.
- 유량의 조절로 무단변속이 가능하며, 힘의 연속적 제어가 용이하다.

03 유압장치의 기본 구성요소가 아닌 것은?
① 유압펌프
② 제어밸브
③ 유압모터
④ 차동장치

03 차동장치는 동력전달장치의 구성요소이다.
유압장치의 기본구성요소
- 유압발생부 : 유압펌프, 오일탱크, 부속장치(오일냉각기, 필터 등)
- 유압제어부 : 방향제어밸브, 압력제어밸브, 유량조절밸브
- 유압작동부 : 유압모터, 요동모터, 유입실린더

04 유압장치의 기본 구성요소가 아닌 것은?
① 제어 밸브
② 유압 펌프
③ 종감속 기어
④ 유압 실린더

04 종감속 기어는 동력전달장치의 구성요소이다.

정답 01 ④ 02 ① 03 ④ 04 ③

05 유압작동부(유압작동기)가 수행하는 운동에 해당되지 않는 것은?

① 회전 운동
② 요동 운동
③ 직선 운동
④ 무부하 운동

05 유압작동부(유압작동기) : 회전 운동을 수행하는 유압모터와 요동 운동을 수행하는 요동모터, 직선 운동을 수행하는 유압실린더가 있다.

06 유압 실린더는 유압 모터에 의해 발생된 유압을 어떤 운동으로 바꾸어주는가?

① 곡선 운동
② 회전 운동
③ 직선 운동
④ 비틀림 운동

06 유압 실린더는 유압 모터에 의해 발생된 유압에너지를 직선 왕복운동으로 변환시키는 장치이다. 유압작동부는 유압 에너지를 기계적 에너지를 바꾸어 주는 장치로, 직선 왕복운동을 하는 유압 실린더와 회전운동을 하는 유압 모터로 구분된다.

07 건설기계 중 액추에이터는 유압실린더와 (　　)로 구성되어 유압펌프에서 보내준 유체의 압력에너지를 직선 또는 회전운동을 통해 기계적인 일로 바꾸는 유압기기이다.

① 유압모터
② 과급기
③ 여과기
④ 크랭크축

07 유압작동부(액추에이터)는 직선 왕복운동을 하는 유압실린더와 회전운동을 하는 유압모터 등으로 구성되어, 유압펌프에서 보낸 유체의 압력에너지를 기계적인 일로 바꾸어준다.

08 유압장치 중에서 회전운동을 하는 것은?

① 유압 실린더
② 유압 모터
③ 하이드로릭 실린더
④ 급속 배기밸브

08 유압작동부(액추에이터)는 직선 왕복운동을 하는 유압실린더와 회전운동을 하는 유압모터, 요동 운동을 수행하는 요동모터로 구성된다.

09 유압펌프의 특징에 대한 설명으로 가장 적절한 것은?
① 일정한 힘과 토크를 낼 수 있다.
② 속도 조절이 매우 어렵거나 불가능하다.
③ 제어가 매우 어렵고 부정확하다.
④ 가격이 비싸고 기기의 배치가 제한적이다.

09 유압펌프
• 엔진의 기계적 에너지를 유체의 압력 에너지로 전환한다.
• 건설기계의 유압펌프는 엔진의 플라이휠에 의해 구동된다.
• 유압탱크의 오일을 흡입하여 컨트롤 밸브로 송유(토출)한다.
• 일정한 힘과 토크를 낼 수 있고 힘의 증폭이 용이하다.
• 유압기기의 작동속도를 높이기 위해서는 토출유량을 증가시킨다.
• 유압식 무단변속기 작동에 사용되며, 고압에서 누유의 위험이 있다.

10 일반적인 유압펌프에 대한 설명으로 틀린 것은?
① 엔진의 동력으로 구동된다.
② 오일을 흡입하여 컨트롤 밸브로 송유한다.
③ 벨트에 의해서만 구동된다.
④ 동력원이 회전하는 동안에는 항상 회전한다.

10 ③ 건설기계의 유압펌프는 엔진의 플라이휠에 의해 구동된다.
① 엔진 또는 모터의 동력으로 구동된다.
② 유압탱크의 오일을 흡입하여 컨트롤 밸브로 송유(토출)한다.
④ 엔진이 회전하는 동안에는 유압펌프가 항상 회전한다.

11 유압펌프의 기능에 대한 설명으로 옳은 것은?
① 어큐뮬레이터와 동일한 기능을 한다.
② 엔진의 기계적 에너지를 유체 에너지로 전환한다.
③ 유체 에너지를 동력으로 전환한다.
④ 유압회로 내의 압력을 측정한다.

11 유압펌프는 엔진의 기계적 에너지를 유체의 압력 에너지로 전환한다.

12 유압기기의 작동속도를 높이기 위해 무엇을 변화시켜야 하는가?
① 유압모터의 압력을 높인다.
② 유압펌프의 토출유량을 증가시킨다.
③ 유압펌프의 토출압력을 높인다.
④ 유압모터의 크기를 작게 한다.

12 유압기기의 작동속도를 높이기 위해서는 유압펌프의 토출유량을 증가시켜야 한다.

정답 09 ① 10 ③ 11 ② 12 ②

13 일반적으로 건설기계의 유압펌프는 무엇에 의해 구동되는가?

① 에어 컴프레서에 의해 구동된다.
② 엔진의 플라이휠에 의해 구동된다.
③ 전동기에 의해 구동된다.
④ 엔진의 캠축에 의해 구동된다.

13 유압펌프는 엔진의 플라이휠에 의해 구동된다.

14 기어식 유압펌프에 대한 설명으로 옳은 것은?

① 날개로 펌핑 작용을 한다.
② 가변 용량형 펌프이다.
③ 유압펌프 중에서 가장 효율이 좋다.
④ 정용량형 펌프이다.

14 기어식 유압펌프의 특징
• 제작이 간단하고, 구조가 간단하여 고장이 적다.
• 다루기 쉽고 가격이 저렴하다.
• 유압 작동유의 오염에 비교적 강한 편이다.
• 고속회전이 가능하며, 흡입저항이 적어 공동현상의 발생이 적다.
• 소음과 진동이 크고, 플런저 펌프에 비해 효율이 낮다.
• 정용량형 펌프이다.

15 가장 간단한 유압 펌프로, 두 개의 맞물리는 기어를 케이싱 내부에서 회전시켜 유압을 발생시키는 펌프는?

① 피스톤 펌프(플런저 펌프)
② 기어 펌프
③ 베인 펌프
④ 원심 펌프

15 기어 펌프 : 가장 간단한 유형의 유압 펌프로, 두 개의 맞물리는 기어를 케이싱 안에서 회전시켜 유압을 발생시키는 펌프이다. 케이싱 내부에 회전하는 두 개의 맞물리는 기어로 구성된다.

16 기어 펌프에 대한 설명으로 틀린 것은?

① 초고압에는 사용이 곤란하다.
② 다른 펌프에 비해 흡입력이 나쁘다.
③ 플런저 펌프에 비해 효율이 낮다.
④ 소형이며 구조가 간단하다.

16 기어 펌프는 흡입력이 좋아서 탱크를 가압하지 않아도 다른 펌프에 비해 토출이 잘된다. 기어 펌프는 가변용량 펌프로, 날개깃에 의해 펌핑작용을 한다. 소형이고 구조가 간단하며, 흡입저항이 적어 공동현상의 발생이 적다. 단점으로는 소음과 진동이 크고 초고압에는 사용이 곤란하며, 점도에 따라 효율의 변화가 크고 수명이 짧다는 것이다.

정답 **13** ② **14** ④ **15** ② **16** ②

17 기어펌프에서 배출된 유량 중 일부가 입구 쪽으로 되돌려져 배출량이 감소하고 케이싱을 마모시키는 현상은?

① 모세관 현상
② 맥동 현상
③ 폐입 현상
④ 수격 현상

17 폐입 현상은 외접식 기어펌프에서 토출된 유량 일부가 입구 쪽으로 귀환하여 토출량(배출량) 감소, 축 동력 증가, 케이싱 마모 등의 원인을 유발하는 현상이다.

18 외접형 기어펌프의 폐입현상에 대한 설명으로 옳지 않은 것은?

① 폐입현상은 소음과 진동의 원인이 된다.
② 펌프의 압력, 유량, 회전수 등이 주기적으로 변동해서 발생하는 진동현상이다.
③ 폐입된 부분의 기름은 압축이나 팽창을 받는다.
④ 보통 기어 측면에 접하는 펌프 측판(side plate)에 릴리프 홈을 만들어 방지한다.

18 압력과 유량의 주기적으로 변동해 발생하는 진동현상은 맥동현상(서징현상)이다. 폐입현상은 소음과 진동의 원인이 되며, 토출된 유량의 일부가 입구쪽으로 되돌려져 토출량 감소, 축 동력의 증가, 케이싱 마모 등의 원인을 유발한다. 폐입된 부분의 기름은 압축이나 팽창을 받는다.

19 고속·고압의 유압장치에 적합하며 다른 유압펌프에 비해 효율이 높은 펌프는?

① 베인 펌프
② 기어 펌프
③ 벨로시티 펌프
④ 플런저 펌프

19 플런저 펌프(피스톤 펌프)
• 고속 및 고압의 유압장치에 적합하다.
• 누설이 적어 다른 유압펌프에 비해 효율이 높다.
• 가변용량형 펌프로 많이 사용된다.
• 맥동이 작고 진동·소음이 적다.
• 구조가 복잡하고 가격이 고가이다.

20 베인 펌프의 일반적인 특징이 아닌 것은?

① 수명이 짧다.
② 구조가 간단하고 효율이 좋다.
③ 소형, 경량이다.
④ 맥동과 소음이 적다.

20 베인 펌프의 일반적인 특징
• 수명이 길고 장시간 안정된 성능을 발휘할 수 있다.
• 비교적 구조가 간단하고 효율이 좋다.
• 소형·경량이며, 맥동과 소음이 적다.

정답 17 ③ 18 ② 19 ④ 20 ①

21 다음에서 베인 펌프의 주요 구성요소로 모두 맞는 것은?

> ㉠ 회전자(rotor)
> ㉡ 경사판(swash plate)
> ㉢ 격판(baffle plate)
> ㉣ 베인(vane)
> ㉤ 캠링(cam ring)

① ㉠, ㉢, ㉣
② ㉠, ㉣, ㉤
③ ㉠, ㉡, ㉢, ㉣
④ ㉠, ㉢, ㉣, ㉤

21 베인 펌프는 로터(rotor, 회전자), 베인(vane), 캠링(cam ring), 샤프트(shaft) 등을 주요 구성요소로 한다.

22 오일 팬에 있는 오일을 흡입하여 기관의 각 운동부분에 압송하는 오일펌프로 가장 많이 사용되는 것은?

① 피스톤 펌프, 나사 펌프, 원심 펌프
② 기어 펌프, 원심 펌프, 베인 펌프
③ 로터리 펌프, 기어 펌프, 베인 펌프
④ 나사 펌프, 원심 펌프, 기어 펌프

22 오일펌프로 가장 많이 사용되는 유압펌프 : 오일 팬에 있는 오일을 흡입하여 기관의 각 운동부분에 압송하는 오일펌프로 가장 많이 사용되는 것은 로터리 펌프, 기어 펌프, 베인 펌프이다. 로터리 펌프는 기어나 로터의 회전에 의해 펌프실의 용적이 이동하면서 압력을 발생시키는 것으로, 기어 펌프와 베인 펌프를 로터리 펌프의 일종으로 보기도 한다.

23 디젤엔진의 고압펌프 구동에 사용되는 것으로 가장 적절한 것은?

① 캠축
② 인젝터
③ 커먼레일
④ 냉각팬 벨트

23 고압펌프는 엔진의 캠축에 의해 구동되며, 저압펌프에서 공급된 연료를 고압으로 형성하여 커먼레일에 토출한다. 커먼레일은 직접 분사식 디젤엔진을 뜻하는 말로써, 초고압으로 압축한 연료를 인젝터 개폐를 통해 분사토록 하는 것이다.

24 공동현상이 발생했을 때의 영향으로 틀린 것은?

① 유압장치 내부에 소음과 진동이 발생된다.
② 유압펌프의 토출량이 증가한다.
③ 급격한 압력파가 일어난다.
④ 체적 효율이 저하된다.

24 공동현상의 발생 영향
- 유압펌프의 토출량 감소, 펌프의 성능 저하(토출량·양정 감소)
- 관벽에 손실을 주고 소음과 진동 발생, 급격한 압력파로 충격 발생
- 체적 효율 저하로 관내 부식

정답 21 ② 22 ③ 23 ① 24 ②

25 공동현상 발생의 영향으로 틀린 것은?

① 펌프의 양정이 감소한다.
② 펌프의 토출량이 증가한다.
③ 내부에 소음과 진동이 발생된다.
④ 체적 효율이 감소한다.

25 공동현상이 발생하였을 때는 물의 흐름이 불규칙하므로 유압펌프의 토출량이 감소하고, 펌프의 성능이 저하된다(토출량·양정 감소, 효율 저하). 그밖에 관벽에 손실을 주고 소음과 진동이 발생되며, 체적 효율 저하로 관내를 부식시킨다.

26 유압펌프에 의해 단위시간당 통과되는 유체의 체적인 체적 유량을 나타내는 단위로 옳은 것은? (단, m : 길이, s : 시간(초), kg : 질량)

① kg/m
② m^3/s
③ m/s
④ m^2/s^2

26 체적 유량을 나타내는 단위로는 'm^3/s' 또는 'L/s' 등이 있다. 단위시간당 펌프에 의해 전달되는 유체의 양을 유량이라고 하며, 체적 유량은 유체가 단위 시간당 통과하는 체적(유체의 부피)을 말한다.

27 유압 오일이 과열되는 경우 우선적으로 점검해야 할 부분은?

① 오일 쿨러
② 컨트롤 밸브
③ 필터
④ 유압 호스

27 오일 쿨러는 가열된 오일을 물이나 공기로 냉각시켜 오일의 온도를 적정하게 유지시켜 주는 열교환 부품으로, 오일량은 정상인데 유압유가 과열되는 경우 가장 우선적으로 점검해야 한다.

28 유압회로에서 유압유 온도를 적정하게 유지하기 위해 오일을 냉각하는 부품은?

① 방향 제어 밸브
② 오일 쿨러
③ 어큐뮬레이터
④ 유압 밸브

28 오일 쿨러(Oil cooler)는 가열된 오일을 냉각시켜 오일의 온도를 적정하게 유지시켜 주는 열교환 부품이다.

정답 25 ② 26 ② 27 ① 28 ②

29 유압 액추에이터의 기능에 대한 설명으로 옳은 것은?
① 유체 에너지를 전기 에너지로 변환한다.
② 유체 에너지를 기계적인 일로 변환한다.
③ 유체 에너지를 생성한다.
④ 유체 에너지를 축적한다.

> **29** 액추에이터는 유압(유체) 에너지를 기계적 에너지를 바꾸어 주는 장치(작동기)를 말한다.

30 유압 실린더의 주요 구성부품이 아닌 것은?
① 실린더
② 축압기
③ 피스톤 로드
④ 피스톤

> **30** 유압 실린더의 주요 구성부품 : 실린더, 실(seal), 피스톤, 피스톤 로드, 쿠션기구 등

31 일반적인 유압 실린더의 종류에 해당하지 않는 것은?
① 단동 실린더
② 복동 실린더
③ 다단 실린더
④ 레이디얼 실린더

> **31** 유압 실린더의 일반적인 종류 : 단동 실린더(피스톤형, 램형), 복동 실린더(싱글 로드형, 더블 로드형), 다단 실린더

32 지게차의 유압 복동 실린더에 대한 설명으로 틀린 것은?
① 싱글 로드형이 있다.
② 피스톤의 양방향으로 유압을 받아 늘어난다.
③ 수축은 자중이나 스프링에 의해서 이루어진다.
④ 더블 로드형이 있다.

> **32** 수축이 자중이나 스프링에 의해서 이루어지는 방식은 단동 실린더이다.

정답 29 ② 30 ② 31 ④ 32 ③

33 유압 실린더의 지지 방식이 아닌 것은?

① 플랜지형
② 트러니언형
③ 푸트형
④ 유니언형

33 유압 실린더를 지지하는 방식으로는 플랜지형과 트러니언형, 푸트형, 클래비스형 실린더가 있다.

34 유압장치의 피스톤 로드에 있는 먼지 또는 오염물질 등이 실린더 내로 혼입되는 것을 방지하는 것은?

① 실린더 커버
② 밸브
③ 필터
④ 더스트 실

34 더스트 실은 유압 실린더의 로드 패킹 외측에 설치되어 외부로부터 먼지나 오염물질 등 이물질이 실린더로 침입하는 것을 방지하는 역할을 한다.

35 유압모터의 종류에 해당하지 않는 것은?

① 기어 모터
② 베인 모터
③ 플런저 모터
④ 디젤 모터(직권형)

35 유압모터의 종류에는 기어 모터, 베인 모터, 플런저(피스톤) 모터 등이 있다.

36 다음 중 유압모터 종류에 속하지 않는 것은?

① 기어 모터
② 베인 모터
③ 플런저 모터
④ 디젤 직권형 모터

36 유압모터의 종류에는 기어 모터, 베인 모터, 플런저(피스톤) 모터 등이 있다.

정답 33 ④ 34 ④ 35 ④ 36 ④

37 유압모터를 선택할 때의 고려사항으로 가장 거리가 먼 것은?
① 효율
② 점도
③ 동력
④ 부하

37 유압모터 선택 시 고려할 사항으로는 체적 및 효율이 우수할 것, 모터로 필요한 동력을 얻을 수 있을 것, 주어진 부하에 대한 내구성이 클 것 등이 있다. 점도는 유압유 선택 시 고려할 사항이다.

38 유압모터의 장점으로 옳은 것은?
① 무단변속의 범위가 넓다.
② 효율이 높고 소음이 적다.
③ 공기와 먼지 등의 침투에 큰 영향을 받지 않는다.
④ 오일의 누출을 방지한다.

38 유압모터는 전동모터에 비하여 급속정지가 쉽고 광범위한 무단변속이 가능하다는 장점이 있다.

39 유압 모터의 장점으로 적절하지 않은 것은?
① 속도나 방향 제어가 용이하다.
② 소형·경량으로서 큰 출력을 낼 수 있다.
③ 공기, 먼지 등이 침투하여도 성능에 영향이 없다.
④ 급속정지가 쉽고 변속 및 역전 제어가 용이하다.

39 유압모터는 작동유 내에 먼지와 공기 등이 침투하면 작업 성능이 저하된다.
유압모터의 장점
- 속도나 방향의 제어가 용이하다.
- 소형·경량으로서 큰 출력을 낼 수 있고 고속 차종에 적용이 가능하다.
- 시동이나 정지, 변속, 역전 제어가 용이하다.
- 릴리프 밸브를 달면 전동 모터에 비해 급속정지가 용이하다.

40 다음 설명 중 유압모터의 특징으로 가장 적절한 것은?
① 저속에만 적합하고 출력 당 힘이 약하다.
② 넓은 범위의 무단변속이 용이하다.
③ 속도나 방향제어가 불가능하다.
④ 강력한 힘을 얻을 수 있으나 부피가 크다.

40 ② 유압모터는 광범위한 무단변속이 가능하다.
① 고속에 적합하고, 큰 출력을 낸다.
③ 속도와 방향제어가 용이하고, 힘의 연속제어가 용이하다.
④ 강력한 힘을 얻을 수 있으나, 소형이고 경량이다.

정답 37 ② 38 ① 39 ③ 40 ②

41 유압모터에 대한 설명으로 옳지 않은 것은?

① 회전체의 관성력이 크다.
② 자동제어와 원격조작이 가능하다.
③ 무단변속이 가능하다.
④ 구조가 간단하고 소형 경량이다.

41 유압모터의 일반적인 특징
- 전동모터에 비하여 급속정지가 쉽고, 광범위한 무단변속이 가능하다.
- 속도와 방향제어, 힘의 연속제어가 용이하다(시동·정지·변속·역전 제어 용이).
- 자동제어와 원격조작이 가능하다.
- 고속에 적합하고, 큰 출력을 낸다.
- 소형이고 경량이며 구조가 간단한다.
- 회전체의 관성이 작아 응답성이 빠르다.

42 유압모터에서 소음과 진동이 발생할 때의 원인으로 가장 적절하지 않은 것은?

① 내부 부품의 파손
② 체결 볼트의 이완
③ 유압유 속에 공기의 혼입
④ 펌프의 최고 회전속도 저하

42 유압모터에서 소음·진동이 발생하는 원인 : 내부 부품의 파손, 체결 볼트 이완, 유압유에 공기 유입, 이물질의 침입, 펌프 흡입 불량 등

43 플런저 모터에 대한 설명으로 옳은 것은?

① 평균 효율이 낮다.
② 내부 누설이 많다.
③ 구조가 간단하고 수리가 쉬워 관리가 간편하다.
④ 고압 작동에 적합하다.

43 플런저 모터(피스톤 모터)의 특징
- 사용 압력이 높고 고압 작동에 적합하다.
- 출력 토크가 크고, 평균 효율이 가장 높다.
- 내부 누설이 적다.
- 구조가 복잡하고 비싸며, 수리가 어려워 유지관리에 주의가 필요하다.

44 일반적인 유압시스템에서 유압유 제어기능이 아닌 것은?

① 유량제어
② 방향제어
③ 압력제어
④ 온도제어

44 유압유 제어기능 : 유량제어, 압력제어, 방향제어, 차단제어 등

정답 41 ① 42 ④ 43 ④ 44 ④

45 유압장치에서 유압을 제어하는 방법이 아닌 것은?
① 밀도제어
② 압력제어
③ 방향제어
④ 유량제어

45 유압장치는 각종 제어밸브를 이용하여 압력제어·방향제어·유량제어를 할 수 있다. 밀도제어나 속도제어 등은 유압의 제어방법이 아니다.

46 지게차에 사용되는 유압제어 밸브의 종류에 해당되지 않는 것은?
① 압력제어 밸브
② 필터제어 밸브
③ 방향제어 밸브
④ 유량제어 밸브

46 유압제어 밸브에는 크게 압력제어 밸브와 방향제어 밸브, 유량제어 밸브가 있다.

47 방향제어 밸브의 종류에 해당하지 않는 것은?
① 셔틀 밸브
② 교축 밸브
③ 체크 밸브
④ 방향 변환 밸브

47 교축 밸브는 유량제어 밸브이다. 유량제어 밸브에는 교축 밸브(스로틀 밸브)와 니들 밸브, 분류 밸브, 압력보상 유량제어 밸브, 온도압력보상 유량제어 밸브 등이 있다.
방향제어밸브 : 체크 밸브, 방향 변환 밸브, 셔틀 밸브, 스풀 밸브, 감속 밸브 등

48 유압장치에서 방향제어밸브의 설명으로 옳은 것은?
① 오일의 유량을 바꿔주는 밸브이다.
② 오일의 온도를 바꿔주는 밸브이다.
③ 오일의 흐름(방향)을 바꿔주는 밸브이다.
④ 오일의 압력을 바꿔주는 밸브이다.

48 방향제어밸브는 유체의 흐름 방향을 변환하고 유체의 흐름을 한쪽으로만 허용하는 밸브이다.

49 유압장치에서 방향제어밸브에 대한 설명으로 틀린 것은?
① 액추에이터의 속도를 제어한다.
② 유체의 흐름 방향을 변환한다.
③ 액추에이터의 작동방향을 바꾸는데 사용한다.
④ 유체의 흐름 방향을 한쪽으로 허용한다.

49 방향제어밸브는 유체의 흐름 방향을 변환하고 유체의 흐름을 한쪽으로만 허용하며, 액추에이터(유압실린더·유압모터)의 작동방향을 바꿔준다.

정답 **45** ① **46** ② **47** ② **48** ③ **49** ①

50 유압장치에서 방향제어밸브에 대한 설명으로 적합하지 않은 것은?

① 유체의 흐름 방향을 변환한다.
② 유체의 흐름 방향을 한쪽으로 허용한다.
③ 액추에이터의 작동방향을 바꿔준다.
④ 유압실린더의 이동속도를 부하에 관계없이 일정하게 한다.

50 유압실린더 등의 이동속도를 부하에 관계없이 일정하게 하는 것은 유량제어밸브이다. 방향제어밸브는 유압장치 회로 내의 유체의 흐름 방향을 변환하고 흐름을 한쪽으로만 허용하며, 액추에이터(유압실린더·유압모터)의 작동방향을 바꿔준다.

51 유압회로에서 역류를 방지하고 회로 내의 잔류압력을 유지하는 밸브는?

① 셔틀 밸브
② 매뉴얼 밸브
③ 스로틀 밸브
④ 체크 밸브

51 체크 밸브는 방향제어 밸브의 일종으로 작동유의 흐름을 한쪽 방향으로만 흐르게 하고 역류를 방지하며, 회로 내 잔압을 유지하는 밸브이다.

52 지게차에서 작동유를 한 방향으로는 흐르게 하고 반대 방향으로는 흐르지 않게 하기 위해 사용하는 밸브는?

① 감압 밸브
② 릴리프 밸브
③ 무부하 밸브
④ 체크 밸브

52 체크 밸브는 작동유의 흐름을 한쪽 방향으로만 흐르게 하고 역류를 방지하며, 회로 내 잔압을 유지하는 밸브이다.

53 유압회로에서 오일을 한쪽 방향으로만 흐르도록 하는 밸브는?

① 오리피스 밸브
② 파이롯 밸브
③ 체크 밸브
④ 릴리프 밸브

53 체크 밸브는 작동유의 흐름을 한쪽 방향으로만 흐르게 하고 역류를 방지하는 밸브이다.

정답 50 ④ 51 ④ 52 ④ 53 ③

54 지게차의 자동변속기에서 변속레버에 의해 조작되며 중립·전진·후진·고속·저속의 선택에 따라 오일 유로를 변환시키는 밸브는?

① 거버너 밸브
② 매뉴얼 밸브
③ 스로틀 밸브
④ 시프트 밸브

54 시프트 밸브(변속 밸브)는 자동변속기에서 변속레버의 조작에 따라 유압의 흐름(오일 유로)을 전환시켜 전진·후진·중립·고속·저속 등 기어를 선택할 수 있도록 제어하는 밸브이다.

55 다음 중 압력제어 밸브에 해당하지 않는 것은?

① 감압(리듀싱) 밸브
② 시퀀스(순차) 밸브
③ 무부하(언로드) 밸브
④ 교축(스로틀) 밸브

55
· 압력제어 밸브의 종류 : 릴리프 밸브, 감압 밸브(리듀싱밸브), 시퀀스 밸브(순차밸브), 언로더 밸브(무부하 밸브), 카운터 밸런스 밸브 등
· 방향제어 밸브의 종류 : 체크 밸브, 방향 변환 밸브, 셔틀 밸브, 스풀 밸브, 감속 밸브 등
· 유량제어 밸브의 종류 : 교축 밸브(스로틀밸브), 니들 밸브, 분류 밸브, 압력보상 유량제어 밸브, 온도압력보상 유량제어 밸브 등

56 유압유의 압력을 제어하는 밸브가 아닌 것은?

① 릴리프 밸브
② 교축 밸브
③ 리듀싱 밸브
④ 시퀀스 밸브

56 압력제어 밸브에는 감압 밸브(리듀싱 밸브, 압력조절 밸브), 릴리프 밸브, 시퀀스 밸브, 카운터 밸런스 밸브, 언로더 밸브 등이 있다. 교축 밸브는 유량제어 밸브이다.

57 다음 중 회로 내 압력을 설정치 이하로 유지하는 밸브를 모두 고른 것은?

| ㉠ 릴리프 밸브 | ㉡ 리듀싱 밸브 |
| ㉢ 교축 밸브 | ㉣ 언로더 밸브 |

① ㉠, ㉣
② ㉡, ㉢
③ ㉠, ㉡, ㉢
④ ㉠, ㉡, ㉣

57 압력제어 밸브는 회로 내의 압력을 설정치 이하로 유지하는 밸브이다. 압력제어 밸브에는 릴리프 밸브, 감압 밸브(리듀싱 밸브), 시퀀스 밸브, 언로더 밸브, 밸런스 밸브 등이 있다. 교축 밸브(스로틀 밸브)와 니들 밸브, 분류 밸브 등은 유량제어 밸브이다.

정답 54 ④ 55 ④ 56 ② 57 ④

58 다음 중 압력제어밸브가 아닌 것은?

① 릴리프 밸브
② 시퀀스 밸브
③ 카운터 밸런스 밸브
④ 체크 밸브

59 유압회로의 최고압력을 제한하고 회로의 압력을 일정하게 유지하는 밸브는?

① 체크 밸브
② 감압 밸브
③ 릴리프 밸브
④ 카운터 밸런스 밸브

60 압력제어밸브 중 상시 닫혀 있다가 일정조건이 되면 작동하는 밸브가 아닌 것은?

① 언로드 밸브
② 릴리프 밸브
③ 리듀싱 밸브
④ 시퀀스 밸브

61 리듀싱(감압) 밸브에 대한 설명으로 옳지 않은 것은?

① 입구의 주 회로에서 출구의 감압회로로 유압유가 흐른다.
② 유압장치에서 회로 일부의 압력을 릴리프 밸브 설정압력 이하로 하고 싶을 때 사용한다.
③ 상시 폐쇄상태로 되어 있다가 출구의 압력이 변동되면 유로가 개방된다.
④ 출구의 압력이 감압 밸브의 설정 압력보다 높아지면 밸브가 작동하여 유로를 닫는다.

58 압력제어밸브에는 릴리프 밸브, 감압 밸브(리듀싱 밸브), 시퀀스 밸브, 언로더 밸브, 카운터 밸런스 밸브 등이 있다. 체크 밸브는 방향제어밸브에 해당한다.

59 릴리프 밸브 : 유압장치 내의 압력을 일정하게 유지하고 최고압력을 제한하여 회로를 보호해주는 밸브이다. 즉, 계통 내의 최대 압력을 설정함으로서 계통을 보호하는 밸브를 말한다. 유압회로 내의 압력이 설정압력에 도달하면 펌프에 토출된 오일의 일부 또는 전량을 직접 탱크로 돌려보내 회로의 압력을 설정 값으로 유지한다.

60 리듀싱(감압) 밸브는 상시 개방 상태로 되어 있다가, 출구(2차 쪽)의 압력이 감압 밸브의 설정 압력보다 높아지면 밸브가 닫힌다.

61 리듀싱(감압) 밸브는 상시 개방상태로 되어 있다가, 출구의 압력이 감압 밸브의 설정 압력보다 높아지면 밸브가 작동하여 유로를 닫는 밸브이다.

정답 58 ④ 59 ③ 60 ③ 61 ③

62 감압밸브의 용도로 가장 적절한 것은?

① 귀환회로의 잔류압력을 높게 할 때 사용한다.
② 공급회로의 압력을 높게 할 때 사용한다.
③ 귀환회로에 잔류압력을 유지할 때 사용한다.
④ 분기회로에서 2차측 압력을 낮게 할 때 사용한다.

62 감압 밸브는 유체의 압력을 감소시켜주는 밸브로 분기회로에 쓰이며, 2차측 출구 압력을 원하는 압력으로 낮춰주는 역할을 한다.

63 주 회로에서 둘 이상의 분기회로를 가질 때 각각의 회로를 정해진 순서에 따라 순차 작동시킬 때 사용하는 밸브는?

① 릴리프 밸브
② 감압 밸브
③ 교축 밸브
④ 시퀀스 밸브

63 시퀀스 밸브 : 순차 작동 밸브라고도 하며, 유압실린더 등이 2개 이상의 분기 회로를 가질 때 각 유압실린더를 일정 순서로 순차 작동시키는 밸브이다. 하나가 작동을 완료한 후 다음 작동이 이루어지도록 하는 밸브로, 회로 안의 작동 순서를 압력에 의해 제어한다.

64 유압장치 제어밸브 중 유압회로의 압력에 따라 액추에이터의 작동 순서를 제어하는 밸브는?

① 시퀀스 밸브
② 릴리프 밸브
③ 무부하 밸브
④ 가변형 교축 밸브

64 유압회로의 압력에 따라 액추에이터의 작동 순서를 제어(회로 안의 작동 순서를 압력에 의해 제어)하는 밸브는 시퀀스 밸브이다. 시퀀스 밸브는 유압실린더 등이 2개 이상의 분기 회로를 가질 때 각 유압실린더를 일정 순서로 순차 작동시키는 밸브로, 하나가 작동을 완료한 후 다음 작동이 이루어지도록 한다.

65 2개 이상의 분기회로를 가질 때 각 유압실린더를 일정한 순서로 순차 작동시키고자 할 때 사용하는 것은?

① 체크 밸브
② 릴리프 밸브
③ 시퀀스 밸브
④ 언로드 밸브

65 시퀀스 밸브 : 순차 작동 밸브라고도 하며, 유압실린더 등이 2개 이상의 분기 회로를 가질 때 각 유압실린더를 일정 순서로 순차 작동시키는 밸브이다.

정답 62 ④ 63 ④ 64 ① 65 ③

66 펌프의 유량을 직접 탱크로 되돌려 보내 펌프를 무부하 상태로 만들어 동력을 절감하고 작동유의 온도 상승을 방지하는 밸브는?

① 체크 밸브 ② 시퀀스 밸브
③ 교축 밸브 ④ 언로더 밸브

66 ④ 언로더 밸브(무부하 밸브) : 유압회로의 압력이 설정 치에 도달하면 펌프로부터 전 유량을 직접 탱크로 되돌려 보내 유압펌프가 무부하가 되도록 하여 동력을 절감하고 유온 상승을 방지하는 밸브이다.
① 체크 밸브 : 작동유의 흐름을 한쪽 방향으로만 흐르게 하고 역류를 방지하며, 회로 내 잔압을 유지하는 밸브이다.
② 시퀀스 밸브 : 순차 작동 밸브라고도 하며, 유압실린더 등이 2개 이상의 분기 회로를 가질 때 각 유압실린더를 일정 순서로 순차 작동시키는 밸브이다.
③ 교축 밸브(스로틀밸브) : 가장 간단한 유량제어 밸브로, 단순히 관로를 교축시켜 유량을 제어하는 밸브이다.

67 회로의 압력이 설정 압력에 도달하면 펌프로부터의 유량을 직접 탱크로 복귀시켜 유압펌프를 무부하 운전시키는 밸브는?

① 언로더 밸브 ② 리듀싱 밸브
③ 릴리프 밸브 ④ 시퀀스 밸브

67 언로더 밸브(무부하 밸브)는 유압회로의 압력이 설정 치에 도달하면 펌프로부터 전 유량을 직접 탱크로 되돌려 유압펌프가 무부하가 되도록 하여 동력을 절감하고 유온 상승을 방지하는 밸브이다.

68 한쪽방향의 흐름에 설정된 배압을 부여하여 자유 낙하를 방지하는 밸브는?

① 체크밸브
② 시퀀스 밸브
③ 언로더 밸브
④ 카운터 밸런스 밸브

68 카운터 밸런스 밸브(Counterbalance Valve) : 한쪽 방향의 흐름에 설정된 배압을 부여하여 자유 낙하를 방지하는 밸브이다. 체크 밸브 기능과 압력제어 기능을 결합하여, 특정 방향으로의 유체 흐름을 제한하면서도 반대 방향으로는 자유로운 흐름을 허용하여 부하가 걸린 상태에서 갑작스러운 낙하를 방지한다.

69 유량제어 밸브에 해당하는 것은?

① 릴리프 밸브
② 카운터밸런스 밸브
③ 교축 밸브
④ 셔틀 밸브

69 • 유량제어 밸브 : 교축 밸브(스로틀 밸브)와 니들 밸브, 분류 밸브, 압력보상 유량제어 밸브, 온도압력보상 유량제어 밸브 등
• 압력제어 밸브 : 릴리프 밸브, 감압 밸브(리듀싱밸브), 시퀀스 밸브(순차밸브), 언로더 밸브(무부하밸브), 카운터 밸런스 밸브 등
• 방향제어 밸브 : 체크 밸브, 방향 변환 밸브, 셔틀 밸브, 스풀 밸브, 감속 밸브 등

정답 66 ④ 67 ① 68 ④ 69 ③

70 지게차에 설치된 유압밸브 중 작업장치의 속도를 제어하기 위해 사용되는 밸브가 아닌 것은?

① 분류 밸브
② 가변형 교축밸브
③ 리듀싱 밸브
④ 고정형 교축밸브

70 유압회로 내의 유량을 조절함으로써 액추에이터의 속도를 제어할 수 있는 밸브는 유량제어 밸브이다. 유량제어 밸브의 종류에는 분류밸브, 교축밸브(스로틀 밸브), 니들밸브, 압력보상 유량제어밸브, 온도압력보상 유량제어밸브 등이 있다. 리듀싱 밸브(감압 밸브)는 압력제어 밸브이다.

71 지게차의 유압 작동순서로 가장 적절한 것은?

① 유압펌프 → 유압탱크 → 작동실린더 → 메인 컨트롤 밸브
② 유압펌프 → 유압탱크 → 메인 컨트롤밸브 → 작동실린더
③ 유압탱크 → 유압펌프 → 작동실린더 → 메인 컨트롤 밸브
④ 유압탱크 → 유압펌프 → 메인 컨트롤밸브 → 작동실린더

71 지게차의 유압 작동순서 : 유압탱크로부터 유압펌프가 유압오일을 흡입하여 고압으로 압축한 후 컨트롤밸브(제어밸브)로 송출하고, 컨트롤밸브에서 유체의 압력·방향·속도를 조절하여 유압실린더 보내면 여기에서 유체에너지가 기계에너지로 바뀌게 된다. 즉, '유압탱크 → 유압펌프 → 컨트롤밸브(제어밸브) → 유압작동실린더'의 순서대로 작동한다.

72 일반적인 오일탱크의 구성품이 아닌 것은?

① 배플 플레이트
② 드레인 플러그
③ 유압 실린더
④ 스트레이너

72 오일탱크의 구성품 : 배플(칸막이), 스트레이너, 유면계, 드레인 플러그, 여과망

73 유압탱크의 구성품이 아닌 것은?

① 유면계
② 격리판
③ 정온계
④ 여과망

73 유압탱크(오일탱크)의 구성품 : 배플(칸막이), 스트레이너, 유면계, 드레인 플러그, 격리판, 여과망

정답 70 ③ 71 ④ 72 ③ 73 ③

74 유압탱크의 구비조건 중 가장 적절하지 않은 것은?
① 오일 냉각을 위한 쿨러를 설치한다.
② 이물질이 혼입되지 않도록 밀폐되어 있어야 한다.
③ 드레인 플러그 및 유면계를 설치한다.
④ 적당한 크기의 주유구와 스트레이너를 설치한다.

74 유압탱크(작동유탱크)의 구비조건
- 발생한 열을 발산할 수 있어야 한다(열 방산에 충분한 용적).
- 오일에 이물질이 들어가지 않도록 밀폐되어 있어야 한다.
- 작동유를 빼낼 수 있는 드레인 플러그를 탱크 아래쪽에 설치한다.
- 유면계를 설치하여 유면의 정상 값을 확인한다(유면은 F에 가깝게 유지).
- 적당한 크기의 주유구 및 스트레이너를 설치한다.
- 흡입관과 리턴 파이프 사이에 격판이 있어야 한다.

75 유압탱크의 기능으로 적절하지 않은 것은?
① 계통 내에 필요한 압력의 조절
② 유체의 저장과 계통 내 필요한 유량 확보
③ 격판에 의한 기포 발생 방지 및 제거
④ 외벽의 방열에 의한 적정온도 유지

75 유압탱크의 기능
- 유압 유체의 저장 및 계통 내 필요한 유량 확보
- 배플 격판(차폐장치)에 의한 기포 발생 방지 및 분리·제거
- 탱크 외벽의 방열에 의해 온도 조정 및 적정온도 유지
- 흡입관 측에 스트레이너 설치로 회로 내 불순물 혼입 방지

76 유압유 탱크의 특징에 대한 설명으로 적절하지 않은 것은?
① 유압회로에 필요한 유량 확보
② 점도 변화 및 유온 냉각
③ 격판에 의한 기포 분리 및 제거
④ 스트레이너를 설치하여 불순물 혼입 방지

76 유압유 탱크(오일탱크)의 특징으로는 계통 내의 필요한 유량 확보, 격판에 의한 기포 발생 방지 및 분리·제거, 스트레이너 설치로 회로 내 불순물 혼입 방지, 탱크 외벽의 방열에 의해 적정온도 유지 등이 있다.

77 유압유(작동유)의 구비조건으로 옳지 않은 것은?
① 열 안정성과 내열성이 클 것
② 압축성 유체이고 밀도가 클 것
③ 점도 변화가 작고 적정한 유동성·점성을 지닐 것
④ 화학적으로 안정성이 좋을 것

77 일반적인 유압유의 구비조건
- 열을 방출할 수 있을 것(방열성이 클 것)
- 인화점·발화점이 높을 것(열 안정성과 내열성이 클 것)
- 온도에 따른 점도 변화가 작고 점도지수가 높을 것(적정한 유동성·점성)
- 화학적으로 안정될 것(산화안정성 및 내유화성)
- 소포성(기포방지성)과 윤활성·방청성·방식성이 좋을 것
- 비압축성일 것(압축성이 적을 것) 등

정답 74 ① 75 ① 76 ② 77 ②

78 일반적인 유압 작동유의 구비조건으로 틀린 것은?

① 온도에 따른 점도 변화가 작아야 한다.
② 화학적으로 안정되어야 한다.
③ 인화점이 낮아야 한다.
④ 방청성이 좋아야 한다.

78 유압유(작동유)는 인화점이 높아야 화재의 위험이 적다. 일반적으로 유압유의 구비조건에 해당하는 것으로는 열을 방출할 수 있을 것, 온도에 따른 점도 변화가 작고 적절한 점도가 유지될 것, 인화점·발화점이 높을 것, 화학적으로 안정될 것(산화안정성 및 내유화성), 방청성·방식성이 좋을 것, 비압축성 등이 있다.

79 유압 작동유의 일반적인 구비조건으로 틀린 것은?

① 적절한 점도가 유지된다.
② 압축성이어야 한다.
③ 발화점과 인화점이 높다.
④ 산화안정성을 지닌다.

79 일반적으로 유압유의 구비조건에 해당하는 것으로는 열을 방출할 수 있을 것, 온도에 따른 점도 변화가 작고 적절한 점도가 유지될 것, 인화점·발화점이 높을 것, 화학적으로 안정될 것(산화안정성 및 내유화성), 방청성·방식성이 좋을 것, 비압축성일 것 등이 있다.

80 유압유의 주요 기능이 아닌 것은?

① 윤활작용
② 동력전달작용
③ 냉각작용
④ 압축작용

80 유압유(작동유)는 윤활작용과 동력전달작용, 냉각작용(열을 방출)을 한다. 유압 작동유는 비압축성을 지녀야 한다.

81 유압유가 넓은 온도범위에서 사용되기 위한 조건으로 옳은 것은?

① 발포성이 높고 유성이 커야 한다.
② 산화작용이 양호해야 한다.
③ 점도지수가 높아야 한다.
④ 소포성이 낮아야 한다.

81 유압유 또는 작동유가 넓은 온도범위에서 사용되기 위해서는 점도지수가 높아야 한다.

정답 78 ③ 79 ② 80 ④ 81 ③

82 유압유의 온도가 상승하는 원인과 가장 거리가 먼 것은?

① 유압회로 내의 작동압력이 너무 낮을 때
② 작동유의 점도가 너무 높을 때
③ 유압모터 내에서 내부마찰이 발생될 때
④ 유압회로 내에서 공동현상이 발생될 때

82 유압유(작동유)의 온도 상승 원인 : 점도가 높은 경우, 내부마찰 증가, 작동유의 부족, 유압손실 증대, 유압장치의 작동불량, 공동현상(캐비테이션)의 발생, 오일냉각기 불량, 과부하상태에서 연속작업 시, 열이 높은 물체가 유압유와 접촉 시

83 작동유의 열화 상태를 확인하는 방법으로 가장 적절하지 않은 것은?

① 침전물의 유무로 확인
② 오일을 가열한 후 냉각되는 시간으로 확인
③ 냄새로 확인
④ 점도 상태로 확인

83 작동유(유압유)의 열화를 판정하는 방법
· 색깔의 변화나 침전물의 유무를 확인한다.
· 수분의 유무를 확인한다.
· 냄새로 확인한다.
· 점도 상태로 확인한다.
· 흔들었을 때 거품이 없어지는 양상을 확인한다.

84 유압회로에서 유압유의 점도가 높을 때 발생할 수 있는 현상이 아닌 것은?

① 관내의 마찰손실이 커진다.
② 열 발생의 원인이 될 수 있다.
③ 유압이 낮아진다.
④ 동력손실이 커진다.

84 ③ 유압유의 점도가 높을 경우는 유압이 높아지는 원인이 된다.
①·② 내부 마찰이 증가해 마찰열에 의한 온도상승이 발생한다.
④ 유동 저항의 증가로 압력손실이 커지므로, 동력손실도 커지고 기계 효율이 저하된다.

85 유압 작동유의 점도가 너무 낮을 때 나타날 수 있는 현상으로 가장 적절한 것은?

① 출력이 증가한다.
② 압력이 상승한다.
③ 유동저항이 증가하여 응답성이 저하된다.
④ 누설이 증가하여 유압실린더의 속도가 늦어진다.

85 유압 작동유의 점도가 지나치게 낮을 때 나타나는 현상
· 누유·누설이 증가하여 유압실린더의 속도가 저하
· 유압펌프나 모터의 용적 효율이 저하(펌프 효율 저하)
· 특정 압력 유지가 어렵고 계통(회로) 내 압력 저하가 발생
· 유동저항이 감소하고, 윤활유로서의 역할을 하기 어려움

86 유압장치에서 사용되는 오일의 점도가 너무 낮을 경우 나타날 수 있는 현상이 아닌 것은?

① 펌프 효율 저하
② 시동 시 저항 증가
③ 유압계통 내의 압력 저하
④ 오일 누설

86 오일의 점도가 낮을수록 흐름성이 좋기 때문에 시동 시나 이동하는데 저항이 적어진다. 오일의 점도가 너무 낮을 경우 유압 계통(회로) 내의 압력 저하, 실린더 및 컨트롤 밸브에서 누출·누설 현상, 유압펌프 효율의 저하, 유압 실린더의 속도 저하 등이 나타난다.

87 유압작동유의 점도 단위로 적절한 것은?

① cm
② kg
③ g/mL
④ mm^2/s

87 유압유의 점도 단위는 일반적으로 'mm^2/s'로 표시된다.

88 온도에 의한 점도변화 정도를 표시하는 것은?

① 윤활성
② 점도지수
③ 점화
④ 점도분포

88 점도지수 : 온도에 따른 점도의 변화를 나타내는 수치로, 일반적으로 온도가 올라가면 점도는 떨어진다. 점도지수가 크면 점도변화가 작고, 점도지수가 작으면 점도변화가 크다.

89 유압유(작동유)에 대한 설명으로 틀린 것은?

① 점도는 압력손실에 영향을 미친다.
② 마찰부분의 윤활작용 및 냉각작용도 한다.
③ 점도지수가 낮아야 한다.
④ 공기가 혼입되면 유압기기의 성능은 저하된다.

89 점도지수란 온도에 따른 점도 변화를 나타내는 수치로, 유압유가 넓은 온도범위에서 사용되기 위해서는 점도지수가 높아야 한다. 점도지수가 낮은 오일은 유압기기 작동이 불량해진다.

정답 **86** ② **87** ④ **88** ② **89** ③

90 유압회로 내에 기포가 발생할 때 일어날 수 있는 현상으로 적절하지 않은 것은?

① 소음증가
② 액추에이터의 작동불량
③ 유압유의 누설저하
④ 공동현상 발생

90 유압회로 내에 기포가 발생할 때 일어날 수 있는 현상으로는 소음증가, 액추에이터의 작동불량, 공동현상, 오일탱크의 오버플로우 등이 있다. 유압유(작동유)의 누설저하는 관련이 없다.

91 유압회로 내의 유압이 상승되지 않을 때의 점검사항으로 가장 거리가 먼 것은?

① 오일이 누출되는지 점검
② 펌프로부터 정상유압이 발생되는지 점검
③ 오일 탱크의 오일량 점검
④ 자기탐상법에 의한 작업장치의 균열 점검

91 유압이 상승되지 않을 경우에는 오일 누출 여부, 유압회로의 누유상태, 유압 펌프로부터 유압이 발생되는지 여부, 펌프의 토출량, 오일 탱크의 오일량, 릴리프 밸브의 고장 여부 등을 점검한다.

92 윤활유의 압력(유압)이 낮아지는 원인이 아닌 것은?

① 윤활유의 양이 부족할 때
② 윤활유 점도가 너무 낮을 때
③ 베어링의 오일 간극이 클 때
④ 오일펌프의 마모가 심할 때

92 베어링 간극이 클 때는 유압조절 밸브가 작동하여 유량을 조절하므로 오히려 유압이 상승하는 경우가 많다. 윤활유의 압력(유압)이 낮아지는 원인 : 윤활유의 양이 부족할 때, 계통 내에서 누설이 있을 때, 윤활유 압력 릴리프밸브가 열린 채 고착될 때, 윤활유 점도가 너무 낮을 때, 오일펌프가 마모가 심할 때, 오일펌프의 흡입구가 막혔을 때

93 유압유 관내에 공기가 혼입되었을 때 발생할 수 있는 현상이 아닌 것은?

① 기화현상
② 숨 돌리기 현상
③ 열화현상
④ 공동현상

93 유체 관로에 공기 혼입 시 발생하는 현상 : 실린더 숨돌리기 현상, 공동현상, 유압유의 열화 촉진현상

정답 90 ③ 91 ④ 92 ③ 93 ①

94 유압호스 연결 시 가장 많이 사용되는 것은?

① 엘보 조인트
② 유니언 조인트
③ 니플 조인트
④ 소켓 조인트

> 94 유압호스 연결 시 가장 많이 사용되는 것은 유니언 조인트이다. 엘보 조인트는 90도로 꺾이는 곳에 사용하고, 니플 조인트와 소켓 조인트는 다른 유압장치를 연결하여야 하는 경우 사용된다.

95 액추에이터의 속도를 서서히 감속시키는 경우나 증속시키는 경우에 사용되며, 일반적으로 캠(cam)으로 조작되는 것은?

① 카운터밸런스 밸브
② 디셀러레이션 밸브
③ 체크 밸브
④ 릴리프 밸브

> 95 디셀러레이션 밸브는 액추에이터의 속도를 서서히 감속 또는 증속시키는 경우에 사용되며, 일반적으로 캠(cam)으로 조작되는 밸브이다. 디셀러레이션 밸브는 행정에 대응하여 통과 유량을 조정하며, 원활한 감속 또는 증속을 하도록 되어있다.

96 어큐뮬레이터(축압기)의 종류 중 공기 압축형(가스-오일식)이 아닌 것은?

① 다이어프램식
② 피스톤식
③ 스프링 하중식
④ 블래더식

> 96 가스-오일식(압축형) 어큐뮬레이터의 종류에는 블래더형, 다이어프램형, 피스톤형, 인라인형 등이 있다.

97 축압기(어큐뮬레이터)의 역할 및 용도로 옳지 않은 것은?

① 유체 방향 변화 및 유체 누설 방지
② 충격 압력 흡수
③ 압력 보상
④ 유압회로 맥동 제거 및 완화

> 97 어큐뮬레이터(축압기)의 기능 및 용도
> • 충격 압력 흡수·완충, 압력 보상, 유압회로 내 압력 제어·관리 및 안정화
> • 유압 에너지(압력유) 축적·저장, 에너지 보존
> • 유압펌프 맥동현상(서징현상) 흡수·감쇄
> • 사이클 시간단축, 펌프 대용 및 안전장치 역할, 인화성 액체 수송 등

정답 94 ② 95 ② 96 ③ 97 ①

98 어큐뮬레이터(축압기)의 기능과 관계가 없는 것은?

① 릴리프 밸브 제어
② 충격 압력 흡수
③ 유압 에너지 축적
④ 유압펌프의 맥동 흡수·감쇄

98 어큐뮬레이터(축압기)의 기능 및 용도 : 충격 압력 흡수·완충, 압력 보상, 유압회로 내 압력 제어·관리 및 안정화, 유압 에너지(압력유) 축적·저장, 에너지 보존, 유압펌프 맥동현상(서징현상) 흡수·감쇄, 사이클 시간단축, 펌프 대용 및 안전장치 역할, 인화성 액체 수송 등

99 유체를 저장해서 충격 압력 흡수, 에너지 축적, 맥동 감쇄 등의 역할을 하는 유압기기는?

① 축압기
② 유압 실린더
③ 릴리프 밸브
④ 유압 모터

99 유체를 저장해 충격 압력 흡수·완충, 유압 에너지 축적·저장, 유압펌프 맥동현상(서징현상) 흡수·감쇄 등의 역할을 수행하는 유압기기는 축압기(어큐뮬레이터)이다.

100 어큐뮬레이터(축압기)의 용도로 가장 거리가 먼 것은?

① 유압회로 내 압력 제어·관리
② 유압유의 여과 및 냉각
③ 압력 보상
④ 유체의 맥동 흡수·감쇄

100 유압유의 여과 및 냉각, 오일 누설 증대, 유압회로 내 압력 상승, 유량 분배·제어, 유체 누설 방지, 릴리프 밸브 제어 등은 어큐뮬레이터(축압기)의 용도에 해당하지 않는다.

101 펌프 운전 중에 압력계기의 눈금이 주기적으로 큰 진폭으로 흔들림과 동시에 주기적인 진동과 소음을 수반하는 현상으로, 서징 현상이라고도 하는 것은 무엇인가?

① 과열 현상
② 맥동 현상
③ 수격 현상
④ 공동 현상

101 ② 서징현상(맥동현상, surging) : 펌프의 운전 중에 압력계기의 눈금이 어떤 주기를 가지고 큰 진폭으로 흔들림과 동시에 흡입 및 토출배관의 주기적인 진동과 소음을 수반하는 현상이다.
① 과열현상 : 체절상태 운전으로 펌프 토출량이 0이 되거나 또는 극소의 상태로 운전하면 펌프 효율이 현저하게 저하되고 구동장치로부터의 동력은 대부분이 열로 되어 수온을 상승시키는 현상이다.
③ 수격현상 : 배관 내를 흐르고 있는 물의 유속(유동)이 급격히 바뀌면 관내압력이 이상 상승하게 되어 배관과 펌프에 손상을 주는 현상(배관·배관지지대·기기 등에 큰 동하중이 유발되는 현상)이다.
④ 공동현상(cavitation) : 펌프 흡입구에서 유로 변화로 인하여 압력강하가 생겨 그 부분의 압력이 포화증기압보다 낮아지면 표면에 증기가 발생되어 액체와 분리되어 기포로 나타나는 현상이다.

정답 98 ① 99 ① 100 ② 101 ②

102 워터 해머 현상으로 불리며, 관내를 흐르는 유속이 급격히 바뀌어 관내 압력이 이상 상승함으로써 배관과 펌프에 손상을 주는 현상은?

① 수격현상 ② 공동현상
③ 맥동현상 ④ 폐입현상

102 ① 수격현상(water hammer) : 배관 내를 흐르고 있는 물의 유속(유동)이 급격히 바뀌면 관내압력이 이상 상승하게 되어 배관과 펌프에 손상을 주는 현상이다.
② 공동현상(cavitation) : 펌프 흡입구에서 유로 변화로 인하여 압력강하가 생겨 그 부분의 압력이 포화증기압보다 낮아지면 표면에 증기가 발생되어 기포로 나타나는 현상으로, 펌프의 손상 및 소음을 유발한다.
③ 맥동현상(서징현상) : 펌프의 압력·유량·회전수 등이 주기적으로 변동해 발생하는 진동현상으로, 펌프의 운전 중에 압력계기의 눈금이 어떤 주기를 가지고 큰 진폭으로 흔들림과 동시에 주기적인 진동과 소음을 수반하는 현상이다.
④ 폐입현상 : 두개의 기어가 물리기 시작하여 끝날 때까지 둘러싸인 공간에 흡입측 또는 토출측에 통하지 않는 용적이 생길 때 작동유의 출구가 막혀 갇히게 되는 현상으로, 소음과 진동의 원인이 되며 토출량 감소, 케이싱 마모 등을 유발한다.

103 건설기계 유압장치 내부에 흐르는 유체의 유속이 급격히 바뀌어 관내압력이 비정상적으로 상승하여 건설기계 내부에 손상을 주는 현상으로, '워터 해머링'으로 불리는 것은?

① 모세관 현상 ② 삼투압 현상
③ 수격 현상   ④ 과열 현상

103 수격현상 : 배관 내를 흐르고 있는 물의 유속이 급격히 바뀌면 관내압력이 이상 상승하게 되어 배관과 펌프에 손상을 주는 현상(워터 해머링)

104 유압장치의 오일탱크에서 펌프 흡입구의 설치에 대한 설명으로 틀린 것은?

① 펌프 흡입구는 반드시 탱크 가장 밑면에 설치한다.
② 펌프 흡입구에는 스트레이너를 설치한다.
③ 펌프 흡입구와 탱크로의 귀환구(복귀구) 사이에는 격리판을 설치한다.
④ 펌프 흡입구는 탱크로의 귀환구로부터 될 수 있는 한 멀리 떨어진 위치에 설치한다.

104 오일탱크의 바닥으로부터 관경의 2~3배 이상 떨어져야 한다. 펌프의 흡입구와 오일탱크 바닥면의 거리를 벌림으로써 이물질이 혼입이나 이물질이 바닥에서 일어나는 것을 방지할 수 있다. 오일탱크의 가장 밑면(바닥)에 설치하는 것은 연료를 빼기 위한 드레인 플러그이다.
유압장치의 오일탱크에서 펌프 흡입구의 설치
• 오일탱크의 바닥으로부터 관경의 2~3배 이상 떨어져야 한다.
• 펌프 흡입구에는 스트레이너(오일 여과기)를 설치한다.
• 펌프 흡입구는 탱크로의 귀환구(복귀부)로부터 될 수 있는 한 멀리 떨어진 위치에 설치한다.
• 펌프 흡입구와 탱크로의 귀환구 사이에는 격리판(baffle plate)을 설치한다.

정답 **102** ① **103** ③ **104** ①

105 유압 오일 실(seal)의 종류 중 O-링의 구비 조건으로 옳은 것은?

① 체결력을 작을 것
② 내압성과 내열성이 클 것
③ 오일의 누설이 클 것
④ 작동 시 마모와 압축변형이 클 것

105 오일 실(seal)은 엔진 오일 등이 새는 것을 막는 것으로, 내압성과 내열성이 커야 한다.
유압 오일 실(seal)의 종류 중 O-링의 구비조건
• 내압성과 내열성이 클 것
• 피로강도가 크고, 비중이 적을 것
• 탄성이 양호하고, 압축변형이 적을 것
• 설치하기가 쉬울 것

106 유압기기의 고정부위에서 누유를 방지하는 것으로 옳은 것은?

① O-링   ② 더스트실
③ U-패킹   ④ V-패킹

106 유압기기의 고정부위에서는 대부분 O-링을 사용하여 누유를 방지한다.

107 유압장치의 기호 회로도에 사용되는 유압기호의 표시 방법으로 틀린 것은?

① 각 기기의 구조 및 작용압력을 표시하지 않는다.
② 기호는 정상상태나 중립상태를 표시한다.
③ 기호에는 흐름의 방향을 표시한다.
④ 기호에는 회전 표시를 하지 않는다.

107 유압장치의 기호에는 회전하여 표시를 할 수 있다.
유압장치의 기호 회로도에 사용되는 기호의 표시방법
• 기호에는 각 기기의 구조나 작용압력을 표시하지 않는다.
• 각 기기의 기호는 정상상태 또는 중립상태를 표시한다.
• 기호에는 흐름의 방향을 표시한다.
• 기호에는 회전 표시를 할 수 있다.

108 유압 도면기호에서 압력스위치를 나타내는 것은?

① 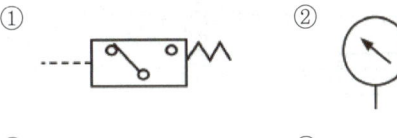   ②
③ 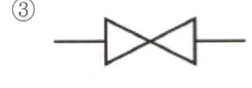   ④

108 ① 압력스위치
② 압력계
③ 스톱밸브
④ 어큐뮬레이터

109 압력계의 기호로 옳은 것은?

① ②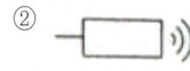
③ ④

109 ① 압력계
② 경음기
③ 온도계
④ 유면계

110 가변 용량형 유압펌프의 기호 표시는?

① 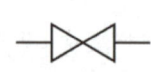 ②
③ 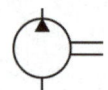 ④

110 가변용량형 유압펌프는 ②이다. ①은 스톱 밸브이며, ③은 정용량형 유압펌프, ④는 스프링이다.

111 유압기호에서 여과기의 기호 표시는?

① 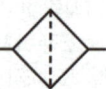 ②
③  ④

111 여과기(필터)의 기호 표시는 ①이다. ②는 유압동력원, ③은 유압압력계, ④는 어큐뮬레이터를 나타낸다.

112 제시된 유압기호가 의미하는 것은?

① 게이트밸브
② 유압실린더
③ 압력계
④ 앵글밸브

112 ③ 제시된 유압기호는 유압압력계이다.

① 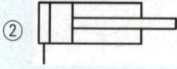 게이트밸브(슬루스밸브)는 글로브 밸브, 볼 밸브 등과 함께 차단밸브의 일종으로 분류된다.

②

④ 앵글밸브는 입구와 출구가 수직(90°)으로 구성된 밸브로, 배관의 방향을 바꾸면서 동시에 유량을 제어하거나 차단할 수 있도록 설계된 밸브이다. 일반적으로 글로브 밸브의 한 형태로 분류된다.

정답 **109** ① **110** ② **111** ① **112** ③

113 다음 유압기호에서 "A" 부분이 나타내는 것은?

① 가변용량 유압펌프
② 가변용량 유압모터
③ 오일 냉각기
④ 스트레이너

113 제시된 유압기호는 스트레이너이다. 스트레이너는 오일을 받아들이는 흡입구로, 오일에 항상 잠겨 있고 이물질 제거를 위한 여과망이 있다.

114 다음 유압기호에 해당하는 것은?

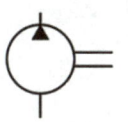

① 유압모터
② 여과기
③ 유압펌프
④ 단동 실린더

114 제시된 유압기호는 유압펌프(정용량형 유압펌프)이다.

① 유압모터(가변용량형)   ② 여과기(필터)

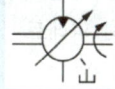

115 다음 그림의 유압 기호에 해당하는 것은?

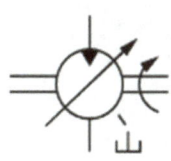

① 유압펌프
② 유압모터
③ 가변 흡입 밸브
④ 가변 토출 밸브

115 제시된 그림의 유압 기호는 가변용량형 유압모터이다. 유압펌프는 이다.

116 다음 유압기호가 나타내는 것은?

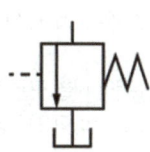

① 무부하 밸브
② 릴리프 밸브
③ 감압 밸브
④ 순차 밸브

116 ① 제시된 유압기호는 무부하 밸브(언로드 밸브)이다.

② 릴리프 밸브   ③ 감압 밸브 (리듀싱 밸브)   ④ 순차 밸브 (시퀀스 밸브)

        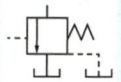

정답 113 ④ 114 ③ 115 ② 116 ①

117 그림과 같은 유압기호에 해당하는 밸브는?

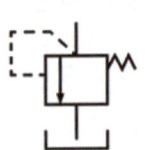

① 리듀싱 밸브
② 체크 밸브
③ 릴리프 밸브
④ 무부하 밸브

117 ③ 제시된 유압기호는 릴리프 밸브이다.

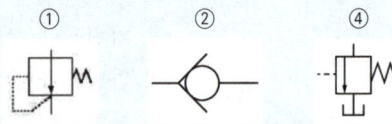

118 L자형으로서 2개이며, 핑거보드에 체결되어 화물을 떠받쳐 드는데 사용하는 것은?

① 포크
② 체인
③ 마스트
④ 파레트

118 포크는 L자형으로 2개이며, 핑거보드에 체결되어 화물을 받쳐 운반하는데 사용하는 부분이다.

119 지게차 작업장치의 구성품 중 포크의 주된 역할은?

① 지게차가 굴러가지 않게 고인다.
② 지게차가 넘어지지 않게 지지한다.
③ 마스트를 틸트시킨다.
④ 적재된 화물을 받친다.

119 포크는 화물을 싣고 내리는데 사용되는 부품으로, 주된 역할은 적재된 화물을 받쳐 드는 것이다.

120 지게차의 특징에 대한 설명으로 틀린 것은?

① 틸트 장치를 둔다.
② 전륜 조향방식이다.
③ 완충장치가 없다.
④ 엔진은 뒤쪽에 위치한다.

120 일반적인 지게차의 특성
- 전륜으로 구동하고, 후륜으로 조향(후륜 조향방식)한다.
- 포크 화물을 기울어진 지면에 맞추고, 흔들리거나 떨어지지 않도록 틸트 장치를 둔다.
- 포크는 L자형으로 2개이며, 핑거보드에 체결되어 화물을 받쳐 드는 부분이다.
- 완충장치가 없기 때문에 도로조건이 나쁜 곳은 불리하다.
- 운전자의 시야를 향상시키고 포크 및 리프팅 장치를 원활하게 움직여 작업 공간을 확보하기 위해서 엔진은 뒤쪽에 위치한다.

정답 117 ③ 118 ① 119 ④ 120 ②

121 지게차의 구성 장치로 적절하지 않은 것은?
① 핑거보드
② 스캐리파이어
③ 포크
④ 리프트 실린더

121 스캐리파이어는 도로 공사용 굴삭 기계에서 사용하는 도구의 하나로, 지게차의 구성 장치에 해당하지 않는다. 지게차 작업장치의 구성품(구성 장치) : 마스트, 포크, 포크 캐리지, 백 레스트, 핑거보드, 리프트 체인, 리프트 실린더, 틸트 실린더, 밸런스 웨이트 등

122 지게차 작업장치의 부속품에 해당되지 않는 것은?
① 트랜치호
② 리프트 체인
③ 리프트 실린더
④ 틸트 실린더

122 리프트 체인과 리프트 실린더, 틸트 실린더는 지게차 작업장치의 동력전달 기구이다. 트렌치 호는 동력삽이 움직이는 반대 방향으로 흙을 끌어당겨 퍼 올리는 굴착용 기계이다.

123 지게차 작업장치의 구성품에 포함되지 않는 것은?
① 포크
② 리프트 체인
③ 백 레스트
④ 헤드 가드

123 지게차 작업장치의 구성품 : 마스트, 포크, 포크 캐리지, 백 레스트, 핑거보드, 리프트 체인, 리프트 실린더, 틸트 실린더, 밸런스 웨이트 등

124 지게차의 작업 장치를 나열한 것으로 틀린 것은?
① 마스트, 포크
② 백 레스트, 리프트 실린더
③ 틸트 실린더, 리프트 체인
④ 변속기, 클러치

124 지게차 작업 장치의 구성품 : 마스트, 포크, 포크 캐리지, 백 레스트, 핑거보드, 리프트 체인, 리프트 실린더, 틸트 실린더, 밸런스 웨이트 등

정답 121 ② 122 ① 123 ④ 124 ④

125 다음 설명은 무엇에 대한 것인가?

> 지게차 작업장치의 기둥 부분으로, 가이드 롤러를 통하여 상·하로 미끄럼 운동을 하는 레일 부분이다.

① 마스트
② 틸트 실린더
③ 리프트 체인
④ 포크

125 마스트는 포크를 올리고 내리는 지게차 작업장치의 기둥 부분으로, 핑거 보드와 백 레스트가 리프트 롤러(가이드 롤러)를 통하여 상·하 미끄럼 운동하는 레일 부분이다.

126 마스트의 적재능력 규격은 어떤 각도에서 측정하는가?

① 90°
② 60°
③ 45°
④ 30°

126 지게차 마스트의 적재능력 규격은 마스트가 수직(90°)일 때 측정한다(가장 안정적인 상태에서 측정).

127 지게차 마스트의 구성품이 아닌 것은?

① 백 레스트
② 핑거 보드
③ 가이드 롤러
④ 블레이드

127 마스트의 구성품 : 백 레스트, 핑거 보드, 가이드 롤러(리프트 롤러), 리프트 체인, 포크, 틸트 실린더, 리프트 실린더

128 지게차 마스트의 구성품에 해당하지 않는 것은?

① 이너 마스트
② 컨트롤 밸브
③ 아웃 마스트
④ 가이드 바

128 컨트롤 밸브는 유압 시스템의 구성품이다.
마스트의 구성품 : 백 레스트, 핑거보드, 가이드 롤러(리프트 롤러), 리프트 체인(트랜스퍼 체인), 포크, 마스트 베어링, 틸트 실린더, 리프트 실린더, 가이드 바, 아웃 마스트, 이너 마스트

정답 125 ① 126 ① 127 ④ 128 ②

129 지게차의 포크에서부터 지면까지의 수직거리를 측정한 결과 좌·우측이 다른 경우, 그 원인은?

① 한쪽 리프트 체인이 늘어났다.
② 상부 롤러가 과다하게 마모되었다.
③ 리프트 실린더 유량이 서로 다르다.
④ 윤활유가 부족하다.

130 리프트 체인의 점검 사항으로 틀린 것은?

① 체인 링크나 핀은 손상되어서는 안 되며 양호한 상태로 유지된다.
② 체인 장력은 정확하고 동일하여야 한다.
③ 경유를 윤활유로 사용하며 체인 조인트에 스며들게 해야 한다.
④ 녹이나 부식, 균열이 없어야 한다.

131 지게차 작업 중 마스트를 뒤로 기울일 때 실린 짐이 마스트 방향으로 쏟아지는 것을 방지하기 위해 설치하는 짐받이 틀은?

① 평형추
② 헤드가드
③ 가이드 롤러
④ 백 레스트

132 지게차 작업 중 포크에 실린 화물 뒤쪽을 받쳐주고 화물이 뒤로 떨어지는 것을 방지하는 장치는?

① 백 레스트
② 리프트 체인
③ 가이드 롤러
④ 롤러 서포트

129 포크에서부터 지면까지의 수직거리를 측정한 결과 좌·우측이 달라 포크가 한쪽으로 기울어지는 것은 한쪽 리프트 체인이 늘어난 경우로, 체인을 조정하면 된다. 지게차의 리프트 체인은 포크의 좌·우 수평높이를 조정하고, 리프트 실린더와 함께 포크의 상하 작용을 도와준다.

130 ③ 경유는 윤활 기능은 부족하고 먼지와 이물질을 끌어들여 마모를 유발할 수 있으므로 윤활유로 사용해서는 안 된다. 전용 체인 오일이나 점성이 있는 산업용 윤활제를 사용해야 체인의 수명과 안전성을 유지할 수 있다.
① 링크나 핀이 마모되거나 손상되면 하중 지지력이 약화될 수 있으므로 양호한 상태로 유지되어야 한다.
② 좌우 체인 장력이 다르면 마스트가 비틀리거나 균형이 깨질 수 있으므로, 체인 세트는 정확하고 동일한 장력이어야 한다.
④ 녹, 부식, 흠집, 균열이 없어야 한다.

131 백 레스트는 마스트를 뒤로 기울일 때 포크 위에 실린 짐이 마스트 방향(뒤쪽방향)으로 쏟아지는 것을 방지하기 위해 화물 뒤쪽을 받쳐주는 짐받이 틀을 말한다.

132 백 레스트는 마스트를 뒤로 기울일 때 포크 위에 실린 짐이 마스트 방향(운전자 방향, 뒤쪽방향)으로 쏟아지는 것을 방지하기 위해 화물 뒤쪽을 받쳐주는 짐받이 틀을 말한다.

정답 **129** ① **130** ③ **131** ④ **132** ①

133 지게차에서 리프트 실린더의 주된 역할은?

① 포크를 상승·하강시킨다.
② 마스트를 틸트시킨다.
③ 포크를 앞·뒤로 기울게 한다.
④ 전복 방지를 위해 평형을 유지한다.

133 리프트 실린더는 지게차의 포크를 상승 또는 하강시키는 유압 실린더로, 리프트 레버를 앞으로 밀면 포크는 하강하고, 뒤로 당기면 상승한다.

134 일반적으로 지게차의 리프트 실린더로 사용되는 형식은?

① 복동 실린더
② 틸트 실린더
③ 단동 실린더
④ 왕복 실린더

134 리프트 실린더는 포크를 상승 또는 하강 시키는 실린더로, 포크 상승 시 유압이 가해지고 하강 시 포크 및 적재물의 자체 중량으로 하강되는 단동 실린더를 사용한다. 틸트 실린더는 마스트를 전경 또는 후경시키는 실린더로, 복동식 실린더를 사용한다.

135 지게차 마스트의 전경 또는 후경을 조정하는 것은?

① 틸트 실린더 로드 길이
② 리프트 실린더 로드 길이
③ 백 레스트의 위치
④ 행거보드의 위치

135 틸트 실린더는 마스트를 전경(앞으로 기울임) 또는 후경(뒤로 기울임)시키는 실린더로, 틸트 레버로 작동된다.

136 지게차의 마스트를 전방 또는 후방으로 경사시키는 작용을 하는 것은?

① 릴리스 실린더
② 틸트 실린더
③ 붐 실린더
④ 리프트 실린더

136 틸트 실린더는 마스트를 전경 또는 후경시키는 실린더로, 복동식 실린더를 사용한다.

정답 133 ① 134 ③ 135 ① 136 ②

137 다음 중 화물의 너비에 따라 포크의 좌·우 간격을 조정하는 장치는?

① 포크 간격 조정장치(포크 포지셔너)
② 포크 리프트 레버
③ 포크 틸트 간격 조정장치(틸트 레버)
④ 브레이크

137 지게차에서 화물의 너비에 따라 포크의 좌·우 간격을 조정하는 장치는 포크 간격 조정장치(포크 포지셔너, 포크 스프레더)이다. 이 장치는 포크 간의 좌·우 간격을 화물의 너비에 맞춰 조정할 수 있게 해주며, 다양한 크기의 화물을 안전하게 들어 올리고 이동할 수 있도록 돕는다.

138 지게차의 메인 프레임의 맨 뒤 끝에 설치된 것으로 화물 적재·적하 시 균형을 유지하게 하는 장치는?

① 백 레스트
② 마스트
③ 평형추
④ 핑거보드

138 카운터 웨이트(평형추) : 지게차의 구성품 중 메인 프레임 맨 뒤쪽에 설치되어 화물을 실었을 때 쏠리는 것을 방지해주고, 무게중심을 잡아 전복을 방지하는 균형추

139 지게차에서 카운터 웨이트의 주된 역할은?

① 앞쪽에 화물을 실었을 때 전복을 방지한다.
② 리프트 롤러(가이드 롤러)를 통해 상·하 미끄럼 운동을 한다.
③ 포크를 상승 또는 하강시키는 작용을 한다.
④ 포크의 화물이 낙하하지 않도록 뒤쪽을 받쳐준다.

139 카운터 웨이트(Counter Weight; 평형추, 균형추) : 지게차의 맨 뒤쪽에 설치되어 화물을 실었을 때 쏠리는 것을 방지해주고, 무게중심을 잡아 전복을 방지하는 균형추

140 지게차에서 틸트 레버를 운전자 몸 쪽으로 당기면 마스트는 어떻게 되는가?

① 운전자의 몸 쪽에서 멀어지는 방향(앞쪽 방향)으로 기운다.
② 아래쪽(지면 방향 아래쪽)으로 내려온다.
③ 위쪽(지면에서 위쪽)으로 올라간다.
④ 운전자의 몸 쪽 방향(뒤쪽 방향)으로 기운다.

140 틸트 레버를 몸 쪽으로 당기면 마스트는 운전자의 몸 쪽 방향(뒤쪽 방향)으로 기운다.

정답 137 ① 138 ③ 139 ① 140 ④

141 지게차의 전경각과 후경각은 조종사가 적절하게 선정하여 작업을 하여야 하는데, 이를 조정하는 레버는?

① 전·후진 레버
② 리프트 레버
③ 틸트 레버
④ 변속 레버

141 틸트 레버 : 지게차 마스트의 전경각과 후경각을 조종사가 적절하게 조정하는 레버로, 레버를 당기면 조종자 몸 쪽으로 마스트가 기울고 밀면 앞으로 기운다. 포크의 앞·뒤 각도를 조절하는 레버이며, 마스트를 전·후경 시킬 때 실린더에 유압유가 공급된다.

142 지게차에서 틸트 장치의 역할은?

① 피니언기어 조종
② 마스트 경사 조정
③ 쇠스랑(포크) 상하 조정
④ 차체 수평 조정

142 지게차에서 틸트 장치는 마스트의 앞·뒤 경사를 조정한다.

143 지게차 리프트 레버를 운전자 앞으로 밀면 포크는 어떻게 작동하는가?

① 하강한다.
② 상승한다.
③ 앞으로 기운다.
④ 뒤로 기운다.

143 리프트 레버를 뒤로 당기면 포크가 상승하고 앞으로 밀면 하강한다.

144 지게차의 레버 작동에 따른 밸브의 동작과 유압유의 공급에 대한 설명으로 옳지 않은 것은?

① 리프트 레버를 당기면 실린더에 유압유가 공급된다.
② 틸트 레버를 당기면 실린더에 유압유가 공급된다.
③ 리프트 레버를 밀면 실린더에 유압유가 공급된다.
④ 틸트 레버를 밀면 실린더에 유압유가 공급된다.

144
• 리프트 레버 : 레버를 뒤로 당기면 포크가 상승하고 앞으로 밀면 하강한다. 레버를 당겨 포크가 상승할 경우 실린더에 유압유가 공급되고, 레버를 밀어 포크가 하강할 경우 실린더에 유압유가 공급되지 않는다.
• 틸트 레버 : 레버를 당기면 조종자 몸 쪽(뒤쪽)으로 마스트가 기울고(후경) 밀면 앞으로 기운다(전경). 마스트를 전·후경 시킬 때 실린더에 유압유가 공급된다.

정답 141 ③ 142 ② 143 ① 144 ③

145 지게차의 리프트 컨트롤 밸브의 설명으로 옳은 것은?

① 리프트 실린더는 복동 실린더로 구성된다.
② 포크가 상승할 경우 실린더에 유압유를 공급한다.
③ 리프트 레버를 밀면 마스트가 앞으로 기울어진다.
④ 리프트 레버를 당기면 포크가 하강한다.

145 ② 포크의 상승 시 실린더에 유압유가 공급된다.
① 리프트 실린더는 단동 실린더로 구성된다.
③·④ 리프트 레버를 앞으로 밀면 포크가 하강하고, 뒤로 당기면 상승한다.

146 리프트 컨트롤 밸브에 대한 설명으로 옳은 것은?

① 리프트 레버를 당기면 포크가 하강한다.
② 리프트 컨트롤 밸브는 일반적으로 스풀형 밸브이다.
③ 리프트 레버를 밀면 마스트가 앞으로 기울어진다.
④ 엔진의 회전속도가 높을수록 포크의 하강 속도가 빠르다.

146 ② 일반적으로 리프트 컨트롤 밸브는 유체의 흐름을 제어하는 스풀형 밸브이다.
①·③ 리프트 레버를 당기면 포크가 상승하고, 밀면 포크가 하강한다. 틸트 레버를 밀면 마스트가 앞으로 기울어진다.
④ 포크의 하강 속도는 엔진 회전속도와 직접적인 관련이 없다.

147 지게차의 포크 조작과 관련된 레버만을 나열한 것은?

① 리퍼 레버, 붐 레버
② 스윙 레버, 리프트 레버
③ 틸트 레버, 스윙 레버
④ 틸트 레버, 리프트 레버

147 • 틸트 레버 : 레버를 당기면 조종자 몸쪽으로 마스트가 기울고, 밀면 앞으로 기운다. 포크의 앞뒤 각도를 조절한다.
• 리프트 레버 : 레버를 당기면 포크가 상승하고 밀면 포크는 하강한다.

148 지게차의 조종 레버 명칭이 아닌 것은?

① 틸트 레버
② 밸브 레버
③ 변속 레버
④ 리프트 레버

148 지게차의 조종 레버에는 틸트 레버, 리프트 레버, 전·후진 레버(변속 레버), 주차 브레이크 레버 등이 있다.

149 포크를 상·하로 작동시켜 화물을 올리고 내리는데 쓰는 레버는?

① 틸트 레버
② 리프트 레버
③ 리치 레버
④ 사이드 레버

149 리프트 레버 : 지게차에서 포크를 상·하로 작동시켜 화물을 올리고 내리는데 쓰는 레버로, 레버를 당기면 포크가 상승하고 밀면 하강한다.

정답 145 ② 146 ② 147 ④ 148 ② 149 ②

150 지게차의 조종 레버에 대한 설명으로 틀린 것은?

① 틸팅 : 짐을 기울일 때 사용함
② 리프팅 : 짐을 올릴 때 사용함
③ 로어링 : 짐을 내릴 때 사용함
④ 덤핑 : 짐을 이동시킬 때 사용함

150 지게차의 조종 레버 기능(틸트 레버, 리프트 레버, 전·후진 레버(변속 레버), 주차 브레이크 레버 등)
- 틸팅 : 마스트를 앞·뒤로 기울임, 짐을 기울일 때 사용함
- 리프팅 : 포크 상승, 짐을 올릴 때 사용함
- 로어링 : 포크 하강, 짐을 내릴 때 사용

151 지게차의 구동에 관한 설명으로 옳은 것은?

① 뒷바퀴로 구동된다.
② 앞바퀴로 구동된다.
③ 복륜식은 앞바퀴가 좌·우 1개씩인 구동륜을 말한다.
④ 기동성을 위주로 사용되는 지게차는 복륜식이다.

151 ②·① 지게차는 앞바퀴로 구동하고, 뒷바퀴로 조향한다.
③ 구동륜의 형태에 따른 지게차 분류에서 단륜식은 앞바퀴가 좌·우 각각 1개이고, 복륜식은 2개이다.
④ 단륜식은 기동성을 위주로 사용되는 지게차이고, 복륜식은 중량이 무거운 화물을 들어 올릴 때 사용하는 지게차이다.

152 지게차를 작업용도에 따라 분류할 때, 원추형 화물을 좌우로 조이거나 회전시켜 운반 또는 적재하는 데 사용하는 장치는?

① 블록 클램프
② 프리 리프트 마스트
③ 로테이팅 클램프
④ 힌지드 포크

152 로테이팅 클램프는 포크에 360° 회전이 가능한 로테이터를 부착하여 지게차로 하기 힘든 원추형의 화물을 좌우로 조이거나 회전시켜 운반 또는 적재하거나, 용기에 담긴 화물을 쏟아 붓는 작업을 한다.

153 드럼 클램프에 대한 설명으로 맞는 것은?

① 받침판 없이 경량·대형 단위의 화물(솜·양모·펄프·종이) 등의 운반 및 적재에 적합
② 차제를 이동시키지 않고도 포크를 좌·우로 움직여 적재 또는 하역
③ 마스트가 2단으로 늘어나게 되어 있으며, 높은 위치에 물건을 쌓거나 내리는데 사용
④ 각종 드럼통을 운반 또는 적재하는 작업

153 드럼 클램프는 각종 드럼통을 운반 또는 적재하는 작업을 안전하고 신속하게 해주는 것으로, 석유·화학·도료·식품 운송 및 주류 등을 취급하는 업체에서 주로 사용한다. ①은 사이드 클램프, ②는 사이드 시프트, ③은 고마스트(High Mast)형 지게차에 대한 설명이다.

정답 150 ④ 151 ② 152 ③ 153 ④

154 지게차가 접근하기 어려운 작업범위에 있는 둥근 화물 등을 적재하는데 용이한 것은?

① 롤 클램프
② 스키드 포크
③ 힌지드 버킷
④ 하이 마스트

154 롤 클램프는 컨테이너 안쪽 또는 지게차가 닿지 않는 작업범위에 있는 둥근 형태의 화물(비닐, 원단 등)을 취급하는 특수지게차의 일종이다.

155 흘러내리기 쉬운 물건을 트럭에 상차·운반하거나 화학제품을 대량으로 취급·운반하는 화학제품 공장 및 하치장에서 주로 사용하는 작업 장치는?

① 고마스트형
② 힌지드 버킷
③ 사이드 클램프
④ 블록 클램프

155 ② 힌지드 버킷 : 지게차의 포크에 버킷을 끼워 흘러내리기 쉽거나 흐트러진 물건(석탄·소금·비료·모래 등)을 트럭에 상차 또는 운반하거나 화학제품을 대량으로 취급·운반하는데 이용되며, 화학제품 공장 및 하치장에서 주로 사용
① 고마스트(High Mast)형 : 마스트가 2단으로 늘어나게 되어 있으며, 높은 위치에 물건을 쌓거나 내리는데 사용
③ 사이드 클램프 : 받침판 없이 경량·대형 단위의 화물(솜·양모·펄프·종이) 등의 운반 및 적재에 적합한 장치
④ 블록 클램프 : 직접 쌓는 콘크리트 블록이나 벽돌 등을 받침대로 사용하지 않고 한 번에 20~30개를 조여 운반하는 장치로, 클램프 안쪽에 고무판이 있어 물건이 빠지는 것을 방지

156 지게차의 포크에 버킷을 끼워 흘러내리기 쉽거나 흐트러진 물건을 트럭에 상차 또는 운반하는데 사용하는 작업장치는?

① 로테이팅 포크(Rotating fork)
② 사이드 시프트(Side shift)
③ 로드 스태빌라이저(Load stabilizer)
④ 힌지드 버킷(Hinged bucket)

156 ④ 힌지드 버킷 : 지게차의 포크에 버킷을 끼워 흘러내리기 쉽거나 흐트러진 물건(석탄·소금·비료·모래 등)을 트럭에 상차 또는 운반하거나, 화학제품을 대량으로 취급·운반
① 로테이팅 포크 : 포크를 좌·우로 360° 회전시킬 수 있어서 제품을 운반하고 부리기에 편리한 장치
② 사이드 시프트 : 차제를 이동시키지 않고도 포크를 좌·우로 움직여 파렛트와 화물을 적재 또는 하역작업을 하는데 사용
③ 로드 스태빌라이저 : 고르지 못한 노면이나 경사지 등에서 깨지기 쉬운 화물이나 불안정한 화물의 낙하를 방지하기 위해 포크 상단에 상하 작동할 수 있는 압력판을 부착한 지게차

정답 154 ① 155 ② 156 ④

157 둥근 목재나 파이프 등을 작업하는데 적합한 지게차의 장치는?

① 로우 마스트
② 힌지드 포크
③ 사이드 시프트
④ 하이 마스트

157 힌지드 포크는 포크를 상·하 방향으로 경사시켜 둥근 목재나 파이프 등의 작업을 하는데 사용한다.

158 지게차 포크에 탑재된 화물이 주행 또는 하역 중 미끄러져 떨어지지 않도록 화물 상부를 지지할 수 있는 장치가 있는 것은?

① 하이 마스트
② 스키드 포크
③ 프리 리프트 마스트
④ 힌지드 버킷

158 ② 스키드 포크 : 포크에 적재된 화물이 주행 또는 하역작업 중에 미끄러져 떨어지지 않도록 화물 위쪽을 지지할 수 있는 장치(클램프)가 있는 지게차
① 고마스트(하이 마스트) : 마스트가 2단으로 늘어나게 되어 있고 높은 위치에 물건을 쌓거나 내리는데 적당
③ 프리 리프트 마스트 : 창고의 출입문이나 천정이 낮은 공장 내에서 적재·적하 작업에 용이
④ 힌지드 버킷 : 지게차의 포크에 버킷을 끼워 흘러내리기 쉽거나 흐트러진 물건을 트럭에 상차 또는 운반하거나, 화학제품을 대량 운반하는데 쓰는 작업장치

159 깨지기 쉬운 화물이나 불안정한 화물의 낙하를 방지하기 위하여 포크 상단에 상·하 작동할 수 있는 압력판을 부착한 지게차는?

① 하이마스트 지게차
② 3단 마스트
③ 로드 스태빌라이저
④ 사이드 시프트 마스트

159 로드 스태빌라이저(Road stabilizer)는 고르지 못한 노면이나 경사지 등에서 깨지기 쉬운 화물이나 불안정한 화물의 낙하를 방지하기 위해 포크 상단에 상하 작동할 수 있는 압력판을 부착한 지게차이다.

160 백레스트 위쪽에 압착판이 설치되어 있어 화물을 포크쪽으로 눌러 화물의 낙하를 방지하며 요철이 심한 바닥에서 깨지기 쉬운 제품의 운반에 쓰이는 지게차의 작업장치는?

① 로드 스태빌라이저
② 사이드 시프트
③ 힌지드 포크
④ 블록 클램프

160 로드 스태빌라이저 : 백레스트 위부분에 압착판(누름판)이 설치되어 있고 화물을 아래로 누르고 있어 화물의 낙하를 방지하며 요철이 심한 노면에서 깨지기 쉬운 화물 운반에 쓰임

정답 157 ② 158 ② 159 ③ 160 ①

161 지게차의 최대인상높이에 대한 설명으로 가장 적절한 것은?

① 마스트의 높이를 변화시키지 않은 상태에서 포크의 높이를 최저 위치에서 최고 위치로 올릴 수 있는 높이
② 마스트가 수직인 상태에서 최대의 높이로 포크를 올렸을 때 지면으로부터 포크의 윗면까지의 높이
③ 포크의 수직면으로부터 포크 위에 놓인 화물의 무게중심까지의 거리
④ 지게차가 평평하고 단단한 지면에 위치할 때 지게차가 들어 올릴 수 있는 적정 높이

161 최대인상높이(최대올림높이) : 마스트가 수직인 상태에서 최대의 높이로 포크를 올렸을 때 지면으로부터 포크의 윗면까지의 높이, 지게차의 기준 무부하상태에서 지면과 수평상태로 포크(쇠스랑)를 가장 높이 올렸을 때 지면에서 포크(쇠스랑) 윗면까지의 높이(건설기계 안전기준에 관한 규칙 제19조)

162 마스트를 수직으로 하고 기준무부하 상태에서 포크를 지면과 수평상태로 가장 높이 올렸을 때 지면에서 포크 윗면까지 높이를 무엇이라 하는가?

① 최고작업가능높이
② 최대유효높이
③ 최대올림높이
④ 최고기준높이

162 최대올림높이(최대인상높이)란 지게차의 기준 무부하상태에서 지면과 수평상태로 포크(쇠스랑; 지게차의 마스트에 부착된 2개 이상의 수평으로 돌출된 적재장치)를 가장 높이 올렸을 때, 지면에서 포크(쇠스랑) 윗면까지의 높이를 말한다(건설기계 안전기준에 관한 규칙 제19조).

163 지게차가 평평하고 단단한 지면에서 들어 올릴 수 있는 최대 높이는?

① 기준 부하 높이
② 기준 틸팅 높이
③ 최대 리프트 높이
④ 프리 리프트 높이

163
- 최대 리프트 높이 : 지게차가 평평하고 단단한 지면에 위치할 때 지게차가 들어 올릴 수 있는 최대 높이
- 프리 리프트 높이 : 기준 무부하 상태에서 마스트를 수직으로 하되, 마스트의 높이를 변화시키지 않은 상태에서 포크의 높이를 최저 위치에서 최고 위치로 올릴 수 있는 높이

164 지게차의 기준 무부하 상태에서 마스트를 수직으로 하되 마스트의 높이를 변화시키지 않고 포크의 높이를 최저 위치에서 최고 위치로 올릴 수 있는 경우의 높이는?

① 프리 리프트 높이
② 프리 틸팅 높이
③ 기준 부하 높이
④ 기준 틸팅 높이

164 프리 리프트 높이 : 지게차에서 기준 무부하 상태에서 마스트를 수직으로 하되, 마스트의 높이를 변화시키지 않은 상태에서 포크의 높이를 최저 위치에서 최고 위치로 올릴 수 있는 높이

정답 161 ② 162 ③ 163 ③ 164 ①

165 포크를 들어 올릴 때 내측 마스트가 돌출되는 시점에 있어서 지면에서 포크 윗면까지의 높이를 무엇이라고 하는가?

① 전고
② 자유인상높이
③ 최대인상높이
④ 전장

165 프리 리프트 높이(자유인상높이) : 기준 무부하 상태에서 마스트를 수직으로 하되 마스트의 높이를 변화시키지 않은 상태에서 포크의 높이를 최저 위치에서 최고 위치로 올릴 수 있는 높이, 즉 포크를 들어 올릴 때 내측 마스트가 돌출되는 시점에 있어서 지면으로부터 포크 윗면까지의 높이

166 지게차가 무부하 상태에서 최대 조향각으로 운행할 경우 가장 바깥쪽 바퀴의 접지자국 중심점이 그리는 원의 반경은?

① 최소선회반경
② 윤간거리
③ 최소직각 통로폭
④ 최소회전반경

166 최소회전반경(반지름)은 무부하 상태에서 최대 조향각으로 운행할 경우 가장 바깥쪽 바퀴의 접지자국 중심점이 그리는 원의 반경(반지름), 즉 지게차가 최저속도로 최소의 회전을 할 때 가장 바깥 부분이 그리는 원의 반경이다.

정답 **165** ② **166** ④

PART 08

적중모의고사

Chapter 01 적중모의고사

제1회 적중모의고사

01 도로교통법령상 주차·정차가 금지되어 있는 장소에 해당하지 않는 것은?
① 교차로　　② 횡단보도
③ 경사로의 정상부근　　④ 건널목

02 기어펌프에서 배출된 유량 중 일부가 입구 쪽으로 되돌려져 배출량이 감소하고 케이싱을 마모시키는 현상은?
① 모세관 현상　　② 맥동 현상
③ 폐입 현상　　④ 수격 현상

03 유압 실린더는 유압 모터에 의해 발생된 유압을 어떤 운동으로 바꾸어주는가?
① 곡선 운동　　② 회전 운동
③ 직선 운동　　④ 비틀림 운동

04 도로교통법령상 교차로 통행방법이나 보행자의 보호와 관련된 설명으로 옳지 않은 것은?
① 교통정리를 하고 있지 않고 일시정지나 양보를 표시하는 안전표지가 설치되어 있는 교차로에 들어가려고 할 때에는 다른 차의 진행을 방해하지 않도록 일시정지하거나 양보하여야 한다.
② 교차로에서 좌회전할 때에는 교차로의 중심 바깥쪽만을 이용하며, 교차로 안에서는 차선이 없으므로 진행 방향을 임의로 바꿀 수 있다.
③ 교차로에서 좌회전할 때에는 미리 도로의 중앙선을 따라 서행한다.
④ 교통정리를 하고 있는 교차로에서 좌회전이나 우회전을 하려는 경우에는 신호기 또는 경찰공무원 등의 신호나 지시에 따라 도로를 횡단하는 보행자의 통행을 방해하여서는 안 된다.

05 건설기계의 등록 말소 사유로 적절하지 않은 것은?
① 건설기계를 교육·연구목적으로 사용하는 경우
② 건설기계를 정기검사한 경우
③ 건설기계를 도난당한 경우
④ 건설기계의 차대가 등록 시의 차대와 다른 경우

06 화물을 적재하고 주행할 때 포크와 지면과의 간격으로 가장 적당한 것은?
① 80 ~ 85cm
② 지면에 밀착
③ 50 ~ 55cm
④ 20 ~ 30cm

07 공동현상이 발생했을 때의 영향으로 틀린 것은?
① 유압장치 내부에 소음과 진동이 발생된다.
② 유압펌프의 토출량이 증가한다.
③ 급격한 압력파가 일어난다.
④ 체적 효율이 저하된다.

08 커먼레일 디젤엔진의 연료장치 구성부품이 아닌 것은?
① 고압펌프　　② 커먼레일
③ 분사펌프　　④ 인젝터

09 기관에서 흡입효율을 높이는 장치는?
① 압축기　　② 과급기
③ 기화기　　④ 소음기

10 유압장치에서 방향제어밸브의 설명으로 옳은 것은?

① 오일의 유량을 바꿔주는 밸브이다.
② 오일의 온도를 바꿔주는 밸브이다.
③ 오일의 흐름(방향)을 바꿔주는 밸브이다.
④ 오일의 압력을 바꿔주는 밸브이다.

11 지게차의 일반적인 조향 방법으로 옳은 것은?

① 4륜 조향　② 전자 조향
③ 전륜 조향　④ 후륜 조향

12 지게차의 마스트를 전방 또는 후방으로 경사시키는 작용을 하는 것은?

① 릴리스 실린더
② 틸트 실린더
③ 붐 실린더
④ 리프트 실린더

13 다음 안전보건표지가 나타내는 것은?

① 매달린 물체 경고
② 몸 균형상실 경고
③ 방화성 물질 경고
④ 폭발성물질 경고

14 다음은 전동지게차의 동력전달순서이다. (　) 안에 들어갈 부품으로 알맞은 것은?

축전지 → 제어기구 → (　) → 변속기 → 종감속기어 → 차동장치 → 앞바퀴

① 구동모터　② 앞차축
③ 발전기　④ 엔진

15 유압장치 제어밸브 중 유압회로의 압력에 따라 액추에이터의 작동 순서를 제어하는 밸브는?

① 시퀀스 밸브
② 릴리프 밸브
③ 무부하 밸브
④ 가변형 교축 밸브

16 디젤기관의 시동을 용이하게 하는 방법에 해당하지 않는 것은?

① 흡기온도를 상승시킨다.
② 겨울철에 예열장치를 사용한다.
③ 시동 시 회전속도를 낮춘다.
④ 압축비를 높인다.

17 디젤기관 가동 중 검은 매연이 심하게 발생할 때 점검해야 할 사항이 아닌 것은?

① 공기청정기의 막힘 점검
② 연료라인에 공기 혼입 여부 점검
③ 분사펌프의 점검
④ 분사시기 점검

18 경사지에서 지게차 작업 시 안전한 작업방법으로 가장 적절한 것은?

① 공차 시 경사지의 아래쪽(비탈) 방향으로 후진하여 작업한다.
② 적재 시 경사지의 위쪽(언덕) 방향으로 후진하여 작업한다.
③ 적재 시 경사지의 위쪽(언덕) 방향으로 전진하여 작업한다.
④ 공차·적재 시 경사지의 방향에 관계없이 신속하게 작업한다.

19 지게차 마스트의 구성품에 해당하지 않는 것은?

① 이너 마스트
② 컨트롤 밸브
③ 아웃 마스트
④ 가이드 바

20 지게차 작업 전 점검 사항이 아닌 것은?

① 엔진 출력 점검
② 타이어 공기압 및 편마모 상태
③ 브레이크 작동 여부
④ 냉각수 누수 점검

21 지게차 시동 전 점검 사항과 가장 거리가 먼 것은?

① 마스트 유압 실린더 유압 점검
② 타이어 손상 및 공기압 점검
③ 브레이크 오일량 점검
④ 리프트체인 조임 상태

22 디젤 엔진에서 연료계통의 공기빼기 순서로 옳은 것은?

① 연료여과기 → 공급펌프 → 분사펌프
② 공급펌프 → 분사노즐 → 분사펌프
③ 연료여과기 → 분사펌프 → 공급펌프
④ 공급펌프 → 연료여과기 → 분사펌프

23 경음기의 음량이 부족할 때 그 원인으로 거리가 가장 먼 것은?

① 회로에서 전압 강하·손실이 많다.
② 접지가 불량하다.
③ 경음기의 배선이 굵다.
④ 전원 전압이 낮다.

24 건설기계관리법령상 성능이 불량하거나 사고가 자주 발생하는 건설기계의 안전성 등을 점검하기 위하여 실시하는 검사는?

① 수시검사
② 예비검사
③ 정기검사
④ 구조변경검사

25 백레스트 위쪽에 압착판이 설치되어 있어 화물을 포크쪽으로 눌러 화물의 낙하를 방지하며 요철이 심한 바닥에서 깨지기 쉬운 제품의 운반에 쓰이는 지게차의 작업장치는?

① 로드 스태빌라이저
② 사이드 시프트
③ 힌지드 포크
④ 블록 클램프

26 지게차 클러치 페달의 작동에 대한 설명 중 옳지 않은 것은?

① 페달을 놓으면 클러치판이 플라이휠과 함께 회전한다.
② 페달을 밟으면 클러치판이 플라이휠과 압착된다.
③ 페달을 밟으면 동력이 차단된다.
④ 페달을 놓으면 동력이 전달된다.

27 건설기계 중 액추에이터는 유압실린더와 (   )로 구성되어 유압펌프에서 보내준 유체의 압력에너지를 직선 또는 회전운동을 통해 기계적인 일로 바꾸는 유압기기이다.

① 유압모터
② 과급기
③ 여과기
④ 크랭크축

28 지게차의 특징에 대한 설명으로 틀린 것은?
① 틸트 장치를 둔다.
② 전륜 조향방식이다.
③ 완충장치가 없다.
④ 엔진은 뒤쪽에 위치한다.

29 한쪽방향의 흐름에 설정된 배압을 부여하여 자유 낙하를 방지하는 밸브는?
① 체크밸브
② 시퀀스 밸브
③ 언로더 밸브
④ 카운터 밸런스 밸브

30 건설기계에 사용하는 축전지에 대한 설명으로 틀린 것은?
① 음극판이 양극판보다 1장 더 많다.
② 단자의 기둥은 양극이 음극보다 굵게 설계된다.
③ 격리판은 다공성이며 전도성인 물질로 만든다.
④ 일반적으로 12V 축전지의 셀은 6개로 구성된다.

31 기관 과열의 원인에 해당되지 않는 것은?
① 오일의 압력 과다
② 냉각장치 내부에 물때가 끼었을 때
③ 냉각수의 부족
④ 라디에이터 막힘

32 지게차에 사용되는 유압제어 밸브의 종류에 해당되지 않는 것은?
① 압력제어 밸브
② 필터제어 밸브
③ 방향제어 밸브
④ 유량제어 밸브

33 기관의 윤활방식 중 커넥팅로드 대단부에 주걱을 설치하여 오일 팬 내의 오일을 분사하는 방식은?
① 비산압송식
② 원심식
③ 압송식(압력식)
④ 비산식

34 기관의 에어클리너에 대한 설명으로 틀린 것은?
① 에어클리너는 공기 흡입구에 부착되어 있다.
② 실린더 내에 흡입되는 공기에 포함된 먼지를 제거한다.
③ 흡기계통에서 발생하는 흡기 소음을 줄여주는 역할을 한다.
④ 에어클리너는 연소실에 부착되어 있다.

35 기관의 피스톤 링의 구비 조건으로 틀린 것은?
① 고온에서도 탄성을 유지할 것
② 실린더 벽에 균일한 압력을 가하지 말 것
③ 오래 사용하여도 링 자체나 실린더 마멸이 적을 것
④ 열팽창률이 작을 것

36 스패너 및 렌치 사용 시 작업방법으로 옳지 않은 것은?
① 볼트·너트를 풀거나 조일 때 규격에 맞는 것을 사용한다.
② 렌치를 잡아당길 수 있는 위치에서 작업하도록 한다.
③ 파이프 렌치는 한쪽 방향으로만 힘을 가하여 사용한다.
④ 스패너 및 렌치는 밀면서 돌려 조이도록 한다.

37 지게차의 조향 핸들 조작이 무겁게 되는 원인으로 틀린 것은?

① 앞바퀴 정렬이 적절하다.
② 타이어 공기압이 낮다.
③ 윤활유가 부족하다.
④ 조향 기어 백래시가 작다.

38 건설기계 소유자는 건설기계를 도난당한 날로부터 얼마 이내의 기간 내에 등록말소를 신청해야 하는가?

① 1개월 이내
② 2개월 이내
③ 3개월 이내
④ 6개월 이내

39 디젤기관 연료계통에 공기빼기를 해야 하는 경우로 틀린 것은?

① 연료 호스나 파이프 등을 교환한 경우
② 연료 필터의 교환 또는 분사 펌프 탈·부착 작업을 한 경우
③ 예열플러그를 교환한 경우
④ 연료탱크 내의 연료가 결핍되어 보충한 경우

40 지게차 리프트 레버를 운전자 앞으로 밀면 포크는 어떻게 작동하는가?

① 하강한다.
② 상승한다.
③ 앞으로 기운다.
④ 뒤로 기운다.

41 지게차에서 조향 기어 회전 운동을 드래그 링크에 전달하는 부품은?

① 조향 실린더
② 피트먼 암
③ 타이로드
④ 벨 크랭크

42 건설기계관리법령상 건설기계조종사 면허취소 또는 효력정지를 시킬 수 있는 자는?

① 고용노동부장관
② 소방청장
③ 경찰서장
④ 시장·군수·구청장

43 지게차 작업 시 안전수칙으로 옳지 않은 것은?

① 운전석에 착석하지 않은 채 지게차를 작동하지 않는다.
② 경사로에서는 화물을 적재하거나 방향전환을 하지 않는다.
③ 정해진 장소에만 지게차를 주차하고 키는 지게차에 꽂아둔다.
④ 화물이 시야를 가릴 경우에는 후진으로 주행한다.

44 지게차 운행 시 주의사항으로 틀린 것은?

① 지게차의 중량제한은 필요에 따라 무시해도 된다.
② 틸트는 적재물이 백레스트에 완전히 닿도록 한 후 운행한다.
③ 주행 중 노면상태에 주의하고 노면이 고르지 않은 곳에서는 천천히 운행한다.
④ 내리막길에서는 급회전을 삼간다.

45 건설기계 엔진에 사용되는 시동모터가 회전이 안 되거나 회전력이 약한 원인이 아닌 것은?

① 시동스위치 접촉 불량이다.
② 배터리 전압이 낮다.
③ 브러시가 정류자에 잘 밀착되어 있다.
④ 배터리 단자와 터미널의 접촉이 나쁘다.

46 디젤엔진의 노킹 발생원인과 거리가 먼 것은?
① 기관이 과도하게 냉각되었다.
② 세탄가가 높은 연료를 사용하였다.
③ 분사노즐의 분무상태가 불량하다.
④ 착화 기간 중 분사량이 많다.

47 지게차 차축의 스플라인은 차동장치 어느 기어와 결합되어 있는가?
① 구동 피니언 기어
② 링기어
③ 차동 피니언 기어
④ 차동 사이드 기어

48 윤활유의 압력(유압)이 낮아지는 원인이 아닌 것은?
① 윤활유의 양이 부족할 때
② 윤활유 점도가 너무 낮을 때
③ 베어링의 오일 간극이 클 때
④ 오일펌프의 마모가 심할 때

49 디젤기관의 과급기에 대한 설명으로 틀린 것은?
① 과급기를 설치하면 엔진 중량과 출력이 감소된다.
② 흡입 공기에 압력을 가해 기관에 공기를 공급한다.
③ 체적효율을 높이기 위해 인터쿨러를 사용한다.
④ 배기 터빈 과급기는 원심식이 가장 많이 사용된다.

50 산업현상에서 에어공구 사용 시 주의사항으로 틀린 것은?
① 압축공기 중 수분을 제거하여 준다.
② 간편한 사용을 위해서 보호구는 사용하지 않는다.
③ 에어 그라인더 사용 시 회전수를 점검한다.
④ 규정 공기압력을 유지한다.

51 지게차 구성품 중 그리스 주입 부위에 해당하지 않는 곳은?
① 조향장치 킹핀
② 브레이크 공기빼기 니플
③ 마스트 지지핀
④ 조향장치 연결대(링크)

52 산업안전보건법령상 안전보건표지 중 지시표지에 해당하는 것은?
① 안전모 착용   ② 출입금지
③ 차량통행금지 ④ 고압전기 경고

53 지게차의 조향장치에서 앞 액슬과 조향 너클을 연결하는 것은?
① 피트먼 암   ② 킹핀
③ 타이로드   ④ 드래그 링크

54 작업장에서 공동 작업으로 물건을 들어 이동할 때 잘못된 것은?
① 무거운 물건은 가급적 빨리 이동하여 작업을 종료할 것
② 이동 동선을 협의하여 작업을 시작할 것
③ 힘의 균형을 유지하여 이동할 것
④ 손잡이가 없는 물건은 안정적으로 잡을 수 있도록 주의할 것

55 전압(voltage)에 대한 설명으로 가장 적절한 것은?
① 물질에 전류가 흐를 수 있는 정도를 나타낸다.
② 전기적인 높이, 즉 전기적인 압력을 말한다.
③ 자유전자가 도선을 통하여 흐르는 것을 말한다.
④ 도체의 저항에 의해 발생되는 열을 나타낸다.

56 리프트 체인의 점검 사항으로 틀린 것은?
① 체인 링크나 핀은 손상되어서는 안 되며 양호한 상태로 유지된다.
② 체인 장력은 정확하고 동일하여야 한다.
③ 경유를 윤활유로 사용하며 체인 조인트에 스며들게 해야 한다.
④ 녹이나 부식, 균열이 없어야 한다.

57 지게차의 자동변속기에서 변속레버에 의해 조작되며 중립·전진·후진·고속·저속의 선택에 따라 오일 유로를 변환시키는 밸브는?
① 거버너 밸브 ② 매뉴얼 밸브
③ 스로틀 밸브 ④ 시프트 밸브

58 유압장치의 특징으로 옳지 않은 것은?
① 공압에 비해서 응답속도가 느리다.
② 제어가 용이하며 비교적 정확하다.
③ 구조가 간단하고 원격조작이 가능하다.
④ 에너지의 축적이 가능하다.

59 지게차가 화물 운반 시 경사지 오르막길에서는 전진으로, 내리막길에서는 후진으로 운행하는 이유는?
① 화물의 균형을 잡기 위해
② 화물의 추락을 방지하기 위해
③ 전면 시야가 방해받지 않기 위해
④ 타이어 접지압을 높이기 위해

60 축전지의 구비조건으로 거리가 먼 것은?
① 전기적 절연이 완전할 것
② 축전지의 용량이 클 것
③ 전해액의 누설방지가 완전할 것
④ 가급적 크고 다루기 쉬울 것

제2회 적중모의고사

01 12V의 동일한 용량의 축전지 2개를 직렬로 연결하면 어떤 현상이 발생하는가?
① 저항이 감소한다.
② 용량이 감소한다.
③ 전압이 높아진다.
④ 용량이 증가한다.

02 연삭기의 안전한 사용방법이 아닌 것은?
① 숫돌 측면 사용 제한
② 숫돌덮개 설치 후 작업
③ 숫돌과 받침대 간격을 가능한 넓게 유지
④ 보안경과 방진마스크 착용

03 지게차 마스트의 구성품이 아닌 것은?
① 백 레스트 ② 블레이드
③ 핑거 보드 ④ 리프트 롤러

04 플런저 모터에 대한 설명으로 옳은 것은?
① 평균 효율이 낮다.
② 내부 누설이 많다.
③ 구조가 간단하고 수리가 쉬워 관리가 간편하다.
④ 고압 작동에 적합하다.

05 디젤 기관 인젝션 펌프에서 딜리버리 밸브의 기능으로 틀린 것은?
① 역류 방지
② 유량 조정
③ 후적 방지
④ 잔압 유지

06 지게차의 포크를 상·하로 작동시켜 화물을 올리고 내리는데 사용하는 작동레버는?

① 리프트 레버 ② 틸트 레버
③ 변속 레버   ④ 리치 레버

07 지게차의 조종 레버에 대한 설명으로 틀린 것은?

① 틸팅 : 짐을 기울일 때 사용함
② 리프팅 : 짐을 올릴 때 사용함
③ 덤핑 : 짐을 이동시킬 때 사용함
④ 로어링 : 짐을 내릴 때 사용함

08 수동변속기에서 클러치의 필요성으로 틀린 것은?

① 기어 변속 시 기관의 동력을 차단하기 위해
② 기관 시동 시 무부하 상태로 하기 위해
③ 변속기의 기어 바꿈을 원활하게 하기 위해
④ 속도를 빠르게 하기 위해

09 장비 안전점검 및 확인을 위하여 해머작업 시 안전수칙으로 틀린 것은?

① 해머를 사용할 때 자루 부분을 확인할 것
② 강한 타격력이 요구될 때에는 연결대에 끼워서 작업할 것
③ 작업 시 면장갑을 끼고 작업을 하지 말 것
④ 공동으로 해머 작업 시 호흡을 맞출 것

10 기동 전동기의 구성품 중 전류를 받아 자력선을 형성하는 것은?

① 전기자
② 계자 코일
③ 브러시
④ 슬립링

11 유압회로의 최고압력을 제한하고 회로의 압력을 일정하게 유지하는 밸브는?

① 체크 밸브   ② 감압 밸브
③ 릴리프 밸브   ④ 카운터 밸런스 밸브

12 건설기계관리법령상 건설기계조종사의 적성검사 기준으로 틀린 것은?

① 두 눈을 동시에 뜨고 잰 시력이 0.7 이상, 두 눈의 시력이 각각 0.3 이상일 것
② 50데시벨(보청기 사용자는 30데시벨)의 소리를 들을 수 있을 것
③ 언어분별력이 80퍼센트 이상일 것
④ 시각은 150도 이상일 것

13 작업장의 안전사항 중 틀린 것은?

① 작업장 내 사고예방을 위해 안전수칙을 부착한다.
② 무거운 구조물은 인력으로 무리하게 이동하지 않는다.
③ 기름 묻은 걸레는 따로 한쪽으로 쌓아 둔다.
④ 작업이 끝나면 사용 공구는 정리·정돈한다.

14 건설기계관리법령상 성능이 불량하거나 사고가 자주 발생하는 건설기계의 안전성 등을 점검하기 위하여 실시하는 검사는?

① 수시검사   ② 정기검사
③ 구조변경검사 ④ 예비검사

15 다음 유압기호가 나타내는 것은?

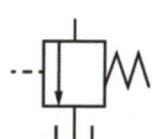

① 감압 밸브
② 무부하 밸브
③ 릴리프 밸브
④ 순차 밸브

16 지게차에서 카운터 웨이트의 주된 역할은?
① 포크를 상승 또는 하강시키는 작용을 한다.
② 앞쪽에 화물을 실었을 때 전복을 방지한다.
③ 포크의 화물이 낙하하지 않도록 뒤쪽을 받쳐준다.
④ 리프트 롤러(가이드 롤러)를 통해 상·하 미끄럼 운동을 한다.

17 안전장치 선정 시 고려사항으로 틀린 것은?
① 작업하기에 불편하지 않는 구조일 것
② 안전장치 기능 제거를 용이하게 할 것
③ 강도나 기능 면에서 신뢰도가 클 것
④ 위험부분에서는 안전 방호장치가 설치되어 있을 것

18 건설기계안전기준에 관한 규칙상 카운터 밸런스형 지게차의 전경각은 몇 도 이하인가?
① 12도 이하
② 10도 이하
③ 8도 이하
④ 6도 이하

19 감압밸브의 용도로 가장 적절한 것은?
① 분기회로에서 2차측 압력을 낮게 할 때 사용한다.
② 귀환회로의 잔류압력을 높게 할 때 사용한다.
③ 공급회로의 압력을 높게 할 때 사용한다.
④ 귀환회로에 잔류압력을 유지할 때 사용한다.

20 지게차 작업 장치를 나열한 것으로 틀린 것은?
① 백 레스트, 리프트 실린더
② 마스트, 포크
③ 변속기, 클러치
④ 틸트 실린더, 리프트 체인

21 지게차로 주행 때 포크의 높이는 어느 정도가 안전한가?
① 지면으로부터 20~30cm 정도 높이를 유지한다.
② 지면으로부터 60~80cm 정도 높이를 유지한다.
③ 지면으로부터 90~100cm 정도 높이를 유지한다.
④ 최대한 높이를 올리는 것이 좋다.

22 유압유 관내에 공기가 혼입되었을 때 발생할 수 있는 현상이 아닌 것은?
① 숨 돌리기 현상
② 기화현상
③ 공동현상
④ 열화현상

23 건설기계 소유자는 건설기계를 도난당한 경우 며칠 이내에 등록말소 신청을 하여야 하는가?
① 사유가 발생한 날부터 1개월 이내
② 사유가 발생한 날부터 2개월 이내
③ 사유가 발생한 날부터 3개월 이내
④ 사유가 발생한 날부터 6개월 이내

24 압력식 라디에이터 캡을 사용함으로써 얻어지는 이점은?
① 냉각 팬을 없앨 수 있다.
② 냉각수의 비등점을 올릴 수 있다.
③ 물 펌프의 성능을 향상시킬 수 있다.
④ 라디에이터의 구조를 간단하게 할 수 있다.

25 지게차 중 특수건설기계에 해당하는 것은?
① 워키스태커식 지게차
② 트럭지게차
③ 텔레스코픽 지게차
④ 전동식 지게차

26 지게차의 주행이나 이동작업 시 주의사항으로 틀린 것은?

① 이동작업 중 보행자와 장애물을 주의하여 운전한다.
② 경사면에서 운행할 때는 화물을 경사면 아래쪽을 향하게 한다.
③ 화물 아래에 사람이 서 있거나 지나가게 해서는 안 된다.
④ 경사면에서 운행할 때는 화물을 화물이 언덕 쪽으로 향하도록 한다.

27 건설기계 특별표지판을 부착하지 않아도 되는 것은?

① 길이가 18m인 건설기계
② 높이가 3.5m인 건설기계
③ 최소회전반경이 13m인 건설기계
④ 총중량이 40톤을 초과하는 건설기계

28 오일 팬에 있는 오일을 흡입하여 기관의 각 운동부분에 압송하는 오일펌프로 가장 많이 사용되는 것은?

① 피스톤 펌프, 나사 펌프, 원심 펌프
② 기어 펌프, 원심 펌프, 베인 펌프
③ 로터리 펌프, 기어 펌프, 베인 펌프
④ 나사 펌프, 원심 펌프, 기어 펌프

29 마스트의 점검 사항으로 옳지 않은 것은?

① 리프트 실린더의 로드를 깨끗하게 유지한다.
② 볼트나 클램프의 풀림 상태를 점검한다.
③ 작동 오일이 있는 부분이나 호스의 누유를 점검한다.
④ 작업을 하지 않을 때는 포크를 약 30cm 올려놓아야 한다.

30 지게차의 브레이크 장치(제동장치)가 갖추어야 할 조건으로 틀린 것은?

① 작동이 확실하고 효과가 클 것
② 신뢰성과 내구성이 우수할 것
③ 점검 및 조정이 용이할 것
④ 큰 힘으로 작동될 것

31 장비 점검 및 확인을 위한 스패너 렌치의 올바른 사용법으로 틀린 것은?

① 공구에 묻은 기름은 잘 닦아 사용한다.
② 렌치는 몸 쪽으로 당기면서 볼트·너트를 조인다.
③ 렌치를 몸 바깥쪽으로 밀어서 볼트·너트를 푼다.
④ 너트 크기에 알맞은 렌치를 사용한다.

32 지게차에 현가스프링(완충장치)을 사용하지 않는 이유로 가장 적절한 것은?

① 현가장치가 있으면 조향이 어렵기 때문이다.
② 리프트 실린더가 포크를 상승·하강시키기 때문이다.
③ 롤링 시 적하물이 떨어지기 때문이다.
④ 작업 능률이 저하되기 때문이다.

33 감전사고 방지책으로 틀린 것은?

① 전기설비에 물을 약간 뿌려 감전여부를 확인한다.
② 전기기기에 위험표시를 하고 충전부는 노출시키지 않는다.
③ 누전차단기를 설치하고 작업자에게 사전 안전교육을 시킨다.
④ 작업자에게 보호구를 착용시킨다.

34 지게차 작업장치의 부속품에 해당되지 않는 것은?

① 리프트 체인
② 리프트 실린더
③ 트렌치 호
④ 틸트 실린더

35 도로교통법령상 안전기준을 초과하는 화물의 적재허가를 받은 자는 그 길이 또는 폭의 양 끝에 각각 몇 cm 이상의 빨간 헝겊으로 된 표지를 달아야 하는가?

① 너비 5cm, 길이 10cm
② 너비 30cm, 길이 50cm
③ 너비 50cm, 길이 80cm
④ 너비 100cm, 길이 200cm

36 유압모터의 장점으로 틀린 것은?

① 속도나 방향의 제어가 용이하다.
② 소형·경량으로서 큰 출력을 낼 수 있다.
③ 공기, 먼지 등이 침투하여도 성능에 영향이 없다.
④ 급속정지가 쉽고 변속 및 역전 제어가 용이하다.

37 다음 중 연소의 3요소가 아닌 것은?

① 질소   ② 가연성 물질
③ 산소   ④ 점화원

38 유압장치의 오일탱크에서 펌프 흡입구에 대한 설명으로 틀린 것은?

① 펌프 흡입구와 탱크로의 귀환구 사이에는 격리판을 설치한다.
② 펌프 흡입구는 반드시 탱크 가장 윗면에 설치한다.
③ 펌프 흡입구에는 스트레이너를 설치한다.
④ 펌프 흡입구는 탱크로의 귀환구로부터 될 수 있는 한 멀리 떨어진 위치에 설치한다.

39 유압 작동유의 점도가 지나치게 낮을 때 나타날 수 있는 현상으로 적절한 것은?

① 압력이 상승한다.
② 누유가 증가하여 유압 실린더의 속도가 늦어진다.
③ 출력이 증가한다.
④ 유동저항이 증가한다.

40 유압장치의 구성요소가 아닌 것은?

① 유압모터   ② 유압펌프
③ 제어밸브   ④ 차동장치

41 지게차에 짐을 싣고 창고나 공장에 출입할 때 주의사항으로 틀린 것은?

① 팔이나 손·발을 차체 밖으로 내밀어 목적지 방향 상태를 확인한다.
② 포크를 올려서 출입하는 경우에 출입구 높이에 주의한다.
③ 주위의 안전 상태를 확인하고 나서 출입한다.
④ 차폭과 출입구의 폭을 확인한다.

42 좌·우측 전조등 회로의 연결 방식으로 옳은 것은?

① 병렬연결   ② 직렬연결
③ 직·병렬연결   ④ 단식 배선

43 건설기계가 위치한 장소에서 정기검사를 받을 수 있는 경우가 아닌 것은?

① 자체중량이 30톤인 경우
② 너비가 3.5미터인 경우
③ 최고속도가 시간당 25킬로미터인 경우
④ 도서지역에 있는 경우

44 안전보건표지의 종류·형태에서 다음 그림의 표지로 맞는 것은?

① 고압전기 경고
② 방사성물질 경고
③ 폭발성물질 경고
④ 레이저광선 경고

45 도로교통법상 주차금지 장소로 틀린 것은?

① 교차로의 가장자리나 도로의 모퉁이로부터 5m 이내인 곳
② 건널목의 가장자리나 횡단보도로부터 10미터 이내인 곳
③ 소방용수시설이나 비상소화장치가 설치된 곳으로부터 10m 이내인 곳
④ 터널 안 및 다리 위

46 건설기계관리법령상 고의로 인명피해(사망 1명)를 입힌 건설기계 조종자에 대한 처분기준은?

① 면허효력 정지 60일
② 면허효력 정지 40일
③ 면허효력 정지 10일
④ 면허 취소

47 4행정 사이클 기관의 행정 순서로 맞는 것은?

① 압축 → 동력 → 흡입 → 배기
② 흡입 → 동력 → 압축 → 배기
③ 흡입 → 압축 → 동력 → 배기
④ 압축 → 흡입 → 동력 → 배기

48 디젤기관의 출력이 저하되는 직접적인 원인으로 틀린 것은?

① 연료분사량이 적을 때
② 실린더 내 압력이 높을 때
③ 노킹이 일어날 때
④ 흡기계통이 막혔을 때

49 지게차의 조향장치 원리는 무슨 형식인가?

① 애커먼 장토식
② 포토래스형
③ 빌드업형
④ 전부동식

50 다음 중 '관공서용 건물번호판'에 해당하는 것은?

①    ②

③    ④

51 지게차 타이어의 트레드(tread)에 대한 설명으로 틀린 것은?

① 트레드가 마모되면 구동력과 선회능력이 저하된다.
② 트레드가 마모되면 열의 발산이 불량하게 된다.
③ 트레드가 마모되면 지면과 접촉 면적이 커짐으로써 마찰력이 증대되어 제동성능이 좋아진다.
④ 타이어의 공기압이 높으면 트레드의 양단부보다 중앙부의 마모가 크다.

52 유압작동기가 할 수 있는 운동에 해당되지 않는 것은?

① 직선 운동
② 요동 운동
③ 무부하 운동
④ 회전 운동

53 작업장에서 작업복을 착용하는 이유로 가장 적합한 것은?

① 작업장의 질서를 확립하고 직책·직급을 알리기 위해서
② 재해로부터 작업자의 몸을 보호하기 위해서
③ 작업자의 작업 능률을 올리기 위해서
④ 작업자의 복장 통일을 위해서

54 교류발전기에서 작동 중 소음 발생 원인으로 가장 거리가 먼 것은?

① 축전지가 방전되었다.
② 고정 볼트가 풀렸다.
③ 벨트 장력이 약하다.
④ 베어링이 손상되었다.

55 일반적으로 지게차 리프트 실린더로 사용되는 형식은?

① 복동 실린더(복동식)
② 틸트식
③ 단동 실린더(단동식)
④ 왕복식

56 무거운 짐을 옮길 때 주의해야 할 사항으로 틀린 것은?

① 협동 작업 시는 타인과의 균형에 신경을 써야한다.
② 짐을 들고 놓을 때 척추를 돌리는 자세가 안전하다.
③ 다리에 힘을 주고 무게중심이 정중앙으로 쏠리게 한다.
④ 인력으로 짐을 옮기기 어려울 때는 지렛대나 장비를 사용한다.

57 기관의 실린더 수가 많을 때의 장점이 아닌 것은?

① 가속이 원활하고 신속하다.
② 저속 회전이 용이하고 큰 동력을 얻을 수 있다.
③ 기관의 진동이 적다.
④ 연료 소비가 적고 큰 동력을 얻을 수 있다.

58 유압전류에서 역류를 방지하고 회로 내의 잔류압력을 유지하는 밸브는?

① 스로틀 밸브
② 체크 밸브
③ 매뉴얼 밸브
④ 셔틀 밸브

59 다음 중 교차로에서 금지되는 행위는?

① 좌·우회전
② 경음기 사용
③ 앞지르기
④ 비상등 점멸

60 '건설기계 안전기준에 관한 규칙'에 따른 사이드 포크형 지게차의 후경각 기준은?

① 3도 이하
② 5도 이하
③ 10도 이하
④ 12도 이하

Chapter 02 적중모의고사 정답 및 해설

제1회 적중모의고사

01	02	03	04	05	06	07	08	09	10
③	③	③	②	②	④	②	③	②	③
11	12	13	14	15	16	17	18	19	20
④	②	①	①	①	③	②	③	②	①
21	22	23	24	25	26	27	28	29	30
①	④	③	①	①	②	①	②	④	③
31	32	33	34	35	36	37	38	39	40
①	②	④	④	②	④	①	②	③	①
41	42	43	44	45	46	47	48	49	50
②	④	①	③	②	④	③	①	②	②
51	52	53	54	55	56	57	58	59	60
②	①	③	①	②	③	④	①	②	④

01 정답 ③

정차 및 주차금지 장소는 교차로, 횡단보도, 건널목, 보도와 차도가 구분된 도로의 보도(도로교통법 제32조) 등이다.

02 정답 ③

폐입 현상은 외접식 기어펌프에서 토출된 유량 일부가 입구 쪽으로 귀환하여 토출량(배출량) 감소, 축 동력 증가, 케이싱 마모 등의 원인을 유발하는 현상이다.

03 정답 ③

유압 실린더는 유압 모터에 의해 발생된 유압에너지를 직선 왕복운동으로 변환시키는 장치이다. 유압작동부는 유압 에너지를 기계적 에너지를 바꾸어 주는 장치로, 직선 왕복운동을 하는 유압 실린더와 회전운동을 하는 유압 모터로 구분된다.

04 정답 ②

②·③ 교차로에서 좌회전을 하려는 경우, 미리 도로의 중앙선을 따라 서행하면서 교차로의 중심 안쪽을 이용하여 좌회전하여야 한다.
① 교통정리를 하고 있지 않고 일시정지나 양보를 표시하는 안전 표지가 설치되어 있는 교차로 진입 시는 다른 차의 진행을 방해하지 않도록 일시정지하거나 양보하여야 한다.
④ 모든 차 또는 노면전차의 운전자는 교통정리를 하고 있는 교차로에서 좌회전이나 우회전을 하려는 경우에는 신호기 또는 경찰공무원의 신호나 지시에 따라 도로를 횡단하는 보행자의 통행을 방해하여서는 안 된다.

05 정답 ②

건설기계관리법상 건설기계를 정기검사한 경우는 건설기계 등록 말소 사유에 해당하지 않는다.

06 정답 ④

화물을 적재하고 주행할 때는 포크를 지면으로부터 20~30cm 범위로 내린 후 주행한다.

07 정답 ②

공동현상의 발생 영향
- 유압펌프의 토출량 감소, 펌프의 성능 저하(토출량·양정 감소)
- 관벽에 손실을 주고 소음과 진동 발생, 급격한 압력파로 충격 발생
- 체적 효율 저하로 관내 부식

08 정답 ③

분사펌프나 공급펌프는 커먼레일 디젤엔진의 연료장치 구성부품에 해당하지 않는다.

09 정답 ②

과급기(Charger)는 엔진의 흡입효율을 높여 출력과 토크를 증대시키는 장치이다.

10 정답 ③

방향제어밸브는 유체의 흐름 방향을 변환하고 유체의 흐름을 한쪽으로만 허용하는 밸브이다.

11 정답 ④

지게차는 후륜 조향 방식이다.

12 정답 ②

틸트 실린더는 마스트를 전경 또는 후경시키는 실린더로, 복동식 실린더를 사용한다.

13 정답 ①

① 제시된 안전보건표지는 '매달린 물체 경고' 표지판으로, 작업현장에서 낙하 위험이 있는 물체가 위에서 떨어질 수 있음을 알리는 표지이다.

②  ③  ④

14 정답 ①

전동지게차의 동력전달 순서는 '축전지 – 제어기구 – 전동기(엔진스타터모터, 구동모터) – 변속기 – 종감속기어 – 차동장치 – 차축 – 차륜' 순이다.

15 정답 ①

유압회로의 압력에 따라 액추에이터의 작동 순서를 제어(회로 안의 작동 순서를 압력에 의해 제어)하는 밸브는 시퀀스 밸브이다. 시퀀스 밸브는 유압실린더 등이 2개 이상의 분기 회로를 가질 때 각 유압실린더를 일정 순서로 순차 작동시키는 밸브로, 하나가 작동을 완료한 후 다음 작동이 이루어지도록 한다.

16 정답 ③

③ 시동 시에는 스타트 모터를 통해 회전속도를 높여 압축 효율을 높이는 것이 필요하다.
① 흡기온도를 상승시키면 압축 시 온도가 더 올라가 연료착화가 잘 된다.
② 겨울철에 시동을 용이하게 하기 위해서는 흡기 히터 등과 같은 예열장치를 사용하여 연소실을 따뜻하게 해 주어야 한다. 디젤기관은 압축 착화방식이므로 겨울철에 실린더 내부 온도가 낮으면 시동이 어렵다.
④ 압축비가 높을수록 압축 착화 온도가 올라 착화가 용이해진다.

17 정답 ②

연료 속에 공기가 들어가면 연료 분사압력이 낮아지고 분사가 불균일해져 시동 불량, 출력 저하, 백색(또는 회색) 매연 등이 발생한다.
디젤기관 가동 중 불완전 연소로 검은 매연 발생 시 점검사항
: 공기청정기(에어클리너) 막힘(공기가 부족하지 않는지 점검), 과다한 연료 분사, 분사펌프나 인젝터 점검(연료의 분무 불량 점검), 분사시기 이상 여부 점검 등

18 정답 ③

운반물을 적재하고 경사지를 주행할 때는 화물이 언덕 쪽(위쪽)으로 향하도록 전진하며 작업한다.

19 정답 ②

컨트롤 밸브는 유압 시스템의 구성품이다.
마스트의 구성품 : 백 레스트, 핑거보드, 가이드 롤러(리프트 롤러), 리프트 체인(트랜스퍼 체인), 포크, 마스트 베어링, 틸트 실린더, 리프트 실린더, 가이드 바, 아웃 마스트, 이너 마스트

20 정답 ①

지게차 작업 전 점검사항
- 외관 점검 : 타이어 손상 및 공기압, 제동장치·조향장치의 정상 작동여부 등
- 누유·누수 : 엔진오일 누유·누수, 실린더의 누유상태 점검, 유압호스 연결부위 누유(오일의 누출), 냉각수 누수 등
- 계기판 점검 : 오일순환, 온도게이지·연료게이지, 방향지시등·충전경고등 점검 등
- 하역장치 : 마스트 체인의 장력, 리프트체인 상태, 포크·백레스트의 변형 및 균열, 실린더 로크의 헐거움 등

21 정답 ①

엔진 출력 상태, 브레이크 및 조향 작동, 라이트 및 경고등, 유압 시스템의 유압 점검 등은 시동 전 점검이 아니라 시동 후 점검사항이다.

22 정답 ④

디젤엔진 연료계통의 공기빼기 순서 : 연료 공급펌프 → 연료여과기 → 분사펌프

23 정답 ③

③ 경음기 전선이 굵을수록 전류가 더 원활히 흘러 전압 강하가 줄어들어 경음기의 성능이 좋아질 수 있다.
① 전선의 저항이나 접점 불량 등으로 인해 전압 강하·손실되면 경음기에 도달하는 전압이 낮아져 음량이 줄어든다.
② 접지가 불량하면 전류가 제대로 흐르지 않아 음량이 작아지는 원인이 된다.
④ 배터리 전압이 낮거나 발전기 출력이 부족할 경우, 경음기에 공급되는 전압도 낮아져 음량이 줄어든다.

24 정답 ①

수시검사 : 성능이 불량하거나 사고가 자주 발생하는 건설기계의 안전성 등을 점검하기 위하여 수시로 실시하는 검사와 건설기계 소유자의 신청을 받아 실시하는 검사(건설기계관리법 제13조)

25 정답 ①

로드 스태빌라이저 : 백레스트 위부분에 압착판(누름판)이 설치되어 있고 화물을 아래로 누르고 있어 화물의 낙하를 방지하며 요철이 심한 노면에서 깨지기 쉬운 화물 운반에 쓰임

26 정답 ②

클러치 페달의 작동 : 페달을 밟으면 클러치가 분리(클러치판이 플라이휠과 분리)되어 동력이 차단되고, 페달을 놓으면 클러치판이 플라이휠과 압착되어 함께 회전하게 되고 엔진의 동력이 변속기와 구동축으로 전달된다.

27 정답 ①

유압작동부(액추에이터)는 직선 왕복운동을 하는 유압실린더와 회전운동을 하는 유압모터 등으로 구성되어, 유압펌프에서 보낸 유체의 압력에너지를 기계적인 일로 바꾸어준다.

28 정답 ②

일반적인 지게차의 특성
- 전륜으로 구동하고, 후륜으로 조향(후륜 조향방식)한다.
- 포크 화물을 기울어진 지면에 맞추고, 흔들리거나 떨어지지 않도록 틸트 장치를 둔다.
- 포크는 L자형으로 2개이며, 핑거보드에 체결되어 화물을 받쳐 드는 부분이다.
- 완충장치가 없기 때문에 도로조건이 나쁜 곳은 불리하다.
- 운전자의 시야를 향상시키고 포크 및 리프팅 장치를 원활하게 움직여 작업 공간을 확보하기 위해서 엔진은 뒤쪽에 위치한다.

29 정답 ④

카운터 밸런스 밸브(Counterbalance Valve) : 한쪽 방향의 흐름에 설정된 배압을 부여하여 자유 낙하를 방지하는 밸브이다. 체크 밸브 기능과 압력제어 기능을 결합하여, 특정 방향으로의 유체 흐름을 제한하면서도 반대 방향으로는 자유로운 흐름을 허용하여 부하가 걸린 상태에서 갑작스러운 낙하를 방지한다.

30 정답 ③

③ 격리판은 다공성이며 비전도성인 재질로 만들어진다(전도성이면 양·음극이 단락되므로 위험).
① 음극판이 양극판보다 활성적이지 못하기 때문에 1장 더 많이 하여 화학적 균형을 유지한다.
② 양극 단자는 전류흐름을 원활히 하기 위해 음극보다 더 굵게 설계된다.
④ 12V의 납산축전지 셀(shell)은 6개가 직렬로 연결된 형태로 구성된다(2V × 6셀 = 12V).

31 정답 ①

기관 과열의 원인 : 냉각장치 내부에 이물질(물때 등) 과다, 냉각수 누수·부족, 냉각팬·워터펌프 고장, 수온센서 고장, 라디에이터 코어의 막힘 등

32 정답 ②

유압제어 밸브에는 크게 압력제어 밸브와 방향제어 밸브, 유량제어 밸브가 있다.

33 정답 ④

기관의 윤활방식
- 비산식 : 커넥팅로드 대단부에 부착된 주걱(오일디퍼)으로 오일 팬 안의 윤활부분에 오일을 분사하는 방식
- 압송식(압력식) : 오일 펌프를 이용하여 오일 팬 안에 있는 오일을 흡입가압하여 윤활부분에 공급하는 방식
- 비산 압송식 : 비산식과 압송식을 조합한 방식으로, 현재 가장 많이 사용하는 방식

34 정답 ④

④·① 에어클리너는 외부 공기를 흡입하는 흡기계통의 시작 부분에 부착한다(흡입구에 부착).
② 연소에 필요한 공기를 실린더로 흡입할 때 먼지·세균 등의 불순물을 제거한다.
③ 흡기계통에서 발생하는 흡기 소음을 없애는 역할을 한다.

35 정답 ②

피스톤 링의 구비 조건
- 고온에서도 탄성을 유지하고 기밀성을 확보
- 오래 사용하여도 링 자체나 실린더 마멸이 적을 것(내구성을 높임)
- 열팽창률이 작을 것
- 실린더 벽에 균일한 압력을 가할 것(편심된 압력은 실린더 벽 마모를 유발)

36 정답 ④

스패너 및 렌치는 당기면서 풀거나 조인다(당길 때 힘이 걸리도록 한다).

37 정답 ①

앞바퀴 정렬이 적절하면 바퀴가 일직선으로 주행하기 쉽고 조향 핸들 조작이 가볍다. 앞바퀴 정렬이 잘못된 경우(토우, 캠버 불균형)는 조향 저항이 커져 핸들이 무거워질 수 있다.
조향 핸들이 무거운 이유
- 타이어 공기압이 적고(낮고) 타이어가 마모되었을 때
- 타이어의 넓이가 넓고, 마이너스 휠을 장착했을 때
- 캠버와 캐스터가 과다하거나 과소할 때
- 파워 펌프가 불량하거나 파워오일(윤활유)이 부족할 때
- 조향 기어가 휘었거나 백래시(유격)가 작아 부품 간 마찰이 클 때

38 정답 ②

건설기계의 등록말소 신청 기한(건설기계관리법 제6조 제2항)
- 건설기계가 천재지변 또는 사고 등으로 사용할 수 없게 되거나 멸실된 경우, 폐기한 경우, 교육·연구 목적으로 사용하는 경우 : 사유가 발생한 날부터 30일 이내
- 건설기계를 도난당한 경우 : 사유가 발생한 날부터 2개월 이내
- 건설기계를 수출하는 경우 : 수출하는 자가 수출 전까지 등록말소를 신청하여야 함

39 정답 ③

③ 예열플러그는 연료계통과는 관계가 없으므로 예열플러그를 교환한 경우는 공기 빼기를 할 필요가 없다.
① 연료 호스나 파이프를 교환하면 내부에 공기가 유입될 수 있으므로 공기빼기가 필요하다.
② 연료 필터를 교환하거나 분사 펌프를 탈·부착한 경우 연료라인이 개방되므로 공기가 유입될 수 있다.
④ 연료가 떨어진 후 연료탱크 내에 연료를 보충했다면 라인 내 공기가 유입되었을 가능성이 높다.

40 정답 ①

리프트 레버를 뒤로 당기면 포크가 상승하고 앞으로 밀면 하강한다.

41 정답 ②

지게차 조향장치에서 조향 기어의 회전 운동을 드래그 링크에 전달하는 부품은 피트먼 암이다.

42 정답 ④

시장·군수·구청장은 건설기계조종사가 면허취소 또는 효력정지 사유에 해당하는 경우 건설기계조종사면허를 취소하거나 1년 이내의 기간을 정하여 건설기계조종사면허의 효력을 정지시킬 수 있다(건설기계관리법 제28조).

43 정답 ③

③ 지게차를 주차할 때는 키를 뽑아 소지하거나 보관해야 다른 사람이 무단으로 사용하거나 조작하는 것을 방지할 수 있다.
① 지게차 운전석에 착석하지 않은 상태에서 작동하면 사고 위험이 높다.
② 경사로에서는 지게차의 안정성이 떨어져 화물 적재나 방향전환 시 전복될 위험이 있다.
④ 화물이 시야를 제한할 경우, 전진 주행 시 시야 확보가 어려워 사고 위험이 높아지므로 후진으로 주행하며 시야를 확보해야 한다.

44 정답 ①

① 중량제한을 준수해야 하며, 적재하중을 초과하여 운행하지 않는다.
② 틸트는 적재물이 백레스트에 완전히 닿도록 하고 운행한다.
③ 노면상태에 주의하고, 노면이 고르지 않은 곳에서 급하게 운행할 경우 지게차가 전복되거나 적재물이 떨어질 수 있으므로 천천히 운행한다.
④ 급출발과 급정지, 급선회를 하지 않는다. 특히 내리막길에서 급회전을 금한다.

45 정답 ③

브러시가 정류자에 잘 밀착되어 있으면 전류가 정상적으로 흘러 시동모터 회전에 이상이 없다.
시동모터의 회전력 불량원인 : 시동모터 고장 및 시동스위치 접촉 불량, 배터리 방전 또는 전압 낮음, 배터리 단자와 터미널의 접촉 불량, 퓨즈단선 및 배선손상 등

46 정답 ②

디젤엔진 노킹발생원인 : 기관엔진 과냉, 세탄가가 낮은 연료사용, 낮은 연료의 분사압력, 긴 착화지연시간, 분사노즐 분무상태 불량, 낮은 연소실 온도, 착화 기간에 많은 연료분사량 등

47 정답 ④

지게차 차축의 스플라인 : 차축 스플라인은 차동장치 내의 사이드 기어와 결합되어 동력을 전달하는 부품이다(축과 기어 사이에 맞물려 동력을 전달하는 역할). 사이드 기어는 차동장치 내에서 피니언 기어와 맞물려 있으며, 중앙 부분의 스플라인을 통해 차축과 연결된다.

48 정답 ③

베어링 간극이 클 때는 유압조절 밸브가 작동하여 유량을 조절하므로 오히려 유압이 상승하는 경우가 많다.
윤활유의 압력(유압)이 낮아지는 원인 : 윤활유의 양이 부족할 때, 계통 내에서 누설이 있을 때, 윤활유 압력 릴리프밸브가 열린 채 고착될 때, 윤활유 점도가 너무 낮을 때, 오일펌프가 마모가 심할 때, 오일펌프의 흡입구가 막혔을 때

49 정답 ①

① 과급기를 설치하면 엔진 출력은 증대되며, 엔진 중량은 약간 증가할 수 있다.
② 압력을 가해 기관에 흡입 공기량을 증가시킨다.
③ 인터쿨러를 사용하는 것은 과급 공기의 온도를 낮추어 밀도를 높이고 체적효율을 높이기 위해서이다.
④ 배기 터빈 과급기에서 원심식이 가장 널리 사용된다.

50 정답 ②

에어공구 사용 시 주의사항
- 보호구 등 안전 보호 장비를 사용한다.
- 규정된 공기압력을 유지·준수한다.
- 압축공기 중 수분을 제거한다(수분은 공구의 작동오류나 고장을 유발).
- 고속회전·작동하는 에어 그라인더 사용 시 안전 확보를 위해 회전수를 점검한다.

51 정답 ②

브레이크(브레이크액 사용)와 엔진(엔진오일 사용) 등에는 그리스를 주입하지 않는다.
그리스 주입 부위 : 각종 핀과 링크 부위, 마스트 및 틸팅 실린더, 스티어링 기어, 휠 베어링, 리프트 체인, 페달 등

52 정답 ①

②·③은 금지표지, ④는 경고표지에 해당한다.
안전보건표지의 종류 중 지시표지 : 방독마스크 착용, 방진마스크 착용, 보안경 착용, 안전모 착용, 귀마개 착용, 안전화 착용, 안전복 착용 등

53 정답 ③

타이로드 : 조향핸들의 움직임을 앞바퀴의 조향 너클에 전달하여 바퀴의 방향을 조작할 수 있게 해주는 부품으로, 앞 액슬과 조향 너클을 연결한다.

54 정답 ①

공동 작업으로 물건을 들어 이동 시 주의사항
- 이동 동선을 미리 협의하여 작업을 시작할 것
- 힘의 균형을 유지하여 이동할 것
- 불안전한 물건은 드는 방법에 주의하고, 보조를 맞추어 들도록 할 것
- 손잡이가 없는 물건은 안정적으로 잡을 수 있도록 주의할 것
- 상대에게 무리하게 힘을 가하지 않으며, 무거운 물건일수록 천천히 의사소통하며 이동할 것

55 정답 ②

전압은 회로 내에서 전류를 흐르게 하는 원동력, 즉 전기적인 압력이나 위치 에너지를 말한다. 전압이 높을수록 전류가 더 잘 흐른다.

56 정답 ③

③ 경유는 윤활 기능은 부족하고 먼지와 이물질을 끌어들여 마모를 유발할 수 있으므로 윤활유로 사용해서는 안 된다. 전용 체인 오일이나 점성이 있는 산업용 윤활제를 사용해야 체인의 수명과 안전성을 유지할 수 있다.
① 링크나 핀이 마모되거나 손상되면 하중 지지력이 약화될 수 있으므로 양호한 상태로 유지되어야 한다.
② 좌우 체인 장력이 다르면 마스트가 비틀리거나 균형이 깨질 수 있으므로, 체인 세트는 정확하고 동일한 장력이어야 한다.
④ 녹, 부식, 흠집, 균열이 없어야 한다.

57 정답 ④

시프트 밸브(변속 밸브)는 자동변속기에서 변속레버의 조작에 따라 유압의 흐름(오일 유로)을 전환시켜 전진·후진·중립·고속·저속 등 기어를 선택할 있도록 제어하는 밸브이다.

58 정답 ①

유압장치의 특징
- 높은 출력과 빠른 응답성을 가진다(공압에 비해 응답속도가 느리지 않음).
- 고속·저속·정밀한 제어가 가능하며 정확하다(속도·방향 제어가 용이하며, 정밀작업에 적합).
- 구조가 간단하고 소형화·원격조작이 가능하다(밸브 조작만으로 원격 조작이 가능).
- 에너지의 축적이 가능하며, 필요한 시점에 방출하여 즉각적인 동작이 가능하다.
- 유량의 조절로 무단변속이 가능하며, 힘의 연속적 제어가 용이하다.

59 정답 ②

화물의 추락을 방지하기 위해 경사지를 올라갈 때는 전진으로, 내려올 때는 후진으로 주행한다.

60 정답 ④

축전지의 구비조건 : 전기적 절연이 완전할 것, 일정한 용량을 유지하며 전압강하가 적고 안정적일 것, 전해액의 누설방지가 완전할 것, 내부 저항이 적을 것, 작고 가벼우며 취급이 용이할 것

제2회 적중모의고사

01	02	03	04	05	06	07	08	09	10
③	③	②	④	②	①	③	④	②	②
11	12	13	14	15	16	17	18	19	20
③	②	③	①	②	②	②	④	①	③
21	22	23	24	25	26	27	28	29	30
①	②	③	②	②	②	②	③	④	④
31	32	33	34	35	36	37	38	39	40
③	③	①	③	②	③	①	②	②	④
41	42	43	44	45	46	47	48	49	50
①	①	②	④	③	④	③	②	①	①
51	52	53	54	55	56	57	58	59	60
③	③	②	①	③	②	④	②	③	②

01 정답 ③

동일한 용량의 축전지 2개를 직렬로 연결하면 전압은 2배가 된다 (12V + 12V = 24V). 전체 전류의 크기는 같고 용량은 동일하며, 합성저항은 '12 + 12 = 24(Ω)'가 되어 증가한다.

02 정답 ③

③ 숫돌과 받침대 사이의 간격은 넓게 유지하는 것이 아니라 3mm 이내로 유지하여야 한다.
① 숫돌의 측면 사용을 목적으로 제작된 연삭기 이외에는 측면 사용이 금지된다.
② 작업자에게 위험을 미칠 우려가 있는 경우에는 덮개를 설치하여야 한다.
④ 보안경과 방진마스크 등을 착용하고 작업에 임해야 한다.

03 정답 ②

마스트의 구성품 : 백 레스트, 핑거 보드, 가이드 롤러(리프트 롤러), 리프트 체인(트랜스퍼 체인), 포크, 포크 프레임, 체인, 마스트 베어링, 틸트 실린더, 리프트 실린더

04 정답 ④

플런저 모터(피스톤 모터)의 특징
• 사용 압력이 높고 고압 작동에 적합하다.
• 출력 토크가 크고, 평균 효율이 가장 높다.
• 내부 누설이 적다.
• 구조가 복잡하고 비싸며, 수리가 어려워 유지관리에 주의가 필요하다.

05 정답 ②

딜리버리 밸브는 연료의 역류와 분사노즐의 후적을 방지하고, 고압 파이프 안의 잔압을 유지시키는 작용을 한다.

06 정답 ①

리프트 레버 : 지게차에서 포크를 상·하로 작동시켜 화물을 올리고 내리는데 쓰는 레버로, 레버를 당기면 포크가 상승하고 밀면 하강한다.

07 정답 ③

지게차의 조종 레버 기능(틸트 레버, 리프트 레버, 전·후진 레버(변속 레버), 주차 브레이크 레버 등)
• 틸팅 : 마스트를 앞·뒤로 기울임, 짐을 기울일 때 사용함
• 리프팅 : 포크 상승, 짐을 올릴 때 사용함
• 로어링 : 포크 하강, 짐을 내릴 때 사용

08 정답 ④

클러치의 필요성
• 기관과 변속기 사이에 부착되어 기관의 동력을 연결 및 차단한다.
• 시동 시 기관을 무부하 상태로 한다.
• 정차 및 기관의 동력을 서서히 전달한다.
• 변속기의 기어 바꿈을 원활하게 한다(변속 시 기관동력을 차단).
*회전 토크를 증가×, 기관의 출력을 증가×, 속도를 빠르게 함×

09 정답 ②

해머작업 시 안전 수칙
• 타격을 하기 전 주위 상황을 살피며, 자루 부분을 확인한다.
• 처음에는 작게, 차차 크게 휘둘러 작업한다.
• 면장갑을 끼거나 기름 묻은 손으로 작업하지 않는다.
• 강한 타격력이 요구될 때에는 연결대에 끼워서 작업하지 않는다.
• 공동으로 해머작업을 할 경우 호흡을 맞춘다.
• 녹·불꽃이 발생할 수 있는 경우 보안경을 착용한다.

10 정답 ②

② 계자코일 : 철심에 코일을 감고 전류를 받아 자력선을 형성
① 전기자 : 전동기가 회전하는 주요부서로, 축과 철심, 전기자 코일, 정류자 등으로 구성
③ 브러시 : 정류자를 통해 코일에 전류 공급
④ 슬립링(로터리 조인트, 로터리 커넥터) : 회전하는 장비에 전원·신호라인을 공급할 때 전선의 꼬임없이 전달가능한 일종의 회전형 커넥터

11 정답 ③

릴리프 밸브 : 유압장치 내의 압력을 일정하게 유지하고 최고압력을 제한하여 회로를 보호해주는 밸브이다. 즉, 계통 내의 최대압력을 설정함으로서 계통을 보호하는 밸브를 말한다. 유압회로 내의 압력이 설정압력에 도달하면 펌프에 토출된 오일의 일부 또는 전량을 직접 탱크로 돌려보내 회로의 압력을 설정 값으로 유지한다.

12 정답 ②

건설기계조종사의 적성검사 기준(건설기계관리법 시행규칙 제76조)
- 두 눈을 동시에 뜨고 잰 시력(교정시력을 포함)이 0.7 이상이고, 두 눈의 시력이 각각 0.3이상일 것
- 55데시벨(보청기를 사용하는 사람은 40데시벨)의 소리를 들을 수 있을 것
- 언어분별력이 80퍼센트 이상일 것
- 시각은 150도 이상일 것

13 정답 ③

기름이나 휘발성 세정액이 묻은 걸레는 자연발화의 위험이 있으므로, 별도 지정된 안전장소에 보관한 후 폐기한다.

14 정답 ①

건설기계의 검사(건설기계관리법 제13조)
- 신규 등록검사 : 건설기계를 신규로 등록할 때 실시하는 검사
- 정기검사 : 건설공사용 건설기계로서 검사유효기간이 끝난 후 계속 운행하려는 경우에 실시하는 검사와 대기환경보전법 및 소음·진동관리법에 따른 운행차의 정기검사
- 구조변경검사 : 건설기계의 주요 구조를 변경하거나 개조한 경우 실시하는 검사
- 수시검사 : 성능이 불량하거나 사고가 자주 발생하는 건설기계의 안전성 등을 점검하기 위하여 수시로 실시하는 검사와 건설기계 소유자의 신청을 받아 실시하는 검사

15 정답 ②

② 제시된 유압기호는 무부하 밸브(언로드 밸브)이다.

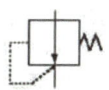 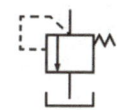 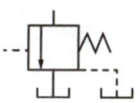

① 감압 밸브 (리듀싱 밸브)   ③ 릴리프 밸브   ④ 순차 밸브 (시퀀스 밸브)

16 정답 ②

카운터 웨이트(Counter Weight; 평형추, 균형추) : 지게차의 메인 프레임 맨 뒤쪽에 설치되어 화물을 실었을 때 쏠리는 것을 방지해주고, 무게중심을 잡아 전복을 방지하는 균형추

17 정답 ②

안전장치를 제거하거나 그 기능을 상실시키지 않아야 한다.

18 정답 ④

카운터 밸런스형 지게차의 전경각은 6도 이하, 후경각은 12도 이하이다. 사이드 포크형 지게차의 전경각과 후경각은 모두 5도 이하이다.

19 정답 ①

감압밸브는 유체의 압력을 감소시켜주는 밸브로 분기회로에 쓰이며, 2차측 출구 압력을 원하는 압력으로 낮춰주는 역할을 한다.

20 정답 ③

지게차 작업 장치의 구성품 : 마스트, 포크, 포크 캐리지, 백 레스트, 핑거보드, 리프트 체인, 리프트 실린더, 틸트 실린더, 밸런스 웨이트 등

21 정답 ①

포크는 지면에서 20~30㎝ 정도를 유지하면서 주행하는 것이 가장 안전하고 적당하다.

22 정답 ②

유체 관로에 공기 혼입 시 발생하는 현상 : 실린더 숨돌리기 현상, 공동현상, 유압유의 열화 촉진현상

23 정답 ③

건설기계의 등록말소 신청 기한(건설기계관리법 제6조 제2항)
- 건설기계가 천재지변 또는 사고 등으로 사용할 수 없게 되거나 멸실된 경우, 폐기한 경우, 교육·연구 목적으로 사용하는 경우 : 사유가 발생한 날부터 30일 이내
- 건설기계를 도난당한 경우 : 사유가 발생한 날부터 2개월 이내
- 건설기계를 수출하는 경우 : 수출하는 자가 수출 전까지 등록말소를 신청

24 정답 ②

압력식 라디에이터 캡을 사용함으로써 냉각수의 비등점을 올려 냉각 효율을 높일 수 있다. 압력식 캡은 압력을 대기 압력보다 높게 하여 냉각수의 끓는점을 높이고 냉각 효율을 향상시키기 위해 설치한 라디에이터 캡을 말한다.

25 정답 ②

트럭지게차는 2012년 법령 개정으로 특수건설기계로 지정되었다. 특수건설기계란 건설기계관리법 시행령 별표1에 따른 건설기계와 유사한 구조·기능을 가진 기계류로서 국토교통부장관이 따로 정하는 것을 말한다.

26 정답 ②

경사면에서 화물을 적재하고 주행할 때는 화물이 언덕 쪽(경사면의 위쪽)으로 향하도록 한다.

27 정답 ②

특별표지판을 부착하는 대형건설기계(건설기계 안전기준에 관한 규칙 제2조 제33호)
- 길이가 16.7m를 초과하는 건설기계
- 너비가 2.5m를 초과하는 건설기계
- 높이가 4.0m를 초과하는 건설기계
- 최소회전반경이 12m를 초과 하는 건설기계
- 총중량이 40t을 초과하는 건설기계
- 총중량 상태에서 축하중이 10톤을 초과하는 건설기계(다만, 굴착기, 로더 및 지게차는 운전중량 상태에서 축하중이 10톤을 초과하는 경우를 말함)

28 정답 ③

오일펌프로 가장 많이 사용되는 유압펌프 : 오일 팬에 있는 오일을 흡입하여 기관의 각 운동부분에 압송하는 오일펌프로 가장 많이 사용되는 것은 로터리 펌프, 기어 펌프, 베인 펌프이다. 로터리 펌프는 기어나 로터의 회전에 의해 펌프실의 용적이 이동하면서 압력을 발생시키는 것으로, 기어 펌프와 베인 펌프를 로터리 펌프의 일종으로 보기도 한다.

29 정답 ④

주차 시나 작업을 하지 않을 때 포크를 지면에 밀착시켜 내려둔다. 지게차 운전 및 작업 시에는 포크를 지면으로부터 20~30cm 높이로 한 후 주행한다.

30 정답 ④

지게차 제동장치(브레이크)의 구비 조건
- 작동이 확실하고 효과가 좋을 것
- 신뢰성과 내구성이 뛰어날 것
- 점검 및 조정이 용이할 것
- 최고속도의 차량 중량에 대해 충분한 제동력을 발휘할 것
- 조작이 간단하고 피로감을 주지 않을 것

31 정답 ③

렌치는 몸 쪽으로 당기면서 볼트·너트를 풀거나 조인다(당길 때 힘이 걸리도록 한다).

32 정답 ③

지게차에서 현가스프링(완충장치)을 사용하지 않는 이유는 롤링(Rolling; 좌우 진동)이 생기면 적하물이 떨어지기 때문이다.

33 정답 ①

전기설비에 물을 뿌리면 설비 손상이나 기능의 저하를 초래하고, 감전이나 전기 충격의 위험을 더 높이게 된다.

34 정답 ③

리프트 체인과 리프트 실린더, 틸트 실린더는 지게차 작업장치의 동력전달 기구이다. 트렌치 호는 동력삽이 움직이는 반대 방향으로 흙을 끌어당겨 퍼 올리는 굴착용 기계이다.
지게차 작업장치의 부속품 : 마스트, 포크, 포크 캐리지, 백 레스트, 핑거보드, 리프트 체인, 리프트 실린더, 틸트 실린더, 밸런스 웨이트 등

35 정답 ②

안전기준을 넘는 화물의 적재허가를 받은 사람은 그 길이 또는 폭의 양끝에 너비 30센티미터, 길이 50센티미터 이상의 빨간 헝겊으로 된 표지를 달아야 한다(도로교통법 시행규칙 제26조).

36 정답 ③

유압모터는 작동유 내에 먼지와 공기 등이 침투하면 작업 성능이 저하된다.
유압모터의 장점
- 속도나 방향의 제어가 용이하다.
- 소형·경량으로서 큰 출력을 낼 수 있고 고속 차종에 적용이 가능하다.
- 시동이나 정지, 변속, 역전 제어가 용이하다.
- 릴리프 밸브를 달면 전동 모터에 비해 급속정지가 용이하다.

37 정답 ①

연소의 3요소에는 가연성 물질(연료), 산소 공급원, 점화원(열)이 있다.

38 정답 ②

펌프 흡입구는 오일탱크의 바닥으로부터 관경의 2~3배 이상 떨어져 설치한다. 펌프의 흡입구와 오일탱크 바닥면의 거리를 벌림으로써 이물질이 혼입이나 이물질이 바닥에서 일어나는 것을 방지할 수 있다.

유압장치의 오일탱크에서 펌프 흡입구의 설치
- 오일탱크의 바닥으로부터 관경의 2~3배 이상 떨어져야 한다.
- 펌프 흡입구에는 스트레이너(오일 여과기)를 설치한다.
- 펌프 흡입구는 탱크로의 귀환구(복귀부)로부터 될 수 있는 한 멀리 떨어진 위치에 설치한다.
- 펌프 흡입구와 탱크로의 귀환구 사이에는 격리판(baffle plate)을 설치한다.

39 정답 ②

유압 작동유의 점도가 지나치게 낮을 때 나타나는 현상
- 누유·누설이 증가하여 유압실린더의 속도가 저하
- 유압펌프나 모터의 용적 효율이 저하(펌프 효율 저하)
- 특정 압력 유지가 어렵고 계통(회로) 내 압력 저하가 발생
- 유동저항이 감소하고, 윤활유로서의 역할을 하기 어려움

40 정답 ④

차동장치는 동력전달장치의 구성요소이다.
유압장치의 기본구성요소
- 유압발생부 : 유압펌프, 오일탱크, 부속장치(오일냉각기, 필터 등)
- 유압제어부 : 방향제어밸브, 압력제어밸브, 유량조절밸브
- 유압작동부 : 유압모터, 요동모터, 유입실린더

41 정답 ①

지게차 작업 시 손이나 팔, 발, 몸을 차체 밖으로 내밀지 않는다.

42 정답 ①

일반적으로 건설기계에 설치되는 좌·우 전조등 회로는 고장예방을 위해 각각 독립적으로 작동하는 병렬연결 방식을 사용한다. 직렬연결 방식 사용 시 한 쪽 전조등이 고장나면 다른 쪽 전조등도 작동하지 않게 되고, 직·병렬연결 방식은 전조등이 서로 영향을 미치지 않지만 복잡하고 비용이 많이 들어 일반적으로는 사용되지 않는다.

43 정답 ①

건설기계가 위치한 장소에서 검사를 할 수 있는 경우(건설기계관리법 시행규칙 제32조)
- 자체중량이 40톤을 초과하거나 축하중이 10톤을 초과하는 경우
- 너비가 2.5미터를 초과하는 경우
- 최고속도가 시간당 35킬로미터 미만인 경우
- 도서지역에 있는 경우

44 정답 ④

④ 제시된 그림은 레이저광선 경고표지이다.

①  ②  ③

45 정답 ③

주차금지 장소(도로교통법 제32조·제33조)
- 교차로·횡단보도·건널목이나 보도와 차도가 구분된 도로의 보도
- 교차로의 가장자리나 도로의 모퉁이로부터 5미터 이내인 곳
- 버스여객자동차의 정류지임을 표시하는 기둥이나 표지판 등으로부터 10미터 이내인 곳
- 건널목의 가장자리 또는 횡단보도로부터 10미터 이내인 곳
- 소방용수시설 또는 비상소화장치가 설치된 곳으로부터 5미터 이내인 곳
- 도로공사 구역의 양쪽 가장자리로부터 5미터 이내인 곳
- 시장 등이 지정한 어린이 보호구역
- 터널 안 및 다리 위

46 정답 ④

건설기계조종사면허의 취소처분기준(건설기계관리법 시행규칙 별표22)
- 거짓이나 부정한 방법으로 건설기계조종사면허를 받은 경우
- 건설기계조종사면허의 효력정지기간 중 건설기계를 조종한 경우
- 건설기계의 조종 중 고의로 인명피해(사망·중상·경상)를 입힌 경우
- 건설기계의 조종 중 과실로 중대재해가 발생한 경우
- 건설기계조종사면허증을 다른 사람에게 빌려 준 경우
- 정기적성검사를 받지 않고 1년이 지난 경우와 적성검사에서 불합격한 경우

47 정답 ③

4행정 사이클 기관의 행정순서(4행정 디젤기관의 작동순서)는 '흡입-압축-동력(폭발, 팽창)-배기'의 순서이다.

48 정답 ②

디젤기관의 출력을 저하시키는 원인 : 기관의 출력을 저하시키는 직접적인 원인으로는 연료 분사량이 적을 때, 실린더 내 압력이 낮을 때, 노킹이 일어날 때, 흡기계통이 막혔을 때 등이 있다.

49 정답 ①

지게차의 조향장치는 뒷바퀴를 움직여 조향하는 방식으로, 현재 사용되는 형식은 애커먼식을 개량한 애커먼 장토식이다.

50 정답 ①

관공서용 건물번호판은 ①이다. ②는 문화재·관광용이며, ③·④는 일반용 건물번호판이다.

51 정답 ③

일반적으로 트레드가 마모되면 지면과 마찰력이 감소하게 되어 제동성능이 떨어지고, 구동력과 선회능력이 저하되며, 열의 발산이 불량하게 된다. 타이어의 공기압이 높으면 트레드의 양단부보다 중앙부의 마모가 크다. 트레드(Tread)는 타이어가 노면과 직접 접촉하는 부분으로, 카커스와 브레이커의 외부에 접착된 강력한 고무층을 말한다.

52 정답 ③

유압작동부(유압작동기) : 회전 운동을 수행하는 유압모터와 요동 운동을 수행하는 요동모터, 직선 운동을 수행하는 유입실린더가 있다.

53 정답 ②

재해로부터 작업자의 몸을 안전하게 보호하기 위해서 작업복과 특수 보호구 등을 착용한다.

54 정답 ①

① 축전지의 방전은 소음 발생과 직접적 관련이 없다. 교류발전기는 전기를 생산하며, 축전지는 생산된 전기를 공급받아 저장·작동한다.
② 고정 벨트가 풀리면 부품이 떨리거나 발전기가 진동하여 소음이 발생할 수 있다.
③ 벨트 장력이 약하면 벨트가 미끄러지면서 소음이 발생한다.
④ 베어링이 손상되면 마찰이 증가하여 소음이 발생할 수 있다.

55 정답 ③

리프트 실린더는 포크를 상승 또는 하강 시키는 실린더로, 포크 상승 시 유압이 가해지고 하강 시 포크 및 적재물의 자체 중량으로 하강되는 단동 실린더를 사용한다.
틸트 실린더는 마스트를 전경 또는 후경시키는 실린더로, 복동식 실린더를 사용한다.

56 정답 ②

무거운 물건을 들고 놓을 때 척추를 돌리는 자세는 척추 비틀림을 유발할 수 있다. 척추를 곧게 펴고 든 후 하체를 이용해 돌리는 자세가 안전하다.

57 정답 ④

- 기관의 실린더 수가 많을 때의 장점 : 가속이 원활하고 신속, 저속 회전이 쉽고 큰 동력을 얻을 수 있음, 기관의 진동이 적음
- 기관의 실린더 수가 많을 때의 단점 : 구조가 복잡하고 제작비가 비쌈, 연료 소비가 큼

58 정답 ②

체크 밸브는 작동유의 흐름을 한쪽 방향으로만 흐르게 하고 역류를 방지하며, 회로 내 잔압을 유지하는 밸브이다.

59 정답 ③

- 앞지르기 금지장소(도로교통법 제22조) : 교차로, 터널 안, 다리 위, 도로의 구부러진 곳, 비탈길의 고갯마루 부근, 가파른 비탈길의 내리막, 안전표지로 지정한 곳
- 정차·주차 금지장소(도로교통법 제32조) : 교차로, 횡단보도, 건널목, 보도와 차도가 구분된 도로의 보도(노상주차장은 제외)

60 정답 ②

사이드 포크형 지게차의 전경각과 후경각은 모두 5도 이하이다. 카운터 밸런스형 지게차의 전경각은 6도 이하, 후경각은 12도 이하이다.